计算机科学与技术专业核心教材体系建设——建议使用时间

课程系列	基础系列	电类系列	程序系列	系统系列	应用系列	选修系列
一年级上	大学计算机基础		计算机程序设计	计算机原理		
一年级下		电子技术基础	面向对象程序设计 程序设计实践	操作系统		
二年级上	高散数学（上） 信息安全导论	数字逻辑设计 数字逻辑设计实验	数据结构	计算机系统综合实践		
二年级下	高散数学（下）		算法设计与分析	计算机网络		
三年级上			软件工程 编译原理	计算机体系结构	计算机图形学	
三年级下			软件工程综合实践		人工智能导论 数据库原理与技术 嵌入式系统	
四年级上						机器学习 物联网导论 大数据分析技术 数字图像技术
四年级下						

面向新工科专业建设计算机系列教材

Java 程序设计
（微课版）

姜　枫　曹红根　高广银　李　丛◎编著

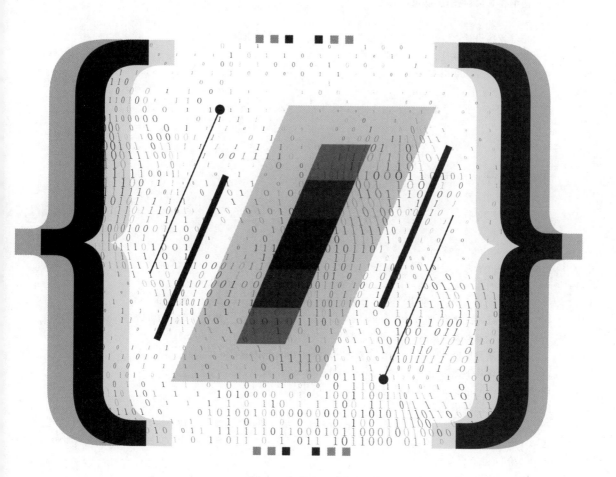

清华大学出版社
北京

内 容 简 介

本书较为系统、全面地介绍了 Java 的基础知识和基本语法。在此基础上，着重讨论了面向对象程序设计的思想、特点和使用方法，并以实际应用为背景，介绍了常用的 Java 类库和图形界面编程等内容。

全书共分为 3 篇：第 1 篇（第 1～3 章）为 Java 基础，主要介绍 Java 语言的历史、特点、运行环境、语法基础，以及程序控制结构等；第 2 篇（第 4～7 章）为 Java 面向对象编程，介绍了面向对象程序设计的概念和特征，着重讨论了类的定义、构造方法、方法重载与方法重写、类的继承和多态性、接口的定义和实现等，同时还介绍了 Java 中的异常及其处理机制；第 3 篇（第 8～11 章）为 Java 进阶，介绍了 Java 中常用的类库，包括字符串类、集合类、数学类、日期和时间类等，以及 Java 数据流和图形用户界面编程等。为便于读者学习，全书提供了丰富的实例及源码，每章后均附有习题和实验等。

本书可作为高等院校计算机及相关专业本科生教材，也可作为科技工作者的参考资料。

图书在版编目（CIP）数据

Java 程序设计：微课版/姜枫等编著. —北京：清华大学出版社，2023.4
面向新工科专业建设计算机系列教材
ISBN 978-7-302-62860-6

Ⅰ.①J… Ⅱ.①姜… Ⅲ.①JAVA 语言－程序设计－高等学校－教材 Ⅳ.①TP312

中国国家版本馆 CIP 数据核字（2023）第 034962 号

责任编辑：白立军 薛 阳
封面设计：刘 乾
责任校对：焦丽丽
责任印制：沈 露

出版发行：清华大学出版社
      网 址：http://www.tup.com.cn，http://www.wqbook.com
      地 址：北京清华大学学研大厦 A 座 邮 编：100084
      社 总 机：010-83470000 邮 购：010-62786544
      投稿与读者服务：010-62776969，c-service@tup.tsinghua.edu.cn
      质量反馈：010-62772015，zhiliang@tup.tsinghua.edu.cn
      课件下载：http://www.tup.com.cn，010-83470236
印 装 者：三河市龙大印装有限公司
经 销：全国新华书店
开 本：185mm×260mm 印 张：21.25 插 页：1 字 数：490 千字
版 次：2023 年 4 月第 1 版 印 次：2023 年 4 月第 1 次印刷
定 价：69.00 元

产品编号：096965-01

出版说明

一、系列教材背景

人类已经进入智能时代,云计算、大数据、物联网、人工智能、机器人、量子计算等是这个时代最重要的技术热点。为了适应和满足时代发展对人才培养的需要,2017 年 2 月以来,教育部积极推进新工科建设,先后形成了"复旦共识""天大行动""北京指南",并发布了《教育部高等教育司关于开展新工科研究与实践的通知》《教育部办公厅关于推荐新工科研究与实践项目的通知》,全力探索形成领跑全球工程教育的中国模式、中国经验,助力高等教育强国建设。新工科有两个内涵:一是新的工科专业;二是传统工科专业的新需求。新工科建设将促进一批新专业的发展,这批新专业有的是依托于现有计算机类专业派生、扩展而成的,有的是多个专业有机整合而成的。由计算机类专业派生、扩展形成的新工科专业有计算机科学与技术、软件工程、网络工程、物联网工程、信息管理与信息系统、数据科学与大数据技术等。由计算机类学科交叉融合形成的新工科专业有网络空间安全、人工智能、机器人工程、数字媒体技术、智能科学与技术等。

在新工科建设的"九个一批"中,明确提出"建设一批体现产业和技术最新发展的新课程""建设一批产业急需的新兴工科专业"。新课程和新专业的持续建设,都需要以适应新工科教育的教材作为支撑。由于各个专业之间的课程相互交叉,但是又不能相互包含,所以在选题方向上,既考虑由计算机类专业派生、扩展形成的新工科专业的选题,又考虑由计算机类专业交叉融合形成的新工科专业的选题,特别是网络空间安全专业、智能科学与技术专业的选题。基于此,清华大学出版社计划出版"面向新工科专业建设计算机系列教材"。

二、教材定位

教材使用对象为"211 工程"高校或同等水平及以上高校计算机类专业及相关专业学生。

三、教材编写原则

(1) 借鉴 *Computer Science Curricula* 2013(以下简称 CS2013)。CS2013 的核心知识领域包括算法与复杂度、体系结构与组织、计算科学、离散结构、图形学与可视化、人机交互、信息保障与安全、信息管理、智能系统、网络与通信、操作系统、基于平台的开发、并行与分布式计算、程序设计语言、软件开发基础、软件工程、系统基础、社会问题与专业实践等内容。

(2) 处理好理论与技能培养的关系,注重理论与实践相结合,加强对学生思维方式的训练和计算思维的培养。计算机专业学生能力的培养特别强调理论学习、计算思维培养和实践训练。本系列教材以"重视理论,加强计算思维培养,突出案例和实践应用"为主要目标。

(3) 为便于教学,在纸质教材的基础上,融合多种形式的教学辅助材料。每本教材可以有主教材、教师用书、习题解答、实验指导等。特别是在数字资源建设方面,可以结合当前出版融合的趋势,做好立体化教材建设,可考虑加上微课、微视频、二维码、MOOC 等扩展资源。

四、教材特点

1. 满足新工科专业建设的需要

系列教材涵盖计算机科学与技术、软件工程、物联网工程、数据科学与大数据技术、网络空间安全、人工智能等专业的课程。

2. 案例体现传统工科专业的新需求

编写时,以案例驱动,任务引导,特别是有一些新应用场景的案例。

3. 循序渐进,内容全面

讲解基础知识和实用案例时,由简单到复杂,循序渐进,系统讲解。

4. 资源丰富,立体化建设

除了教学课件外,还可以提供教学大纲、教学计划、微视频等扩展资源,以方便教学。

五、优先出版

1. 精品课程配套教材

主要包括国家级或省级的精品课程和精品资源共享课的配套教材。

2. 传统优秀改版教材

对于已经出版的、得到市场认可的优秀教材,由于新技术的发展,计划给图书配上新的教学形式、教学资源的改版教材。

3. 前沿技术与热点教材

反映计算机前沿和当前热点的相关教材,例如云计算、大数据、人工智能、物联网、网络空间安全等方面的教材。

六、联系方式

联系人:白立军

联系电话:010-83470179

联系和投稿邮箱:bailj@tup.tsinghua.edu.cn

"面向新工科专业建设计算机系列教材"编委会

2019 年 6 月

面向新工科专业建设计算机系列教材编委会

马志新	兰州大学信息科学与工程学院	副院长/教授
毛晓光	国防科技大学计算机学院	副院长/教授
明　仲	深圳大学计算机与软件学院	院长/教授
彭进业	西北大学信息科学与技术学院	院长/教授
钱德沛	北京航空航天大学计算机学院	中国科学院院士/教授
申恒涛	电子科技大学计算机科学与工程学院	院长/教授
苏　森	北京邮电大学	副校长/教授
汪　萌	合肥工业大学计算机与信息学院	院长/教授
王长波	华东师范大学计算机科学与软件工程学院	常务副院长/教授
王劲松	天津理工大学计算机科学与工程学院	院长/教授
王良民	东南大学网络空间安全学院	教授
王　泉	西安电子科技大学	副校长/教授
王晓阳	复旦大学计算机科学技术学院	院长/教授
王　义	东北大学计算机科学与工程学院	院长/教授
魏晓辉	吉林大学计算机科学与技术学院	教授
文继荣	中国人民大学信息学院	院长/教授
翁　健	暨南大学	副校长/教授
吴　迪	中山大学计算机学院	副院长/教授
吴　卿	杭州电子科技大学	教授
武永卫	清华大学计算机科学与技术系	副主任/教授
肖国强	西南大学计算机与信息科学学院	院长/教授
熊盛武	武汉理工大学计算机科学与技术学院	院长/教授
徐　伟	陆军工程大学指挥控制工程学院	院长/副教授
杨　鉴	云南大学信息学院	教授
杨　燕	西南交通大学信息科学与技术学院	副院长/教授
杨　震	北京工业大学信息学部	副主任/教授
姚　力	北京师范大学人工智能学院	执行院长/教授
叶保留	河海大学计算机与信息学院	院长/教授
印桂生	哈尔滨工程大学计算机科学与技术学院	院长/教授
袁晓洁	南开大学计算机学院	院长/教授
张春元	国防科技大学计算机学院	教授
张　强	大连理工大学计算机科学与技术学院	院长/教授
张清华	重庆邮电大学计算机科学与技术学院	执行院长/教授
张艳宁	西北工业大学	校长助理/教授
赵建平	长春理工大学计算机科学技术学院	院长/教授
郑新奇	中国地质大学(北京)信息工程学院	院长/教授
仲　红	安徽大学计算机科学与技术学院	院长/教授
周　勇	中国矿业大学计算机科学与技术学院	院长/教授
周志华	南京大学计算机科学与技术系	系主任/教授
邹北骥	中南大学计算机学院	教授

秘书长：

白立军	清华大学出版社	副编审

FOREWORD

前言

Java 是十分经典、功能强大、性能优异的面向对象程序设计语言,自诞生之日起就一直受到广泛的关注,其应用范围之广、使用者之众、版本完善更新之频,在计算机语言领域罕有匹敌。发展至今,Java 已不仅是一门计算机语言,而且是一套完整、系统的开发平台,在 Web 应用、移动端开发、大数据应用、人工智能等领域都占据了举足轻重的地位。

本书主要面向 Java 语言初学者,内容涵盖了 Java 基础、面向对象程序设计和 Java 高级应用等。全书分为 11 章,涉及 Java 基本语法、程序控制结构、类、继承、接口、异常、Java 实用类、输入/输出流、图形界面编程等内容。本书主要特色如下。

- 突出立德树人。本书设计了大量包含思政元素的教学案例,如在案例中融入多篇中国古代诗词,在学习科学技术的同时得以弘扬中华民族优秀传统文化;再如在案例中展示中国海军力量的壮大,从而激发学生的民族自信和爱国热情。
- 内容科学全面。本书知识体系设计科学而全面,涵盖 Java 基础语法、面向对象程序设计和 Java 高级应用等,读者通过学习能够较熟练地使用 Java 设计、编写和调试程序,并为进一步学习 Java EE、Android 开发等打下良好基础。
- 注重能力培养。本书的内容设计以培养学生解决实际问题能力为导向,编者通过调研 Java 开发工程师、移动开发工程师、数据分析师等岗位要求,精心设计课程的教学内容,重点讲解实际应用中常用的知识点。
- 配套资源丰富。本书提供了丰富的配套资源,包括一套设计精美的PPT、课程教学计划和进度表、书中所有教学案例的源码、课后习题的参考答案、综合实训及实验、课程模拟试卷及参考答案、重点知识的微课视频讲解等。

本书是首批国家级一流本科课程"Java 程序设计"的配套教材,由该课程负责人姜枫负责总体策划和设计。全书分为 11 章,第 1~3 章由高广银编写,第 4~6 章由姜枫编写,第 7~9 章由曹红根编写,第 10~11 章由李丛编写,全书由姜枫统稿和校对。

　　由于编者水平有限,加之 Java 语言一直处于不断发展和完善的过程中,书中难免存在疏漏、不妥或与最新版本不一致之处,敬请广大读者批评指正。

编　者

2022 年 3 月

CONTENTS

目录

第1篇 Java 基础

第 2 篇　Java 面向对象编程

第3篇　Java 进阶

第 1 篇　Java 基础

概　　述

本章学习目标

- 了解 Java 语言的起源、发展历史和特点。
- 理解 Java 程序的运行原理。
- 掌握 Java 开发环境的安装和使用。
- 掌握 Java 开发文档的查阅。

Java 是 1995 年 5 月由 Sun 公司推出的面向对象的高级程序设计语言,在 Web 应用、大数据应用、软件开发、嵌入式系统开发等领域都有着广泛的应用,目前已运行在超过 30 亿台计算机、服务器、移动装置、互联网终端等设备上。在 TIOBE 编程语言排行榜(https://www.tiobe.com/tiobe-index/)上,Java 常年处于前三甲的位置,在全世界都是一种极为流行的编程语言。本章首先介绍 Java 语言的起源、演化历史及特点,随后阐述 Java 的运行原理,最后介绍 Java 的开发环境、集成开发工具 Eclipse 以及开发文档等。

◆ 1.1　Java 简介

Java 语言自诞生之日起,就在全世界 IT 届受到广泛的关注,它简单易用、支持多线程、可靠性强,符合面向对象程序设计的主流发展方向。Java 独特的运行机制使得它具有跨平台的特性,因此与 Web 及 Internet 结合紧密。

1.1.1　Java 的起源

在介绍 Java 之前,首先认识一下计算机语言。计算机语言是人与计算机之间进行通信的语言,主要由指令构成。计算机语言的发展总体上经历了机器语言、汇编语言、高级语言三个阶段。机器语言是由二进制的 0 和 1 组成的指令序列,能够被计算机直接识别,但是这些指令不便于记忆和使用,因此现在编程时已很少采用。汇编语言采用英文缩写的助记符代替二进制组成的操作码,一定程度上方便了程序员记忆和编码,但它也是面向机器的语言,使用起来仍有一定难度。高级语言采用接近于人类的自然语言进行编程,降低了编程难度,增强了程序的可移植性,是面向使用者的语言。

下面是分别使用 3 种语言完成相同功能(c=a+b)的代码示例。

1. 机器语言示例

```
0000,0000,000000000001
0010,0000,000000000010
0001,0000,000000010000
```

2. 汇编语言示例

```
LOAD A, 1
ADD A, 2
STORE A, 16
```

3. 高级语言示例

```
c = a+b;
```

Java 语言是一种高级计算机语言。1991 年 4 月,由美国 Sun 公司的 James Gosling 博士领导的绿色计划(Green Project)开始启动,该计划最初的目标是开发一种能够在各种消费性电子产品上(如机顶盒、冰箱、微波炉等)运行的程序架构。这个计划的直接产物就是 Java 语言的前身 Oak。虽然 Oak 当时在消费品市场上并不算成功,但随着 20 世纪 90 年代互联网大潮的兴起,Oak 迅速找到了最适合自己发展的市场定位并逐渐发展成为 Java 语言。

下面是 Java 发展历程中一些重要的时间节点和事件。

- 1995 年 5 月 23 日,Oak 语言更名为 Java,并在 Sun World 大会上正式发布。
- 1996 年 1 月 23 日,JDK 1.0 发布,Java 语言有了第一个正式版本的运行环境,该版本史称 Java 1。
- 1998 年 12 月 8 日,JDK 1.2 发布,该版本称为 Java 2,即 J2SE(Java 2 Standard Edition)。
- 2004 年 9 月 30 日,JDK 1.5 发布,并采用新的命名方式,称为 J2SE 5.0。
- 2006 年 12 月 11 日,JDK 1.6 发布,J2SE 更名为 Java SE(Java Platform Standard Edition),即 Java SE 6.0。
- 2009 年 4 月 20 日,Sun 公司被 Oracle 公司收购,Java 商标正式归 Oracle 所有。Java 语言本身不属于任何一家公司所有,它由 JCP(Java Community Process)组织进行管理,JCP 主要是由 Oracle 公司主导。
- 2011 年 7 月 28 日,Oracle 公司发布 Java SE 7.0。
- 2014 年 3 月 18 日,Oracle 公司发布 Java SE 8.0。

针对不同的应用开发市场,Java 被划分为 3 个技术平台: Java SE、Java EE 和

Java ME。

Java SE(Java Platform Standard Edition,Java 平台标准版)是为开发普通桌面和商务应用程序提供的解决方案,它是三个平台中最核心的,Java EE 和 Java ME 都是在 Java SE 的基础上发展而来的。Java SE 平台包括标准的 JDK、开发工具、运行时环境和类库等。

Java EE(Java Platform Enterprise Edition,Java 平台企业版)是为开发企业级应用程序提供的解决方案,采用标准化的模块组件,为企业级应用提供标准平台,简化复杂的企业级编程,已经成为一种软件架构和企业级设计和开发的标准。

Java ME(Java Platform Micro Edition,Java 平台微型版)是为开发电子消费产品和嵌入式设备提供的解决方案。它为移动设备和嵌入式设备(如手机、电视机顶盒和打印机等)上运行的应用程序提供稳定且灵活的环境,其中包括灵活的用户界面、可靠的安全模型及多个内置的网络协议等。

1.1.2 Java 的特点

Java 是一门优秀的编程语言,其应用非常广泛,在 TIOBE(The Importance of Being Earnest)编程语言排行榜(https://www.tiobe.com/tiobe-index)上长期位居前三名,其主要特点如下。

1. 简单易用

Java 语法简单,它通过提供基本的方法完成指定的任务,程序员只需掌握一些基础的概念和语法,就可以编写出功能强大的应用程序。Java 丢弃了 C++ 中难以理解的运算符重载、多重继承、指针等概念,提供了垃圾回收机制,使程序员不必过多操心内存管理的问题。

2. 面向对象

Java 使用面向对象的程序设计思想,将现实世界中的一切事物都看成对象,并将对象抽象成为类的概念,通过继承、封装和多态等特性的使用,便于人们理解和设计较为复杂的计算机程序。

3. 安全可靠

Java 程序通常被部署在网络环境中,它提供了一套可靠的安全机制来防止恶意代码的攻击。Java 程序运行之前会进行代码的安全检查,确保程序不存在非法访问本地资源、文件系统的可能,保证了数据在网络上传送的安全性。

4. 平台兼容

Java 引入了虚拟机的概念,通过 Java 虚拟机(Java Virtual Machine,JVM)可以在不同的操作系统上运行同一个 Java 程序,如 Windows、Linux、Android 等,从而实现语言的跨平台特性。

5. 支持多线程

Java 语言内置了多线程机制,能让用户程序安全地并发执行。利用 Java 所提供的多线程编程接口,开发人员可以方便地写出多线程的应用程序,提高程序的执行效率。

1.1.3   Java 运行机制

在初步了解 Java 语言的特点后,接着介绍 Java 程序的运行机制。Java 程序的执行通常需经过编译和运行两个步骤。如图 1.1 所示,Java 源文件(扩展名为 java)首先被编译为 Java 字节码文件(扩展名为 class),然后 Java 虚拟机负责对 Java 字节码文件进行解释执行。

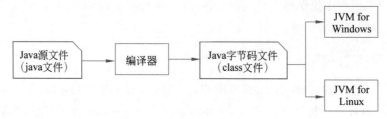

图 1.1   Java 程序的执行过程

可以看出,Java 程序并非由操作系统直接执行,而是由架构在操作系统之上的 Java 虚拟机负责解释执行,这解释了 Java 具有跨平台运行的原因。在不同的操作系统上,只需安装不同版本相对应的 Java 虚拟机,即可运行相同的 Java 程序。这样的运行机制使得 Java 语言具有"一次编写,到处运行(write once,run anywhere)"的特性,大大提高了程序的可移植性,降低了代码开发和维护成本。

◆ 1.2   Java 运行环境

欲开发和运行 Java 程序,首先需要弄清楚 JDK(Java Development Kit)和 JRE(Java Runtime Environment)的含义。本节从 JDK 的下载与安装开始,阐述相关的概念,并介绍一种常用的 Java 集成开发工具 Eclipse。

1.2.1   JDK 的下载与安装

1. JDK 与 JRE

JDK 是指 Java 开发包,它是整个 Java 的核心,其中包括 Java 编译器、Java 运行工具、Java 文档生成工具、Java 打包工具等。JDK 的版本不断更新,目前最新的版本是 JDK 17 (JavaSE 17),本书中 Java 代码使用的版本是较稳定的 JDK 8,也即 Java SE 8.0。

JRE 是指 Java 运行环境,可用于运行编译好的 Java 字节码文件。对普通用户而言,无须自己编写和编译代码,即可运行程序。JRE 中只包含 Java 运行工具,不包含 Java 编译工具。Sun 公司在 JDK 中内置了 JRE,即开发环境中包含运行环境。因此,开发人员只需在计算机上安装 JDK，即默认同时安装 JRE，不必再单独安装 JRE。

2. 下载 JDK

从 Oracle 官网(https://www.oracle.com/java/technologies/downloads/#java8)下载与所使用的操作系统一致的 JDK 安装文件。图 1.2 和 1.3 显示了从 Oracle 官网下载与 Windows 64 位操作系统适配的安装文件 jdk-8u301-windows-x64.exe。

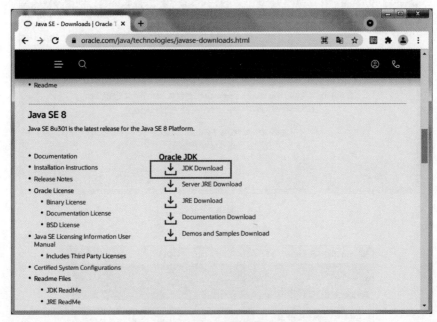

图 1.2　从 Oracle 官网下载 Java SE 8.0

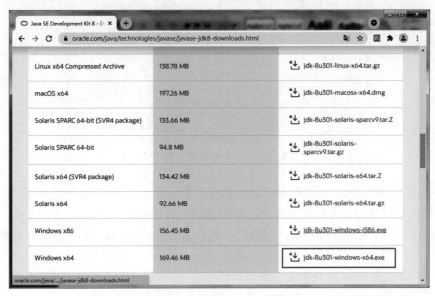

图 1.3　下载 Windows x64 版本的 JDK

3. 安装 JDK

双击下载的安装文件 jdk-8u301-windows-x64.exe，进入安装界面，如图 1.4 所示，并单击"下一步"按钮，进入定制安装界面，如图 1.5 所示。

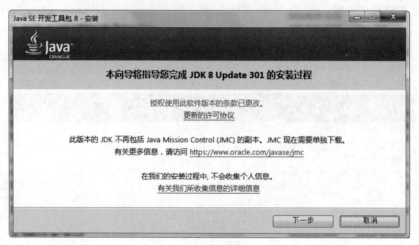

图 1.4　JDK 安装界面

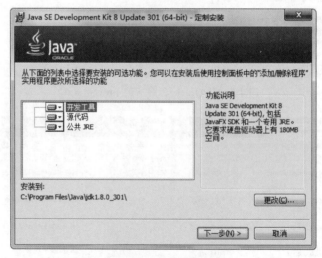

图 1.5　定制安装界面

在如图 1.5 所示的定制安装界面的左侧有三个功能模块，单击某个模块后，在界面右侧的功能说明区域会显示该功能模块的功能说明。具体如下。

- 开发工具：是 JDK 的核心功能模块，包含 javac.exe、java.exe 等可执行程序，以及一个专用的 JRE 环境。
- 源代码：是 Java 所有核心类库的源代码。
- 公共 JRE：是一个独立的 JRE 系统，可单独安装在系统其他路径下。

由于开发工具中已经包含一个 JRE，因此没有必要再安装公共 JRE 模块。推荐读者只选择开发工具和源代码两项,然后单击"下一步"按钮开始安装。

如果按照默认安装方式,那么在安装完 JDK 后将出现公共 JRE 安装界面,如图 1.6 所示。最后,完成 JDK 安装的界面如图 1.7 所示。

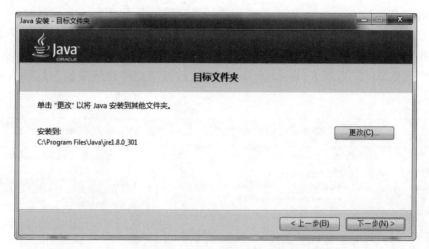

图 1.6　公共 JRE 安装界面

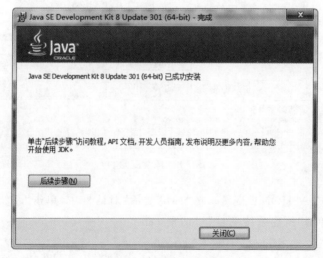

图 1.7　完成 JDK 安装

基于上述讲解,读者可理顺 JDK、JRE 和 JVM 这 3 个概念之间的关系。JDK 包含开发工具和 JRE,JRE 包含 Java 基础类库和 JVM。如果只是运行 Java 程序,可以只安装 JRE,而无须安装 JDK。如果要开发 Java 程序,则必须安装 JDK。JVM 是运行 Java 程序的核心虚拟机,但运行 Java 程序不仅需要核心虚拟机,还需要类加载器、字节码校验器以及 Java 的基础类库等,也即需要完整的 JRE。

4. 配置环境变量

JDK 安装完成后,如果要在系统中的任何位置都能编译和运行 Java 程序,则需要配置系统的环境变量。主要配置两个变量,分别是 CLASSPATH 和 PATH。

- CLASSPATH:用于告知 JDK 到指定路径去查找字节码文件。
- PATH:用于告知操作系统到指定路径去查找 JDK。

下面以 Windows 7 系统为例,介绍配置环境变量的基本步骤。

(1) 打开环境变量窗口。右击计算机桌面上的"计算机"图标,在快捷菜单中选择"属性",在弹出的"系统"窗口中选择左侧的"高级系统设置"选项,然后在弹出的"系统属性"对话框中选择"高级"选项卡,再单击"环境变量"按钮,打开"环境变量"对话框,如图 1.8 所示。

图 1.8　环境变量

(2) 配置 JAVA_HOME 变量。在"环境变量"对话框中,单击"系统变量"列表框下的"新建"按钮,弹出"新建系统变量"对话框,如图 1.9 所示。在"变量名"一栏中输入"JAVA_HOME",在"变量值"一栏中输入 JDK 的安装目录"C:\Program Files\Java\jdk1.8.0_301"(该路径以读者实际安装 JDK 的安装目录为准)。单击"确定"按钮,即完成 JAVA_HOME 的配置。

图 1.9　配置 JAVA_HOME

(3) 配置 CLASSPATH 变量。在"环境变量"对话框中,新建系统变量,变量名为"CLASSPATH",变量值为".;%JAVA_HOME%\lib",其中,"."表示系统当前路径。如图 1.10 所示,单击"确定"按钮,即完成 CLASSPATH 的配置。

(4) 配置 PATH 变量。在 Windows 系统中,名称为 Path 的环境变量已经存在,无须新建。在"系统变量"列表中找到 Path 变量后,单击"编辑"按钮,弹出"编辑系统变量"

对话框,如图 1.11 所示。在变量值的最前面添加"%JAVA_HOME%\bin;",如图 1.11 所示。单击"确定"按钮,即完成 PATH 的配置。

图 1.10　配置 CLASSPATH

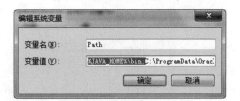

图 1.11　配置 PATH

(5) 验证环境变量配置成功。使用 Win+R 快捷键,打开"运行"窗口,输入"cmd"指令,打开命令行窗口。输入"javac -version",按回车键,出现如图 1.12 所示提示,表示配置已成功。

图 1.12　环境变量配置成功

1.2.2　Eclipse 的安装与配置

在实际项目开发中,为了提高开发效率,开发人员大多会使用集成开发工具(Integrated Development Environment,IDE)来进行 Java 程序开发。下面为读者介绍一种比较常用的 Java 开发工具 Eclipse。

首先从 Eclipse 官网(https://www.eclipse.org/downloads/)下载安装包,通常直接解压到某个目录,例如"C:\eclipse"即完成。下面以 Eclipse Neon.3 版本为例讲解。

接着在 Eclipse 安装目录中双击文件 eclipse.exe,启动 Eclipse,如图 1.13 所示。

图 1.13　Eclipse 启动界面

Eclipse 启动完成后会弹出一个对话框,提示设置工作空间(Workspace),如图 1.14 所示。工作空间用于保存 Eclipse 中创建的项目和相关设置,读者可以事先建一个目录,如"D:\eclipse_workspace",然后单击 Browse 按钮选择工作空间目录,单击 OK 按钮即可。

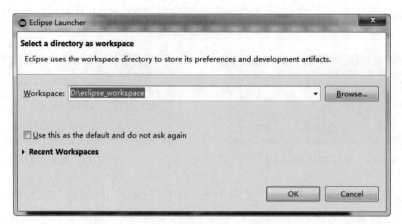

图 1.14   设置 Eclipse 工作空间

第一次打开 Eclipse,会进入 Eclipse 欢迎界面,如图 1.15 所示。

图 1.15   Eclipse 欢迎界面

1.2.3   第一个 Java 程序

下面通过两种方式来演示 Java 程序的编写和运行。

1. 使用记事本＋命令行窗口

ex1_1

这种方式可以帮助初学者理解 Java 运行机制,但不适合真实项目的开发。其步骤如下。

首先创建一个保存 Java 源代码的目录,如"D:\javacode",打开记事本,输入如下代码。

```
0001   public class HelloWorld
0002   {
0003       public static void main(String[] args)
0004       {
0005           System.out.println("Hello World.");
0006       }
0007   }
```

接着单击记事本的菜单"文件"→"另存为",在"另存为"对话框中,选择保存位置为
"D:\javacode",选择保存类型为"所有文件(＊.＊)",设置文件名为"HelloWorld.java"。

然后打开命令行窗口,输入"D:"切换到 D 盘,输入"cd javacode"进入源代码目录,输
入"javac HelloWorld.java"编译源文件,此时在该目录下将产生一个字节码文件
"HelloWorld.class",最后输入"java HelloWorld"运行程序得到结果,如图 1.16 所示。

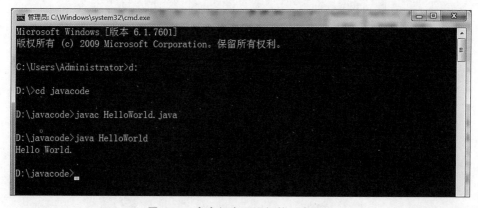

图 1.16　命令行窗口运行第一个程序

2. 使用集成开发工具 Eclipse

ex1_2

应用 Eclipse 能够方便地编写源代码、进行语法检查、调试程序、运行程序、代码管理
等,这也是本书学习和编写 Java 程序的主要方式,读者需熟练掌握。其步骤如下。

(1)新建 Java 工程。打开 Eclipse 后,单击菜单 File→New→Java Project,输入工程
名称,如"ch1",然后单击 Finish 按钮,如图 1.17 所示。

(2)新建类。在 Eclipse 左侧 Package Explorer 窗口中将看到刚才新建的 Java 工程
ch1,单击该工程展开其目录,可以看到"src"和"JRE System Library",单击 src,右击后在
弹出菜单中选择 New→Class,如图 1.18 所示。

(3)编写代码。在编辑窗口中输入代码。Eclipse 提供了显示代码行号的功能,右击
编辑器左侧的空白区域,在弹出菜单中选择 Show Line Numbers,即可显示行号,如图 1.19
所示。

图 1.17　新建 Java 工程

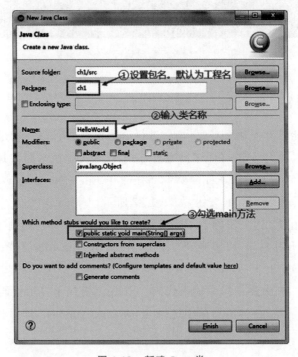

图 1.18　新建 Java 类

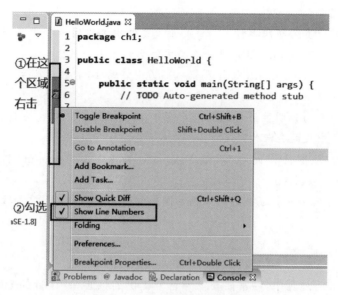

图 1.19　编写代码及设置行号

（4）运行程序。右击 HelloWord.java 文件，在弹出的菜单中选择 Run As→Java Application，执行后会在 Console 窗口中显示"Hello World."字样，如图 1.20 所示。

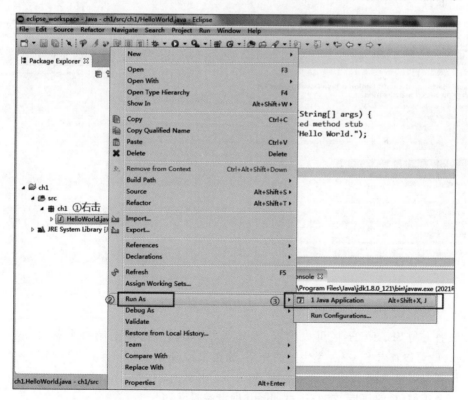

图 1.20　运行程序

【小知识点】

- Java 代码以类为组织单位,一个 Java 源文件中可编写一个或多个类,但只能有一个类被声明为 public,且该类类名与文件名需完全一致。
- public static void main(String[] args)为固定写法,它被称为主方法,是 Java 程序执行的入口。
- Java 代码分为声明性语句和功能性语句,功能性语句以英文半角分号(;)结尾,切勿误写成中文的分号(;)。
- Java 语言严格区分大小写,如 System.out 写成 system.out 就会报错"system cannot be resolved"。
- 编写 Java 代码应养成良好的编码习惯和风格,如代码缩进、添加注释等。

◆ 1.3 Java 核心 API 文档

在学习 Java 的过程中,经常需要参考官方提供的核心 API(Application Programming Interface,应用程序接口)文档,这是学习 Java 最好的工具,读者可以通过链接访问最新版本的文档(https://docs.oracle.com/en/java/javase/17/docs/api/index.html),如图 1.21 所示。也可以查看历史版本如 Java SE 8.0(https://docs.oracle.com/javase/8/docs/api/)。

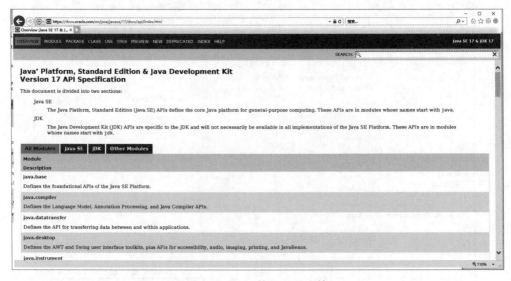

图 1.21 Java 核心 API 文档

在右上角 SEARCH 栏可以检索,如输入"System"后,单击第一个条目 java.lang.System 就可以查看 System 类完整的介绍,如图 1.22 所示。

读者也可将 API 文档下载到本地,如图 1.2 中单击 Documentation Download。下载得到一个压缩包,解压后,双击 index.html 即可查看文档。

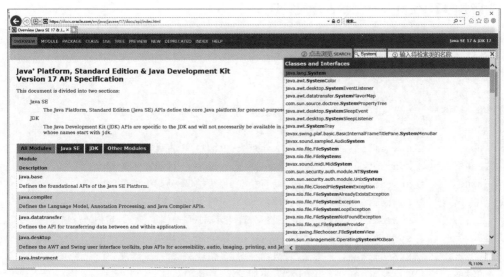

图 1.22　API 文档检索

◆ 1.4　综 合 实 验

【实验目的】

- 掌握使用集成开发环境 Eclipse 编写、运行 Java 程序的步骤。
- 掌握基本的 Java 输出语句。

【实验内容】

利用集成开发环境 Eclipse，使用 Java 语言编写代码，输出古诗词"念奴娇 赤壁怀古"，熟练掌握 Java 程序编写、编译和运行的方法。其效果如图 1.23 所示。

ex1_3

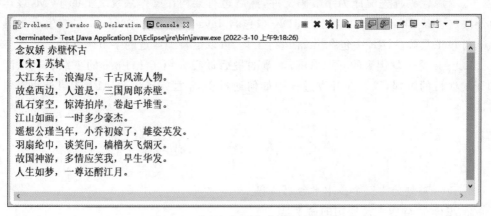

图 1.23　宋词《念奴娇 赤壁怀古》输出

【例 1-1】 使用 Java 展示古诗词实验。

```
0001 public class Example1_1
0002 {
0003    public static void main(String[] args)
0004    {
0005        System.out.println("念奴娇 赤壁怀古");
0006        System.out.println("【宋】苏轼");
0007        System.out.println("大江东去,浪淘尽,千古风流人物。");
0008        System.out.println("故垒西边,人道是,三国周郎赤壁。");
0009        System.out.println("乱石穿空,惊涛拍岸,卷起千堆雪。");
0010        System.out.println("江山如画,一时多少豪杰。");
0011        System.out.println("遥想公瑾当年,小乔初嫁了,雄姿英发。");
0012        System.out.println("羽扇纶巾,谈笑间,樯橹灰飞烟灭。");
0013        System.out.println("故国神游,多情应笑我,早生华发。");
0014        System.out.println("人生如梦,一尊还酹江月。");
0015    }
0016 }
```

【程序说明】

程序第 3 行定义了 main()方法,这是 Java 程序的入口;程序第 5~14 行使用 println()方法,逐行输出诗词的相关信息及内容,每输出一行后自动换行,如图 1.23 所示。

1.5　小　　结

Java 起源于 Sun 公司开发的 Oak 语言,是一门优秀的、应用范围极广的高级编程语言。经过近 30 年的发展,Java 已发展成为包含 Java SE、Java EE 和 Java ME 三大技术平台,具有简单易用、面向对象、安全可靠、跨平台和多线程等特性。

Java 源代码首先编译为字节码文件,然后运行架构在操作系统之上的 JVM,该运行机制决定了其具有跨平台的特性。JDK 中包含 Java 编译器、JRE、Java 文档生成工具和 Java 打包工具等。JRE 中包含 Java 运行工具,可以运行编译过的字节码文件。

Eclipse 是一款优秀的开源 IDE,本章的最后详细介绍了 Eclipse 的下载、安装、配置和开发项目的过程,以及在开发过程中如何通过 Java 官方提供的 API 文档查找资料的方法。

1.6　习　　题

1. Java 被划分为三个技术平台,分别是_____、_____和_____。
2. 编译 Java 源文件使用的命令是_____。
3. 环境变量_____用来存储 Java 的编译和运行工具所在的目录。
4. 通过_____可以在不同的操作系统上运行 Java 程序,从而实现 Java 的

_____特性。

5. Java 语言是面向_____的语言。

6. Java 属于（　　）。

　　A. 机器语言　　　　B. 汇编语言　　　　C. 高级语言　　　　D. 自然语言

7. 下面（　　）类型的文件可以在 Java 虚拟机中运行。

　　A. java　　　　　　B. class　　　　　　C. exe　　　　　　D. txt

8. 编译一个定义了 3 个类的 Java 源文件后，会产生（　　）个字节码文件。

　　A. 1　　　　　　　B. 2　　　　　　　C. 3　　　　　　　D. 不确定

9. JRE 中不包括（　　）。

　　A. Java 基础类库　　　　　　　　　B. JVM

　　C. 应用程序启动器　　　　　　　　D. 编译器

10. Java 程序中，main 方法的正确格式是（　　）。

　　A. static void main(String[] args)

　　B. public void main(String[] args)

　　C. public static void main(string[]args)

　　D. public static void main(String[] args)

11. 简述 JDK 与 JRE 的区别。

12. 简述 Java 的可移植性及其原理。

◈ 1.7　实　验

实验一：编写程序，输出唐诗《行路难》。要求：输出诗名、作者信息、诗歌内容。

(1) 使用记事本编写程序，在命令行窗口编译并运行。

(2) 使用 Eclipse 编写程序并运行。

其效果如图 1.24 所示。

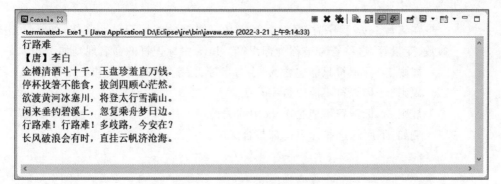

图 1.24　唐诗《行路难》输出

Java 语法基础

本章学习目标

- 掌握 Java 标识符的命名规则。
- 掌握 Java 中 3 种不同的注释方法。
- 理解常量和变量的含义。
- 掌握 Java 基本数据类型及其使用。
- 掌握 Java 常用运算符的使用。
- 掌握 Java 基本输入/输出的使用。
- 掌握 Java 中方法的定义和调用。

如同任何一种计算机编程语言一样,编写 Java 程序也需遵从特定的语法规范和格式,如标识符的命名规则、关键字的使用、变量的定义、代码的编写格式等。因此,熟悉 Java 语言的基础语法是学好 Java 语言的第一步,本章将对 Java 的语法基础进行详细讲解。

◆ 2.1 标识符和关键字

在编写 Java 程序时,经常需要定义一些符号来标识一些实体,如类、方法、参数、变量等,这些符号被称为标识符。Java 中标识符的命名规则如下。

规则 1:标识符只能包含大/小写字母、数字、下画线(_)和美元符号($)。

规则 2:标识符不能以数字开头。

规则 3:标识符不能是 Java 中的关键字。

例如,下面的这些标识符都是合法的。

```
x1
area
userName
user_name
```

下面的这些标识符是不合法的。

```
hello world          //包含空格,违反了规则 1
123area              //以数字开头,违反了规则 2
class                //class 为关键字,违反了规则 3
```

在 Java 程序中,定义的标识符必须严格地遵守上述规则,否则程序在编译时会报错。此外,为了增强代码的可读性和培养良好的编程风格,初学者除了必须严格遵照上述规则定义标识符,还强烈建议在定义标识符时遵循以下规范。

- 包名中的所有字母一律小写,例如 edu.nustti.cs。
- 类名、接口名中每个单词的首字母大写,例如 Student、GraduateStudent。
- 变量名、方法名的第一个单词首字母小写,从第二个单词开始每个单词首字母大写,例如 studentNo、getArea。
- 常量名所有字母均大写,多个单词间以下画线连接,例如 PI、EXIT_ON_CLICK。
- 标识符尽量使用有意义的英文单词或缩写,便于程序阅读和理解,例如 bookTitle 表示书名、stuNo 表示学号。

Java 中关键字是该语言事先定义好并赋予特殊含义的单词,也被称为保留字。在 Java 中,关键字都是小写的,并具有特殊的作用,如 class 用于类的声明,public 用来修饰访问权限等。在本书的后续章节将逐步对使用到的关键字进行讲解,这里先列出一些主要的关键字,让读者对此有所了解。

abstract	assert	boolean	break	byte
case	catch	char	class	const
continue	default	do	double	else
enum	extends	final	finally	float
for	goto	if	implements	import
instanceof	int	interface	long	native
new	package	private	protected	public
return	strictfp	short	static	super
switch	synchronized	this	throw	throws
transient	try	void	volatile	while

2.2　注　释

在编写程序时,为了使代码易于阅读和理解,通常会为代码添加一些注释,对程序的某个功能或者某些代码的含义进行解释说明,从而能够让开发者在后期阅读、使用或修改代码时更容易理解代码的含义。

注释只在 Java 源文件中有效,不会被编译到字节码文件中,即在编译源代码时编译器会忽略注释信息。

Java 中有 3 种类型的注释,具体如下。

1. 单行注释

单行注释用符号"//"开始,其后为注释内容,因而单行注释一般用于对程序中的某一行代码进行解释,例如:

```
int age = 20;              //定义整型变量 age 表示年龄
```

2. 多行注释

多行注释以符号"/ * "开头,以符号" * /"结尾,其间为注释内容,因而多行注释可以同时为多行内容进行统一注释,例如:

```
/ * 定义整型变量 length、width 表示矩形的长和宽
将常量 200 赋值给变量 length
将常量 100 赋值给变量 width * /
int length, width;
length = 200;
width = 100;
```

3. 文档注释

文档注释以符号"/ * *"开头,以符号" * /"结尾,二者之间为注释内容。文档注释通常对程序中的类、接口或方法进行注解说明,开发人员可使用 JDK 提供的 javadoc 工具将文档注释提取出来输出至 HTML 文件中,生成 API 帮助文档。例如:

```
0001 /**
0002  * Title: HelloWorld类
0003  * @author Administrator
0004  * @version 1.0
0005  * /
0006 public class HelloWorld
0007 {
0008   /**
0009    * main 方法是程序的入口
0010    * @param args 字符串数组
0011    * /
0012   public static void main(String[] args)
0013   {
0014       System.out.println("Hello World.");
0015   }
0016 }
```

在上述源文件目录中打开命令行窗口并执行 javadoc HelloWorld.java 命令,如图 2.1 所示,将生成多个网页文档,打开 index-all.html、index.html、HelloWorld.html 等文件都可

以查看到生成的帮助文档内容。

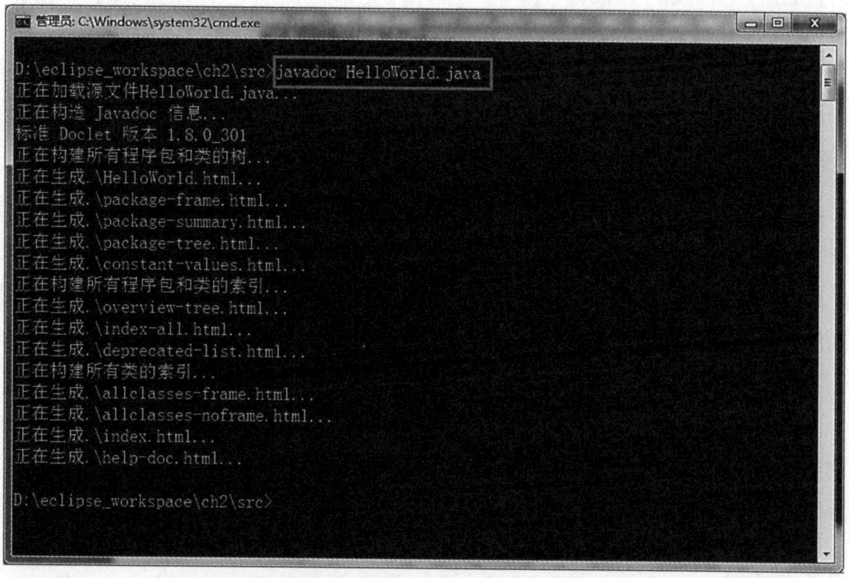

图 2.1 使用 javadoc 命令生成注释文档

【注意】

多行注释中不可嵌套使用多行注释，但可以嵌套使用单行注释。通常，应尽量避免注释的嵌套使用，只有在特殊情况下才可以在多行注释中嵌套使用单行注释。

◆ 2.3 变量与常量

在 Java 程序中通常需要使用各种类型数据，用于保存计算中间结果、表示程序状态等。在程序运行过程中，有些数据的值可以发生变化、有些数据的值不允许发生变化，它们分别称为变量和常量。

2.3.1 变量

在程序运行期间，其值可能发生变化的数据称为变量。为了表示变量需要定义标识符，所定义的标识符就是变量名，内存单元中所存储的数据就是变量的值。

Java 是强类型语言，在定义变量时必须指定变量的类型和变量名，其语法格式如下。

变量类型 变量名；

或

变量类型 变量名 = 初始值；

定义变量时指定的变量类型决定了变量的数据类型、取值范围、存储空间大小以及可进行的合法操作等,具体内容将在 2.4 节介绍;变量名遵循 2.1 节标识符命名规则。第二种定义变量的方式与第一种的区别在于,定义变量的同时对该变量进行了初始化赋值。

请通过如下代码来理解变量的定义。

```
0001 int price = 189, sum;
0002 sum = price - 10;
```

上述代码第 1 行定义了两个 int 类型的变量 price 和 sum,相当于在内存中分配了两个存储单元,在定义变量 price 的同时设置其初始值为 189,变量 sum 没有设置初始值。第 2 行代码为变量 sum 赋值,首先从内存中取出变量 price 的值,然后减去 10,并将得到的结果赋值给变量 sum。

2.3.2 常量

常量是不能改变其数值的数据,它在程序运行期间保持固定不变的值。Java 中的常量包括整型常量、浮点型常量、字符常量、字符串常量、布尔常量等。

1. 整型常量

整型常量是整数类型的数据,包括十进制、二进制、八进制以及十六进制等形式。

(1) 二进制:由数字 0 和 1 组成的数字序列。Java SE 8.0 中允许使用二进制值来表示整数,以"0B"或"0b"开头,如二进制数 0b1111011 即十进制数 123。

(2) 八进制:由数字 0~7 组成的数字序列,以"0"开头,如八进制数 027 即十进制数 23。

(3) 十进制:由数字 0~9 组成的数字序列,第一位不能为 0(0 本身除外)。

(4) 十六进制:由数字 0~9 及字母 A~F 组成的字符序列,以"0x"或"0X"开头,如十六进制数 0xA6 即十进制数 166。

可以看出,不同进制的数有不同的起始标识以及构成符号。

2. 浮点型常量

浮点型常量即数学中的小数,在 Java 中分为单精度浮点数(float 类型)和双精度浮点数(double 类型)两种。单精度浮点数以"F"或"f"结尾,双精度浮点数以"D"或"d"结尾。浮点数后面可以不加任何后缀,默认情况下为双精度浮点数。

浮点型常量还可以通过指数形式表示。例如:

```
2f   3.14d   1.05e+6f   1e-5f
```

上例中,2f 表示单精度浮点数 2.0;3.14d 表示双精度浮点数 3.14;1.05e+6f 表示单精度浮点数 1.05×10^6,即 1050000;1e-5f 表示单精度浮点数 1×10^{-5},即 0.00001。

3. 字符常量

字符常量是以一对英文半角格式的单引号"引起来的一个字符,这个字符可以是英文字母、中文、数字、标点符号或表示特殊含义的转义符。Java 中的字符可以包含汉字，例如：

```
'a'  '你'  '1'  '&'  '\n'
```

反斜杠(\)在字符常量中是一个特殊的字符，称为转义符，其作用是对紧随其后的一个字符进行转义。转义后的字符通常表示不可见的字符或具有特殊含义的字符，如'\n'表示换行，常见转义字符如表 2.1 所示。

表 2.1　常见转义字符

转义字符	含　义
\r	回车符，将光标定位到当前行的开头
\n	换行符，将光标定位到下一行的开头
\t	制表符，将光标移到下一个制表符的位置，相当于按 Tab
\b	退格符，相当于按 BackSpace 键
\'	单引号字符
\"	双引号字符
\\	反斜杠字符

4. 字符串常量

字符串常量是以一对英文半角格式的双引号""引起来的一个字符序列。具体示例如下。

```
"Hello World."  "20.21"  "中国人民解放军"  "Java \n \"OOP\""  ""
```

一个字符串常量可以包含一个或多个字符，字符的个数即字符串的长度；字符串常量也可以不包含任何字符，即空字符串，此时字符串长度为 0。

【注意】

"a"是包含一个字符的字符串常量，而'a'是一个字符常量，二者不可混淆。

5. 布尔常量

在 Java 中，布尔常量包含 true 和 false 两个值，它们用于表示一个逻辑条件成立与否。

6. null 常量

null 常量只有一个值 null，表示对象的引用为空。

除上述形式的常量外，Java 中可以定义符号常量，其语法是在定义变量的基础上加上 final 关键字修饰，具体语法格式如下。

```
final 常量类型 常量名 = 值;
```

或

```
final 常量类型 常量名;
常量名 = 值;
```

可以看出，定义 Java 符号常量与定义 Java 变量的语法格式基本相同，Java 符号常量可以理解为特殊的变量，它只能进行一次赋值，其值是固定不变的。例如：

```
final double a = 1, PI;        //定义 double 类型的常量 a 和 PI，并为常量 a 赋值 1
PI = 3.14;                     //将常量 PI 赋值为 3.14
PI = 3.14159;                  //再次为常量 PI 赋值，编译时报错
```

读者可以思考一个问题，定义符号常量有何好处？

试想在一个程序中如果需要多次用到圆周率 π，一开始对精度要求不高，直接用 3.14 代入，但是后来对精度要求提高，需要更改为 3.14159，那么就需要搜索代码中出现的 3.14 并更改为 3.14159，这个过程既烦琐又容易犯错。其实，只需定义一个符号常量 PI 就能够很好地解决这个问题，代码中使用 PI 来代替 3.14，当精度要求变化后，只需要在定义常量 PI 处修改其值，而不需要更改后续代码，并且将 PI 定义为常量也避免了后续代码有意或无意地篡改 PI 的值。关于 final 修饰的符号常量，将在 5.6.3 节继续讨论。

◆ 2.4 数 据 类 型

Java 属于强类型的编程语言，在定义变量或常量时必须声明其数据类型，在给变量赋值时必须赋予相同数据类型或相匹配类型的值，否则程序在编译时会报类型不匹配错误。例如：

```
int x;
x = 1.2;      //Type mismatch: cannot convert from double to int
```

2.4.1 基本数据类型

Java 中数据类型分为两种：基本数据类型和引用数据类型。如表 2.2 所示，Java 语言内置 8 种基本数据类型，在所有操作系统中都具有相同大小和属性。引用数据类型是编程人员自己定义的数据类型，包括类、接口、数组等，将在后续章节分别讨论。

1. 整型

在 Java 中，整数默认为 int 类型的值，若需给 long 类型的变量赋值，则在所赋的值的后面加上字母 L（或小写 l），以说明该值为 long 类型。如果所赋的值未超出 2 147 483 647，则可以省略字母 L。具体示例如下：

表 2.2　Java 数据类型

大类型	子类型	细分类型	类型名	占用空间	取 值 范 围
基本数据类型	数值型	整数类型	byte	1B	$-2^7 \sim 2^7-1$
			short	2B	$-2^{15} \sim 2^{15}-1$
			int	4B	$-2^{31} \sim 2^{31}-1$
			long	8B	$-2^{63} \sim 2^{63}-1$
		浮点类型	float	4B	$1.4e-45 \sim 3.4e+38$
			double	8B	$4.9e-324 \sim 1.7e+308$
	字符型	—	char	2B	—
	布尔型	—	boolean	—	true、false
引用数据类型	类(class)				
	接口(interface)				
	数组				
	枚举(enum)				
	注解(Annotation)				

```
long num1 = 180;              //所赋的值未超出 int 型的取值范围,可以省略 L
long num2 = 180L;             //所赋的值未超出 int 型的取值范围,可以加上 L
long num3 = 2147483648L;      //所赋的值超出 int 型的取值范围,必须加上 L
```

2. 浮点型

在 Java 中,小数默认为 double 类型的值,若需给 float 类型的变量赋值,则在所赋的值的后面加上字母 F(或小写 f),以说明该值为 float 类型。在给一个 double 类型的变量赋值时,可以在所赋的值的后面加上字母 D(或小写 d),也可以省略。

在程序中,浮点型变量可被赋予一个整数值(具体原因随后讨论),例如:

```
double d1 = 100.5;           //给双精度类型变量 d1 赋值双精度浮点型常量
double d2 = 145;             //给双精度类型变量 d2 赋值整型常量
double d3 = 145.5d;          //给双精度类型变量 d3 赋值双精度浮点型常量
float f1 = 100;              //给单精度类型变量 f1 赋值整型常量
float f2 = 98.5f;            //给单精度类型变量 f2 赋值单精度浮点型常量
```

3. 字符型

给 char 类型的变量赋值时,需要用一对英文半角格式的单引号''将字符引起来,如'a',也可以赋值为 0~65 535 范围内的整数,系统会自动将这些整数值转换为对应的字符,如数值 97 对应字符'a'。例如:

```
char c = 'a';
char  c = 97;          //相当于赋值'a'
```

读者可以记住常用字符所对应的 ASCII 码数值,'0'对应 48,'A'对应 65,'a'对应 97。

4. 布尔型

布尔型的值只有两个,即 true 和 false,它们可以赋值给 boolean 类型的变量,例如:

```
boolean b1 = true;     //给布尔型变量b1赋值为 true
boolean b2 = (3 < 4);  //将逻辑表达式 3<4 的结果赋值为布尔型变量b2,其结果为 false
```

2.4.2 数据类型转换

在给变量赋值时通常会赋予与变量类型相同数据类型的值,但有时也可以将一种数据类型的值赋给另一种数据类型的变量,此时需要进行数据类型的转换。

按照转换方式的不同,数据类型转换分为自动类型转换和强制类型转换。当将取值范围小的数据类型转型为取值范围大的数据类型时,系统会进行自动类型转换;反之,则需要进行强制类型转换。

1. 自动类型转换

自动类型转换也称为隐式类型转换,它不需要显式地进行声明,例如:

```
long l = 3;                //将整型常量自动转型为长整型
double d = 3.1415926f;     //将单精度浮点型常量自动转型为双精度浮点型
```

自动类型转换发生的条件是: 将一个取值范围较小的数据类型的数值或变量(3 为 int 型常量)直接赋给另一个取值范围较大的数据类型的变量(变量 l 为 long 型),其转换关系如图 2.2 所示。

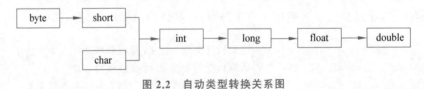

图 2.2　自动类型转换关系图

2. 强制类型转换

当目标类型取值范围小于源类型,或者两种类型不兼容时,自动类型转换无法进行,这时需要进行强制类型转换。

强制类型转换也称为显式类型转换,需要手动进行声明。其语法格式如下。

```
目标数据类型 变量名 = (目标数据类型)值;
```

回顾本节开头的示例,代码修改如下。

```
int x;
x = (int)1.2;     //将double型的值1.2转换为int型的值1后赋值给整型变量x
```

【注意】

将取值范围较大的数据类型转换为取值范围较小的数据类型时可能会发生数据精度的丢失。具体示例如下。

```
int a = 300;
byte b;
b = (byte)a;
System.out.println("a=" + a);     //输出"a=300"
System.out.println("b=" + b);     //输出"b=44"
```

通过上例可以看出,在强制类型转换过程中丢失了数据精度。其原因是,变量 a 为 int 类型,在内存中占 4B,而 byte 类型变量 b 在内存中占 1B,进行强制类型转换后,前面 3 个高位字节存储的数据丢失,导致数据精度的丢失,如图 2.3 所示。

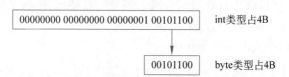

图 2.3　强制类型转换导致数据精度丢失

2.5　运　算　符

在程序中经常需对数据进行处理,此时需要使用一些特殊的符号,如"＋""－""＊""/"">""＆＆"等,这些符号称为运算符。由变量、常量和运算符组成的式子称为表达式。利用运算符可对数据进行算术运算、赋值运算和比较运算等操作,本节将详细介绍相关运算符。

2.5.1　算术运算符

算术运算符是最基本的运算符,包括数学运算中常见的被称为四则运算的加、减、乘、除,这是读者最容易理解,也是最常用的运算符,如表 2.3 所示。

表 2.3　算术运算符

运算符	含　义	示　　例	结　果
＋	加	1＋2	3
－	减	9－7	2
＊	乘	3＊4	12

续表

运 算 符	含 义	示 例	结 果
/	除	11/5	2
%	取模(求余数)	11%5	1
++	自增(前)	a=3; b=++a;	a 为 4,b 为 4
++	自增(后)	a=3; b=a++;	a 为 4,b 为 3
--	自减(前)	a=3; b=--a;	a 为 2,b 为 2
--	自减(后)	a=3; b=a--;	a 为 2,b 为 3

关于算术运算符,需重点说明如下事项。

1. 自增与自减运算

自增运算的作用是将变量的值加 1,自减运算的作用是将变量的值减 1。但是自增运算符和自减运算符放在变量的前面和后面,其含义是不同的。如果运算符放在变量的前面,则先进行自增或自减运算,然后再参与其他运算;反之,如果运算符放在变量的后面,则先参与其他运算,然后再进行自增或自减。当没有其他运算时,自增运算符和自减运算符放在变量的前面或后面的执行结果一样。

请思考如下代码的输出结果是什么?

```java
int i = 100;
System.out.println(i++);
System.out.println(++i);
```

2. 除法运算

当被除数和除数都是整数时,得到的结果也是一个整数,也即两数相除后的商的整数部分。如果除法运算有小数参与,得到的结果是一个小数。例如,11/5 的结果是 2,而 11/5.0 的结果是 2.2。

请思考下面表达式的运算结果是多少?

```java
2021 / 100 * 100
```

3. 取模运算

取模运算即求余数的运算,如 11 % 5 的结果为 2。当操作数包含负数时,运算结果的正负取决于被模数(%左边的数)的符号,与模数(%右边的数)的符号无关。

请思考下面表达式的运算结果分别是多少?

```java
(-11) % 5
11 % (-5)
(-11) % (-5)
```

2.5.2　赋值运算符

赋值运算符的作用是为变量赋值,此处的值可以是变量、常量或表达式。Java 中赋值运算符及其用法如表 2.4 所示。

表 2.4　赋值运算符

运算符	含　义	示　　例	结　　果
=	赋值	a＝10；b＝2；	a 为 10,b 为 2
＋＝	加等于	a＝10；b＝2；a＋＝b；	a 为 12,b 为 2
－＝	减等于	a＝10；b＝2；a－＝b；	a 为 8,b 为 2
＊＝	乘等于	a＝10；b＝2；a＊＝b；	a 为 20,b 为 2
/＝	除等于	a＝10；b＝2；a/＝b；	a 为 5,b 为 2
％＝	模等于	a＝10；b＝2；a％＝b；	a 为 0,b 为 2

【小知识点】

- 赋值运算符的作用是将"＝"右边表达式的值赋给左边的变量,因此"＝"的左边必须是一个变量。
- 在一条赋值语句中,可以一次性给多个变量赋值。

```
int a, b, c;
a = b = c = 2;          //将 2 赋给变量 c,再将 c 的值赋给变量 b,再将 b 的值赋给变量 a
int m = n = 7           //错误,变量 n 未声明
```

- ＋＝、－＝、＊＝、/＝、％＝为复合赋值运算,以＋＝为例,a＋＝2 相当于 a＝a＋2,即先计算表达式 a＋2 的值,再将结果赋给变量 a,其余复合赋值运算符以此类推。
- 复合赋值运算可以自动完成强制类型转换,不需要显式声明。

```
int i = 20;
short j = 10;
j += i;
```

上述代码执行时,j 和 i 相加运算的结果为 int 类型,但通过"＋＝"运算符将结果赋给 short 类型变量 j,Java 会自动完成强制类型转换,j 的值为 30。

2.5.3　比较运算符

比较运算符的作用是对两个变量、常量或表达式的大小进行比较运算,其运算结果是一个布尔值,即 true 或 false。Java 中比较运算符及其用法如表 2.5 所示。

表 2.5   比较运算符

运算符	含 义	示 例	结 果
>	大于	10>2	true
<	小于	10<2	false
==	等于	10==2	false
>=	大于或等于	10>=2	true
<=	小于或等于	10<=2	false
!=	不等于	10!=2	true

2.5.4   逻辑运算符

逻辑运算符的作用是对布尔类型的值或表达式进行操作,其运算结果还是布尔值。Java 中逻辑运算符及其用法如表 2.6 所示。

表 2.6   逻辑运算符

变量		&(与)	|(或)	^(异或)	!(非)	&&(短路与)	||(短路或)
a	b	a&b	a|b	a^b	!a	a&&b	a||b
true	true	true	true	false	false	true	true
true	false	false	true	true	false	false	true
false	true	false	true	true	true	false	true
false	false	false	false	false	true	false	false

【小知识点】

- 逻辑运算符的操作数可以是逻辑变量,也可以是逻辑表达式。
- 运算符"&"和"&&"都是与操作,但当运算符右边是表达式时,二者有一定区别。对于"&"运算,不论左边表达式结果为 true 或 false,右边表达式都会进行运算。对于"&&"运算,当左边表达式结果为 false 时,右边表达式不会进行运算。因此"&&"也被称为"短路与"运算符。
- 运算符"|"和"||"都是或操作。对于"|"运算,不论左边表达式结果为 true 或 false,右边表达式都会进行运算。"||"表示短路或,跟"&&"相似,当"||"左边为 true 时,右边的表达式将不会进行运算。

请思考如下代码的输出结果是什么?

```
int a = 100;
System.out.println((3 > 4) && (a++ > 5));
System.out.println(a);
System.out.println((3 > 4) & (a++ > 5));
System.out.println(a);
```

2.5.5　条件运算符

条件运算符由符号"?""："组合构成,它是三元运算符(也称三目运算符),语法格式如下。

```
逻辑表达式 ? 表达式 1 : 表达式 2;
```

条件运算符的运算规则是:先求逻辑表达式的值,如果结果为 true,那么执行表达式 1,否则执行表达式 2。

请思考下面代码的输出结果是多少?

```
int score = 80;
System.out.println(score >= 60 ? "及格" : "不及格");
```

2.5.6　运算符的优先级

当需构造较为复杂的表达式进行运算时,要明确表达式中所有运算符进行运算的先后顺序,这种先后顺序称为运算符的优先级。Java 中各种运算符的优先级顺序如表 2.7 所示,其中数字越小表示运算优先级越高。

表 2.7　运算符优先级

优先级	运 算 符	优先级	运 算 符
1	. [] ()	8	^
2	++ -- !	9	|
3	* / %	10	&&
4	+-	11	||
5	<><= >=	12	? :
6	== !=	13	= *= /= %= += -=
7	&		

【注意】
- 当表达式中出现算术运算符、比较运算符、逻辑运算符时,先进行算术运算,其次进行比较运算,最后进行逻辑运算。
- 运算符括号()的优先级最高,因此无须刻意记忆运算符的优先级,构造表达式时应尽量合理地使用()实现想要的运算顺序。

例如,判断闰年。闰年分为普通闰年和世纪闰年,年份是 4 的倍数且不是 100 的倍数的,称为普通闰年,如 2004 年、2020 年等就是闰年;年份是 100 的倍数且是 400 的倍数的,则是世纪闰年,如 1900 年不是闰年,而 2000 年是闰年。构造表达式如下。

```
(year % 4 == 0 && year % 100 != 0) || (year % 100 == 0 && year % 400 == 0)
```

上述表达式作为判断 year 是否是闰年的条件,执行时将变量 year 的值代入后,先进行算术运算,再进行比较运算,最后进行逻辑运算。式中添加了两组括号,读者可以对照运算符优先级表比较加括号和不加括号有没有区别,哪种方式更好?

◈ 2.6　基本输入与输出

Java 中的基本输入与输出通过内置的 System.in 和 System.out 实现。System.out 表示标准输出流,将程序运行结果输出至显示器,System.in 表示标准输入流,从键盘将数据读入至程序中。

首先介绍 System.out。它主要通过 println()、print()方法实现输出。其中,println() 方法执行时先输出后换行,而 print()方法只输出不换行。二者输出内容都可以是常量、变量、表达式等,特别要说明的是,可以通过"+"将常量、变量、字符串等连接起来作为输出内容,此时的"+"不是算术加法,具体实例如下。

```
String name = "张三";                          //String 定义字符串
int age = 20;
System.out.println("我叫" + name + ",今年" + age + "岁。");
                                              //输出结果:我叫张三,今年 20 岁。
System.out.println("12" + "34");             //输出结果:1234
```

此外,如果要进行格式化输出,可以使用 System.out.printf()方法,其用法与 C 语言中 printf()函数类似,这里不再赘述。

下面介绍 System.in。System.in 表示系统标准输入,即从键盘输入,但是一般不直接使用,而是通过 Scanner 类,以 System.in 作为参数,创建一个 Scanner 对象,然后调用 nextInt()、nextFloat()、nextDouble()、nextBoolean()、next()等方法读取相应类型的数据。

【例 2-1】　基本输入/输出实例。

ex2_1

```
0001 import java.util.Scanner;
0002 public class Example2_1
0003 {
0004     public static void main(String[] args)
0005     {
0006         Scanner scan = new Scanner(System.in);
0007         int i = scan.nextInt();
0008         float f = scan.nextFloat();
0009         double d = scan.nextDouble();
0010         boolean b = scan.nextBoolean();
```

```
0011          String s = scan.next();
0012          char c = scan.next().charAt(0);
0013          System.out.println("读取了整数: " + i);
0014          System.out.println("读取了单精度浮点数: " + f);
0015          System.out.println("读取了双精度浮点数: " + d);
0016          System.out.println("读取了布尔值: " + b);
0017          System.out.println("读取了字符串: " + s);
0018          System.out.println("读取了字符: " + c);
0019          scan.close();
0020     }
0021 }
```

【运行结果】

程序运行结果如图 2.4 所示。

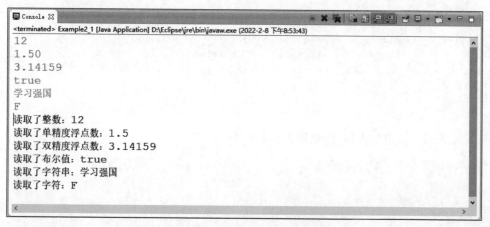

图 2.4　基本输入/输出实例输出

【程序说明】

程序第 1 行使用关键字 import 导入 Scanner 类;程序第 7~12 行分别读入整型、单精度浮点型、双精度浮点型、布尔型、字符串类型和字符型数据;程序第 13~18 行输出各种类型变量的值。

2.7　方　　法

Java 中的方法与 C 语言中的函数类似。设想一段程序的功能是多次输出个人信息,假设根据姓名、年龄输出个人信息共 3 行代码,如果需要输出 100 次,就要重复编写代码 100 遍,共 300 行代码,这会使得程序显得很臃肿,且可读性降低。

为了解决上述问题,可以将输出个人信息的代码提取出来,构成一段独立的代码,并为这段代码起个名字,这样需要输出个人信息时通过这个名字来调用这段代码。

先将两种方式编写的代码比较一下,然后介绍方法的定义和调用。

ex2_2

【例 2-2】 输出个人信息(不使用方法)实例。

```
0001 public class Example2_2
0002 {
0003    public static void main(String[] args)
0004    {
0005        String name;
0006        int age;
0007        name = "alex";
0008        age = 20;
0009        System.out.println("大家好!");
0010        System.out.println("我叫" + name);
0011        System.out.println("我今年" + age + "岁,希望和大家交个朋友");
0012        System.out.println("大家好!");
0013        System.out.println("我叫" + "bob");
0014        System.out.println("我今年" + 19 + "岁,希望和大家交个朋友");
0015        name = "lily";
0016        age = 18;
0017        System.out.println("大家好!");
0018        System.out.println("我叫" + name);
0019        System.out.println("我今年" + age + "岁,希望和大家交个朋友");
0020    }
0021 }
```

ex2_3

【例 2-3】 输出个人信息(使用方法)实例。

```
0001 public class Example2_3
0002 {
0003    //①定义方法
0004    public static void showInfo(String name, int age)
0005    {
0006        System.out.println("大家好!");
0007        System.out.println("我叫" + name);
0008        System.out.println("我今年" + age + "岁,希望和大家交个朋友");
0009    }
0010    public static void main(String[] args)
0011    {
0012        String name;
0013        int age;
0014        name = "alex";
0015        age = 20;
0016        showInfo(name, age);            //②调用方法
0017        showInfo("bob", 19);            //②调用方法
0018        name = "lily";
0019        age = 18;
0020        showInfo(name, age);            //②调用方法
0021    }
0022 }
```

【运行结果】

程序运行结果如图 2.5 所示。

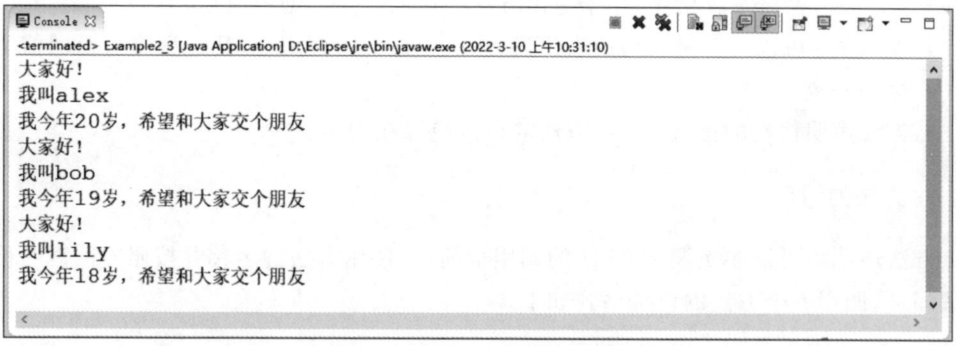

图 2.5　输出个人信息实例输出

【程序说明】

例 2-2 与例 2-3 输出结果相同。在例 2-3 中将输出个人信息的 3 行代码提取出来,放到一对花括号{}中,取名为 showInfo(),程序第 4～9 行是方法的定义;程序第 16 行、第 17 行、第 20 行通过调用 showInfo()方法实现输出个人信息功能。

下面介绍方法的声明和调用。

1. 方法的声明

在 Java 中,声明一个方法的语法格式如下。

```
<修饰符> 返回值类型 方法名(参数列表)
{
    语句块
    return 返回值;
}
```

关于方法的声明有几点说明如下。

- 修饰符:用来限定方法的访问权限,如 public、static 这些关键字就是修饰符,具体内容在第 4 章详细介绍。
- 返回值类型:用于设置方法返回值的数据类型。该字段可以为基本数据类型,或 void 表示无返回值,还可以是引用数据类型。
- 方法名:合法的标识符,其命名规则见 2.1 节。
- 参数列表:用来设置方法的参数。参数列表格式为:

```
参数类型 参数名 1, 参数类型 参数名 2, …
```

参数类型用来限定调用方法时传入参数的数据类型,参数名是一个变量,用来接收调用方法时传入的数据。多个参数之间用英文半角逗号","隔开。这里在声明方法时设置的参数称为形式参数,简称为形参。参数列表也可以为空,表明方法没有参数。

- 方法体:一对花括号{}之间的代码称为方法体,即方法的主体功能代码。
- return:是 Java 关键字,用于退出方法并返回指定类型的值。
- 返回值:可以是变量、常量、表达式,该值会返回给调用者,其类型应与返回值类型保持一致。
- 方法声明代码的位置:声明方法的代码应写在类中。

2. 方法的调用

方法声明后可以多次调用,方法的调用很简单,使用方法的名称并按照方法声明传递参数即可,调用一个方法的语法格式如下。

```
方法名(参数列表);
```

也可设置一个变量保存方法返回值。

```
变量名 = 方法名(参数列表);
```

【注意】
- 调用方法时传递的参数称为实际参数,简称为实参。
- 实参必须与方法声明时形参相对应,二者的个数、数据类型、顺序需完全一致。

◆ 2.8 综合实验

【实验目的】

- 掌握 Java 基本输入/输出的使用方法。
- 掌握常量、变量的使用和数据类型转换。
- 掌握方法的定义和调用。

【实验内容】

温度转换。编写程序,输入一个摄氏温度值,将它转换为华氏温度后输出。转换公式为:$F=(C \times 9/5)+32$,其中,F 表示华氏温度,C 表示摄氏温度。程序运行结果如图 2.6 所示。

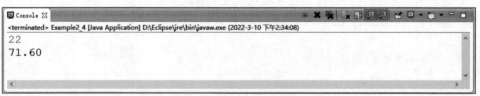

图 2.6　温度转换实验输出

【输入】整数 c,表示摄氏温度。

【输出】c 对应的华氏温度,保留两位有效数字表示。

【输入样例】22

【输出样例】71.60

【例 2-4】　温度转换实验。

ex2_4

```
0001 import java.util.Scanner;
0002 public class Example2_4
0003 {
0004     static float tempConvert(int c)
0005     {
0006         float f = c * 9.0f / 5 + 32;
0007         return f;
0008     }
0009     public static void main(String[] args)
0010     {
0011         Scanner input = new Scanner(System.in);
0012         int c = input.nextInt();
0013         float f = tempConvert(c);
0014         System.out.printf("% .2f", f);
0015     }
0016 }
```

【程序说明】

程序第 4～7 行定义了方法 tempConvetr(),其形参为 int 型变量 c,返回类型为 float 型变量,关键字 static 的作用在后续章节介绍;程序第 6 行,使用温度换算公式将摄氏度转换为华氏度,其中,变量 c 为 int 型、常量 9.0f 为 float 型,二者运算时,int 型会自动转换为 float 型,进行除法和加法运算时也会进行自动类型转换;程序第 11 行使用系统标准输入读入整数 c;程序第 14 行,使用标准输出流的 printf() 方法,其第一个参数设定为"%.2f",表示输出保留两位小数。

◆ 2.9　小　　结

Java 中的标识符由字母、数字、下画线和"＄"组成,且首字符不能为数字。Java 中的注释分为单行注释(以"//"开始)、多行注释(以"/ ＊"开始,以"＊/"结束)和文档注释(以"/＊＊"开始,以"＊/"结束)3 种类型。

Java 中的数据分为常量和变量,常量在程序运行期间值不允许发生改变、变量在程序运行期间可根据需要改变其值。Java 中数据类型包括基本数据类型和引用数据类型,其中,基本数据类型包括 byte、short、int、long、float、double、char 和 boolean 等 8 种类型。数据类型转换分为自动类型转换和强制类型转换,将取值范围较小的数据类型赋值给取值范围较大的数据类型变量时,会发生自动类型转换;反之需要进行强制类型转换。

Java 中的运算符包括算术运算符、赋值运算符、比较运算符、逻辑运算符和条件运算符等。当使用多个运算符构建较为复杂的表达式时,需要注意运算符的优先级,并尽量使用括号以确保表达式逻辑的正确性、提升程序的可读性。

当 Java 程序中需要简单的输入/输出时,可使用 System.in 和 System.out 标准输入/输出流。在程序中,可将实现同一功能的代码定义成方法,通过方法的调用简化代码,提升程序的复用性和可读性。

◆ 2.10 习　题

1. Java 标识符由_____、_____、下画线或美元符号构成,且不能以_____开头。

2. Java 中注释有_____、多行注释及文档注释。

3. Java 中数据类型分为两种:_____和_____。

4. 布尔常量即布尔型的两个值,分别是_____和_____。

5. 为了解决代码重复编写的问题,可以将一些代码提取出来,放到一对花括号{}中,并为这段代码起个名字,然后通过该名字调用这段代码,这是_____的定义与调用。

6. 下列不属于 Java 基本数据类型的是(　　)。

    A. int　　　　　　　　B. char　　　　　　　　C. double　　　　　　　　D. String

7. 下列(　　)语句不能通过编译。

    A. double d=2;　　　　　　　　　　　B. char c='c';

    C. int x='A'+3;　　　　　　　　　　　D. float y=3+6.5;

8. -5%3 的结果是(　　)。

    A. -2　　　　　　　　B. 2　　　　　　　　C. -1　　　　　　　　D. 1

9. 运算符优先级由高到低排序正确的是(　　)。

    A. 算术运算符 关系运算符 逻辑运算符 赋值运算符

    B. 赋值运算符 算术运算符 关系运算符 逻辑运算符

    C. 关系运算符 逻辑运算符 算术运算符 赋值运算符

    D. 逻辑运算符 关系运算符 算术运算符 赋值运算符

10. 下列不合法的标识符是(　　)。

    A. e　　　　　　　　B. π　　　　　　　　C. A6　　　　　　　　D. _char

◆ 2.11 实　验

实验一:编写程序,从键盘输入 3 个整数,输出它们的平均值。

【输入】整数 a、b 和 c,其间以空格隔开。

【输出】a、b 和 c 的平均值,保留 1 位小数。

【输入样例】30 5 5

【输出样例】13.3

实验二：编写程序,输入一个三位自然数,分别输出它的百位、十位、个位数。

【输入】三位的自然数 n。

【输出】n 的百位、十位和个位,其间以空格隔开。

【输入样例】138

【输出样例】1 3 8

实验三：编写程序,输入圆的半径,输出其面积。

【输入】整数 r,表示圆的半径。

【输出】该圆的面积,用整数表示。

【输入样例】10

【输出样例】314

第 3 章

程序控制结构与数组

本章学习目标

- 掌握分支语句的使用方法。
- 掌握循环控制语句的使用方法。
- 掌握关键字 break 和 continue 的使用方法。
- 掌握一维数组和二维数组的使用方法。

通常情形下,程序代码按照从上往下顺序地执行。但在解决一些实际问题时,需先对一些条件进行判断,然后再决定执行哪段代码,或者当满足一定的条件时重复地执行某种操作,即要对程序运行进行控制,这就是程序控制结构。此外,当程序需要处理较多数据时,仅通过定义变量难以完成,通常需要使用数组来存储数据并对数据进行各种处理。本章主要介绍分支和循环两种程序控制结构,以及数组数据类型。

◆ 3.1 分 支 语 句

分支语句分为 if 结构和 switch 结构两类。if 结构具有三种形式,分别是单分支 if 语句、双分支 if…else 语句、多分支 if…else if 语句,下面将逐一介绍。

3.1.1 if 语句

if 语句是单分支结构。它的作用是判断某个条件,如果条件成立,则执行某个操作。其语法格式如下。

```
if(判断条件)
{
    执行语句
}
```

上述语法格式中,判断条件是一个布尔值。当判断条件为 true 时,就会执行 if 后面{}中的执行语句。if 语句的执行流程如图 3.1 所示。

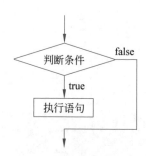

图 3.1　if 语句的执行流程

【例 3-1】　if 语句实例。

ex3_1

```
0001 public class Example3_1
0002 {
0003    public static void main(String[] args)
0004    {
0005        int score = 80;
0006        if (score >= 60)
0007        {
0008            System.out.println("分数为" + score + ",成绩合格。");
0009        }
0010    }
0011 }
```

【运行结果】

程序运行结果如图 3.2 所示。

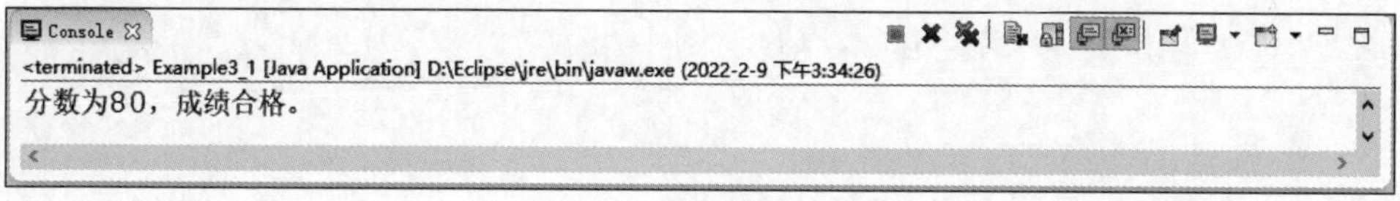

```
Console ⊠                                    ■ ✖ 𝕏 | 🖺 🖆 🗗 🗗 | 🖻 🗉 ▼ 🗂 ▼ 🗆 🗆
<terminated> Example3_1 [Java Application] D:\Eclipse\jre\bin\javaw.exe (2022-2-9 下午3:34:26)
分数为80，成绩合格。
◂                                                                            ▸
```

图 3.2　if 语句实例输出

【程序说明】

程序第 5 行定义了 int 类型的变量 score，表示某门课程成绩，并赋值为 80 分；第 6 行在 if 语句中设置判断条件为成绩大于或等于 60 分，即 score≥60，显然条件是成立的，将会选择执行 if 后面{}中的执行语句，从而输出"成绩合格"的信息。

特别地，当 if 后面{}中的执行语句只有一条时，可以省略{}。

3.1.2　if…else 语句

if…else 语句是双分支结构。它的作用是判断某个条件，如果条件成立，则执行某个操作，否则将执行另外某个操作。其语法格式如下。

```
if(判断条件)
{
    执行语句 1
}
else
{
    执行语句 2
}
```

上述语法格式中,判断条件是一个布尔值。当判断条件为 true 时,执行 if 后面{}中的执行语句 1,否则执行 else 后面{}中的执行语句 2。if…else 语句的执行流程如图 3.3 所示。

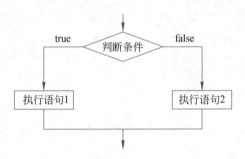

图 3.3　if…else 语句的执行流程

【例 3-2】　if…else 语句实例。

ex3_2

```
0001 public class Example3_2
0002 {
0003    public static void main(String[] args)
0004    {
0005        int score = 50;
0006        if(score >= 60)
0007        {
0008            System.out.println("分数为" + score + ",成绩合格。");
0009        }
0010        else
0011        {
0012            System.out.println("分数为" + score + ",成绩不合格。");
0013        }
0014    }
0015 }
```

【运行结果】

程序运行结果如图 3.4 所示。

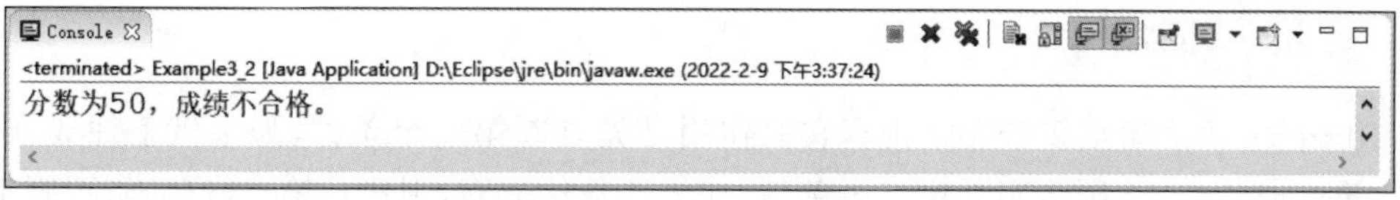

```
Console 23                                          ■ ✕ ✖ | 🖦 🖾 🖅 🖃 | 🗗 🖵 ▾ 🗂 ▾ ▭ 🗖
<terminated> Example3_2 [Java Application] D:\Eclipse\jre\bin\javaw.exe (2022-2-9 下午3:37:24)
分数为50，成绩不合格。
```

图 3.4　if…else 语句实例输出

【程序说明】

　　程序第 5 行定义了 int 类型的变量 score，表示某门课程成绩，并赋值为 50；在 if…
else 语句中设置判断条件为成绩大于或等于 60 分，即 score＞＝60，显然条件是不成立
的，那么会选择执行 else 后面{}中的执行语句，从而输出"分数为 50，成绩不合格"的
信息。

【例 3-3】　判断奇偶性实例。

ex3_3

```
0001 import java.util.Scanner;
0002 public class Example3_3
0003 {
0004     public static void main(String[] args)
0005     {
0006         Scanner scan = new Scanner(System.in);
0007         int x = scan.nextInt();
0008         if(x % 2 == 0)
0009             System.out.println(x + "是偶数");
0010         else
0011             System.out.println(x + "是奇数");
0012         scan.close();
0013     }
0014 }
```

【运行结果】

　　程序运行结果如图 3.5 所示。

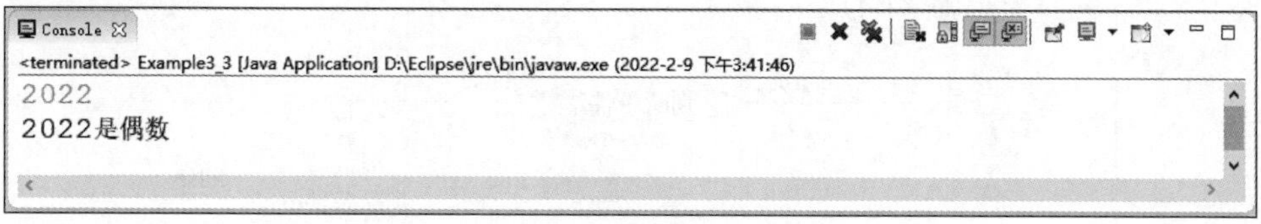

```
Console 23                                          ■ ✕ ✖ | 🖦 🖾 🖅 🖃 | 🗗 🖵 ▾ 🗂 ▾ ▭ 🗖
<terminated> Example3_3 [Java Application] D:\Eclipse\jre\bin\javaw.exe (2022-2-9 下午3:41:46)
2022
2022是偶数
```

图 3.5　判断奇偶性实例输出

【程序说明】

　　程序第 7 行从键盘读入一个整型值存储在变量 x 中，然后通过 if…else 语句判断其
奇偶性，判断条件设置为 x％2＝＝0，程序运行并输入"2022"后，显然条件满足，所以执行
if 后面的语句块，即第 9 行，输出"2022 是偶数"。

3.1.3 if…else if 语句

if…else if 语句是多分支结构。它的作用是先判断第一个条件，如果该条件成立，则执行第一段代码；否则将判断第二个条件，如果该条件成立，则执行第二段代码；否则继续判断下一个条件，以此类推。其语法格式如下。

```
if(判断条件 1)
{
    执行语句 1
}
else if(判断条件 2)
{
    执行语句 2
}
…
else if(判断条件 n)
{
    执行语句 n
}
else
{
    执行语句 n+1
}
```

上述语法格式中，判断条件均为布尔值。当判断条件 1 为 true 时，执行 if 后面{}中的执行语句 1；否则继续判断条件 2，当判断条件 2 为 true 时，执行 else if 后面{}中的执行语句 2，以此类推。当判断条件 1～判断条件 n 均为 false 时，则执行 else 后面{}中的执行语句 n+1，if…else if 语句的执行流程如图 3.6 所示。

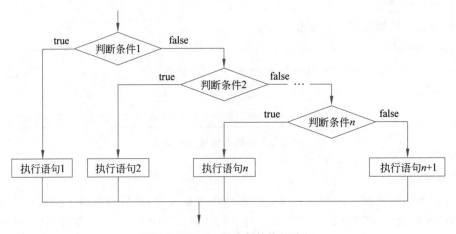

图 3.6 if…else if 语句的执行流程

【例 3-4】　if…else if 语句实例。

```
0001 public class Example3_4
0002 {
0003     public static void main(String[] args)
0004     {
0005         /* 本程序的功能是根据课程成绩划分等级,设分数与等级的对应关系:
0006         85~100,A 等;75~84,B 等;60~74,C 等;0~59,D 等 */
0007         int score = 83;
0008         if(score >= 85)
0009             System.out.println("成绩为 A 等");
0010         else if(score >= 75)
0011             System.out.println("成绩为 B 等");
0012         else if(score >= 60)
0013             System.out.println("成绩为 C 等");
0014         else
0015             System.out.println("成绩为 D 等");
0016     }
0017 }
```

【运行结果】

程序运行结果如图 3.7 所示。

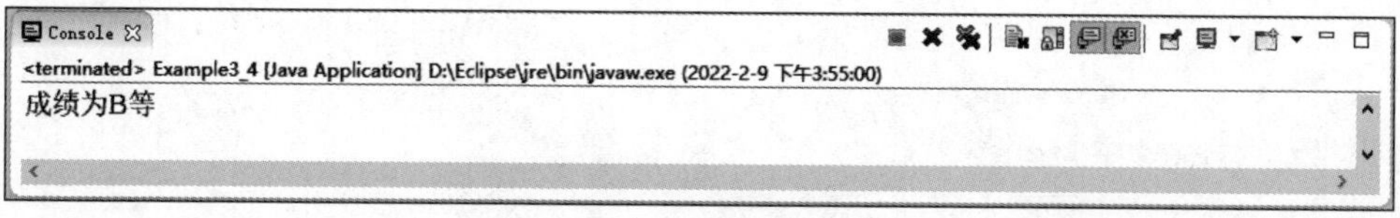

图 3.7　if…else if 语句实例输出

【程序说明】

程序第 7 行定义了一个 score 变量表示成绩;程序第 8~15 行使用 if…else if 语句根据成绩分为 A、B、C、D 共 4 个等级,设置相应条件及执行语句,共 4 个分支。score 值为 83,和第一个 else if 的条件匹配,因此输出"成绩为 B 等"。

3.1.4　switch 语句

switch 语句是一种常用的多分支结构语句,它由一个 switch 测试表达式和多个 case 测试项组成。与 if 语句中的判断条件不同,switch 测试表达式的类型只能是 byte、short、char、int、enum 枚举以及 String 类型,而非 boolean 类型。其语法格式如下。

```
switch(测试表达式)
{
    case   测试项 1:
        执行语句 1;
```

```
        break;
    case  测试项 2:
        执行语句 2;
        break;
...
    case  测试项 n:
        执行语句 n;
        break;
    default:
        执行语句 n+1;
}
```

switch 语句执行的流程是，将测试表达式的值逐个与 case 后的测试项进行匹配，如果某个 case 项匹配成功了，则执行该 case 项后面的所有语句，直到 switch 结构结束。因此，为了只执行匹配的那个 case 语句，在 case 语句后面通常会使用 break 关键字。如果没有任何一个 case 项匹配成功，那么将执行 default 后的语句。

【例 3-5】 switch 语句实例。

ex3_5

```
0001 public class Example3_5
0002 {
0003    public static void main(String[] args)
0004    {
0005        int month = 10;
0006        switch(month)
0007        {
0008            case 1:
0009            case 2:
0010            case 12:
0011                System.out.println("当前为" + month + "月,是冬季");
0012                break;
0013            case 3:
0014            case 4:
0015            case 5:
0016                System.out.println("当前为" + month + "月,是春季");
0017                break;
0018            case 6:
0019            case 7:
0020            case 8:
0021                System.out.println("当前为" + month + "月,是夏季");
0022                break;
0023            case 9:
0024            case 10:
0025            case 11:
```

```
0026                System.out.println("当前为" + month + "月,是秋季");
0027                break;
0028            default:
0029                System.out.println("月份应该在 1~12 之间");
0030        }
0031    }
0032 }
```

【运行结果】

程序运行结果如图 3.8 所示。

图 3.8　switch 语句实例输出

【程序说明】

程序将变量 month 的值与各个 case 后的值进行匹配,执行到第 24 行匹配成功,并继续往下执行,执行到第 27 行的 break 语句跳出 switch 结构。读者可以尝试将第 27 行代码注释后再运行,来更好地理解 switch 结构的执行流程。此时将输出两行信息"秋季""月份应该在 1~12 之间",因为执行到第 24 行匹配后,将继续往下执行,直到 switch 结构结束,中间未遇到跳出语句 break。

3.2　循环控制语句

除了分支结构之外,另一种重要的程序控制结构是循环结构,通过它可以实现一些操作的重复执行。本节将介绍循环控制语句的三种主要形式,分为 while 循环、do ⋯ while 循环和 for 循环。

3.2.1　while 语句

while 语句在形式上与 3.1.1 节中的 if 语句相似,都是根据条件判断来决定是否执行{}中的语句。区别在于,while 语句会反复进行循环条件测试,只要循环条件成立,就继续执行{}中语句,如果循环条件不成立,则结束 while 循环。其语法格式如下。

```
while (循环条件)
{
    循环体
}
```

上述语法格式中,循环条件是一个布尔值,花括号{}之间的执行语句称为循环体,其执行流程如图 3.9 所示。首先,判断循环条件,如果条件成立,则执行循环体,然后继续判断条件;如果条件不成立,则终止循环结构。

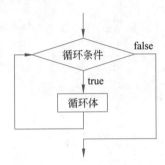

图 3.9　while 语句的执行流程

ex3_6

【例 3-6】　while 语句实例。

```
0001 public class Example3_6
0002 {
0003    public static void main(String[] args)
0004    {
0005        int sum = 0;
0006        int i = 1;
0007        while (i <= 1000)
0008        {
0009            sum += i;
0010            i++;
0011        }
0012        System.out.println("1~1000 的和为: " + sum);
0013    }
0014 }
```

【运行结果】

程序运行结果如图 3.10 所示。

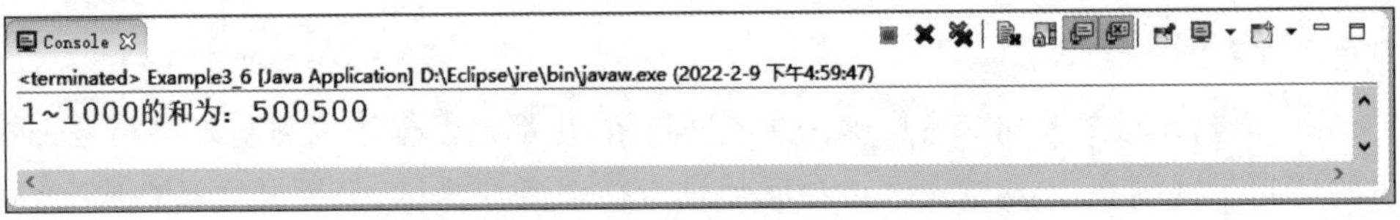

Console
<terminated> Example3_6 [Java Application] D:\Eclipse\jre\bin\javaw.exe (2022-2-9 下午4:59:47)
1~1000的和为: 500500

图 3.10　while 语句实例输出

【程序说明】

本程序的功能是求 1＋2＋3＋…＋1000 的和。在使用循环结构时,首先需在循环结构之前完成相关变量初始化,即程序第 5～6 行;其次确定循环条件,控制循环的进行和终止,即程序第 7 行;最后应分析循环重复执行的操作,确定循环体的内容,如例 3-6 中重复执行的操作即累加求和,即程序第 9～10 行。

ex3_7

【例 3-7】　判断自然数位数实例。

```
0001 public class Example3_7
0002 {
0003    public static void main(String[] args)
0004    {
0005       int n = 2022;
0006       int count = 0;
0007       int tmp = n;
0008       while (tmp != 0)
0009       {
0010          tmp /= 10;
0011          count++;
0012       }
0013       System.out.println(n + "是" + count + "位数");
0014    }
0015
0016 }
```

【运行结果】

程序运行结果如图 3.11 所示。

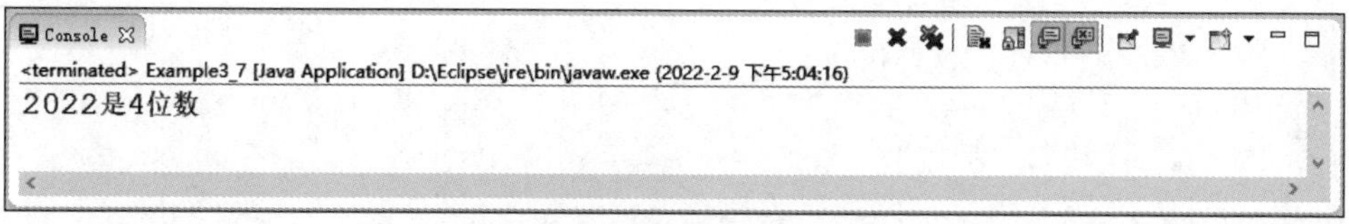

```
Console ⊠                                    ■ ✖ ✖ | ▣ ▤ ▤ ▤ | ☞ ▣ ▾ ▢ ▾ ▭ ▭
<terminated> Example3_7 [Java Application] D:\Eclipse\jre\bin\javaw.exe (2022-2-9 下午5:04:16)
2022是4位数

◁                                                                        ▷
```

图 3.11　判断自然数位数实例输出

【程序说明】

本程序的功能是求解一个整数的位数。程序第 6 行,初始化工作是设置计数器变量初值为 0;程序第 8 行,循环条件是商不为 0;程序中第 10~11 行为重复的操作,即以 n 不断除以 10,并使用变量 count 计算自然数位数。

3.2.2　do…while 语句

do…while 语句与 while 语句功能类似,其语法格式如下。

```
do
{
    循环体
} while(循环条件);
```

do…while 语句的执行流程如图 3.12 所示。

do…while 语句与 while 语句的区别在于:

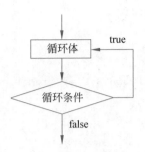

图 3.12　do…while 语句的执行流程

- do…while 先执行循环体,再进行循环条件判断,称为直到型循环结构。
- while 语句是先进行循环条件判断,再执行循环体,称为当型循环结构。

【例 3-8】　do…while 语句实例。

ex3_8

```
0001 public class Example3_8
0002 {
0003     public static void main(String[] args)
0004     {
0005         int m = 21;
0006         int n = 35;
0007         int r;
0008         int t1 = m, t2 = n;
0009         do
0010         {
0011             r = m % n;
0012             m = n;
0013             n = r;
0014         } while(r != 0);
0015         System.out.println(t1 + "和" + t2 + "的最大公约数: " + m);
0016     }
0017 }
```

【运行结果】

程序运行结果如图 3.13 所示。

```
Console ☒                                                    ■ ✖ ✖ | ■ ■ ■ | ■ ■ ▾ | ■ ▾ □ ▾ □ □
<terminated> Example3_8 [Java Application] D:\Eclipse\jre\bin\javaw.exe (2022-2-9 下午5:07:53)
21和35的最大公约数: 7
<
```

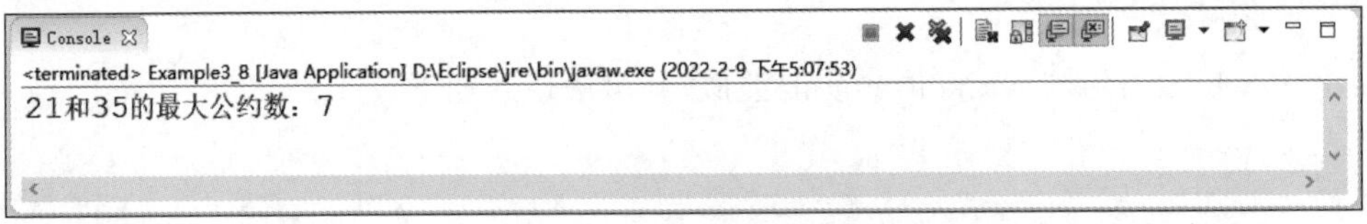

图 3.13　do…while 语句实例输出

【程序说明】

求两个自然数 m、n 的最大公约数应用欧几里得算法,其步骤如下。

第一步:求 m 除以 n 的余数,即 r＝m％n。

第二步：用除数和余数分别替换被除数 m 和除数 n，即 m＝n；n＝r。

第三步：判断余数。若余数为 0，则 m 即最大公约数；否则，返回步骤一。

上述例子中，先执行求余数、更新被除数和除数操作，然后再进行条件判断，最后决定是否重复执行相同操作，比较适合使用 do…while 循环。

当然，while 循环和 do…while 循环这两种结构也是可以转换的。如上述例子应用 while 循环同样可以实现，应用 while 循环求最大公约数的主要代码如下。

```
int r = 1;              //先给 r 赋一个不为 0 的值，目的是控制循环进行
while (r != 0)
{
    r = m % n;
    m = n;
    n = r;
}
```

3.2.3　for 语句

当一个循环结构在执行之前可以确定循环次数时，通常使用 for 语句，其语法格式如下。

```
for(初始化赋值语句；  循环条件；  操作表达式)
{
    循环体
}
```

上述语法格式中，for 关键字后面括号()中包含三部分内容：初始化赋值语句、循环条件、操作表达式，它们之间用英文半角分号";"分隔，后面跟花括号{}，其中的执行语句为循环体。for 循环执行流程如下。

第一步：执行初始化赋值语句。该部分可为空，也可对一个或多个变量赋值。

第二步：判断循环条件。如条件为 true，则执行第三步；否则，执行第五步。

第三步：执行循环体语句。

第四步：执行操作表达式，然后跳转到第二步。

第五步：退出 for 循环。

for 语句的执行流程如图 3.14 所示。

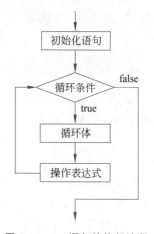

图 3.14　for 语句的执行流程

【例 3-9】　for 语句实例。

```
0001 public class Example3_9
0002 {
```

ex3_9

```
0003     public static void main(String[] args)
0004     {
0005         int i, sum = 0;
0006         for(i = 1; i <= 1000; i++)
0007         {
0008             sum += i;
0009         }
0010         System.out.println("1~1000 的和: " + sum);
0011     }
0012 }
```

【运行结果】

程序运行结果如图 3.15 所示。

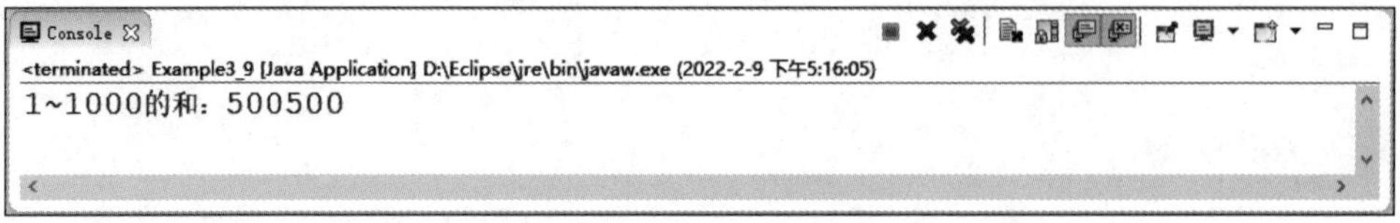

```
Console ⋈                    ■ ✕ ❄ | ▤ ▦ ▣ ▣ | ▨ ▦ ▾ ▾ ▭ ▭ ▭
<terminated> Example3_9 [Java Application] D:\Eclipse\jre\bin\javaw.exe (2022-2-9 下午5:16:05)
1~1000的和: 500500
◂                                                                    ▸
```

图 3.15　for 语句实例输出

【程序说明】

将本例与例 3-6 比较会发现,for 循环的循环体只有一条累加求和语句,见程序第 8 行,而循环的控制完全地包含在 for 语句中。

for 循环的重要特征是,通常有一个控制循环的变量,称为循环控制变量,它具有初值、终值和变化步长。例如上述例子中,循环控制变量 i 的初值为 1、终值为 1000、步长为 1(即 i＋＋操作,每次增加 1),该循环执行次数为(终值－初值＋1)÷步长,即循环 1000 次。

3.2.4 break 和 continue 关键字

break 和 continue 是 Java 关键字,也是 Java 中的跳转语句,用于实现循环语句执行过程中程序流程的跳转。

1. break 关键字

在 switch 语句和循环结构中都可以使用 break 语句。在 switch 语句中使用 break 是为了某个 case 执行后即终止并跳出 switch 结构。在循环结构中使用 break 的作用是跳出当前循环,执行循环结构后面的代码。

【例 3-10】　break 语句实例。

```
0001 public class Example3_10
0002 {
0003     public static void main(String[] args)
```

ex3_10

```
0004    {
0005        int n = 25;
0006        int i;
0007        for(i = 2; i <= n - 1; i++)
0008        {
0009            if(n % i == 0)
0010                break;
0011        }
0012        if(i <= n - 1)
0013            System.out.println(n + "不是素数");
0014        else
0015            System.out.println(n + "是素数");
0016    }
0017 }
```

【运行结果】

程序运行结果如图 3.16 所示。

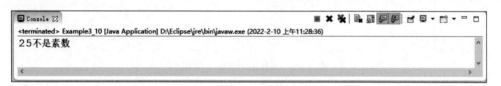

图 3.16　break 语句实例输出

【程序说明】

本程序的功能是判断给定的整数是否为素数,判断的方法是根据素数的定义。对于整数 n,测试[2,n-1]的范围内是否存在能够被 n 整除的数,若有,那么 n 就不是素数;否则,表明 n 是素数。

例 3-10 中,当代码执行到第 12 行时,有两种可能,一种是因为某个 i 使得程序第 9 行条件满足,通过第 10 行 break 语句跳出循环;另一种是 for 循环次数用尽,循环结构自然结束。前者对应 n 不是素数,后者对应 n 是素数。

2. continue 关键字

continue 语句的作用是终止本次循环,继续下一次循环。

【例 3-11】　continue 语句实例。

```
0001 public class Example3_11
0002 {
0003    public static void main(String[] args)
0004    {
0005        int n = 25;
0006        int i;
```

ex3_11

```
0007         for(i = 2; i <= n - 1; i++)
0008         {
0009             if(n % i != 0)
0010                 continue;
0011             else
0012             {
0013                 System.out.println(n + "不是素数");
0014                 return;
0015             }
0016         }
0017         System.out.println(n + "是素数");
0018     }
0019 }
```

【运行结果】

程序运行结果如图 3.17 所示。

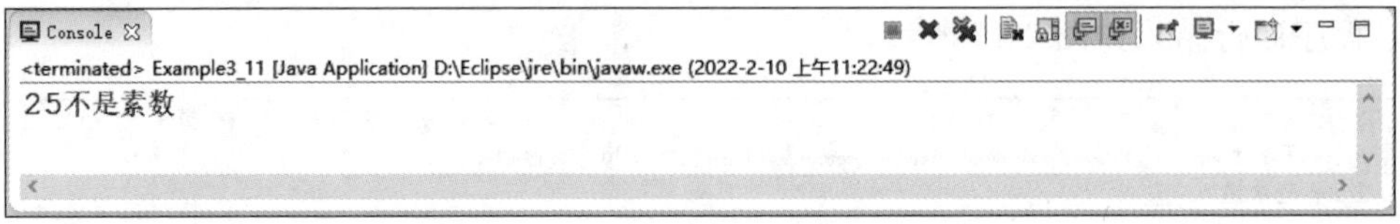

图 3.17　continue 语句实例输出

【程序说明】

本程序的功能与例 3-10 相同,也是判断一个给定的整数是否是素数。程序第 9~10 行,当 n 无法被 i 整除时,并不能说明该数一定是素数,因此需使用 continue 继续除下一个数;程序第 11~15 行,当 n 能够被 i 整除时,说明该数一定不是素数,程序无须继续运行,因此使用 return 语句直接退出方法。

【注意】

- break 的作用是终止循环,跳转到循环后的语句执行。
- continue 的作用是结束本次循环,继续下一次循环。
- break 除了用于循环语句,还用于 switch 语句,contniue 只能用于循环语句。

◆ 3.3　数　　组

假设一个班级有 60 人,现在需要处理某个班级某门课程的成绩数据,例如,计算平均分、最高分、分数标准差等,根据前面所学知识,需要定义 60 个变量来存储每位同学的课程成绩,这不仅编写代码麻烦,而且一些操作难以实现。在 Java 中,可以使用一个数组来存储 60 位同学的课程成绩。

3.3.1　Java 数组简介

数组是具有相同类型的一组有序变量的集合,数组中的每个成员称为数组元素,简称元素。关于数组,需说明的事项如下。

- 数组可以存放各种类型的数据,但同一个数组里存放的元素类型必须一致。
- 数组中元素的个数称为数组的大小,或数组长度。在 Java 中,可通过数组的 length 属性获取数组长度,语法格式为"数组名.length"。
- 数组中每个元素都有一个索引(也称下标),标明其在数组中的位置,要想访问数组中的元素可以通过"数组名[下标]"的方式。
- 数组下标从 0 开始,最大的下标值是"数组长度-1",访问数组元素时,下标值应在 [0,数组长度−1]中,否则会报"ArrayIndexOutOfBoundsException"异常。

根据访问数组元素需要的下标的个数,数组可分为一维数组、二维数组和多维数组,本书介绍一维数组和二维数组。

3.3.2　一维数组

一维数组是指由相同类型元素组成的线性集合,只需使用一个下标就可以访问数组元素。

1. 数组的定义

在 Java 中,定义数组的常用方式有 3 种,其语法格式如下。

方式一:动态初始化,其语法格式如下。

```
数据类型[] 数组名 = new 数据类型[数组长度];
```

或

```
数据类型 数组名[] = new 数据类型[数组长度];
```

方式二:静态初始化,其语法格式如下。

```
数据类型[] 数组名 = new 数据类型[]{元素 0, 元素 1, 元素 2, …};
```

或

```
数据类型 数组名[] = new 数据类型[]{元素 0, 元素 1, 元素 2, …};
```

方式三:静态初始化,其语法格式如下。

```
数据类型[] 数组名 = {元素 0, 元素 1, 元素 2, …};
```

或

```
数据类型 数组名[] = {元素 0, 元素 1, 元素 2, …};
```

其中,数据类型与变量的数据类型一样,数组名即变量名,数组长度表示数组可存放数组元素的个数,元素 0、元素 1 等表示数组中存放的具体数据。

【注意】

- Java 用于声明数组的[ ]既可在数组名前面,也可放在数组名后面,如 int arr[ ]和 int[ ] arr 都是合法的。
- Java 在声明数组时,在[ ]中不可填入常量表示数组的长度,如 int arr[10]这样的声明在 Java 中是不允许的。
- 若采用方式一定义数组,即不给数组元素进行初始化,则数组中元素的初值为各种数据类型的默认初值。

注:byte、short、int、long 型元素默认初值为 0,float、double 型元素默认初值为 0.0,char 型元素默认初值为空字符,即'\u0000',boolean 型元素默认初值为 false,引用数据类型默认初值为 null。

下面是一些数组定义示例。

```
int[] a = new int[60];
double scores[] = new double[]{9.8, 9.6, 9.0, 8.6, 9.4};
String[] names = {"alex", "bob", "lily"};
```

方式一定义了 int 类型数组变量 a,并使用关键字 new 申请了连续 60 个 int 型存储单元,分别是 a[0]、a[1]、…、a[59],数组中元素没有初始化,默认初值均为 0。方式二和方式三定义数组的同时,通过{ }完成初始化赋值,这称为静态初始化。

2. 数组的操作

定义数组后,可对其进行各种操作,常见操作包括数组元素赋值、数组遍历、数组求最值、数组排序等。

【例 3-12】 数组遍历实例。

ex3_12

```
0001 public class Example3_12
0002 {
0003     public static void main(String[] args)
0004     {
0005         int[] arr = {1, 3, 5, 7, 9};
0006         arr[2] = 20;
0007         System.out.println("【遍历数组元素】");
0008         for(int i = 0; i < arr.length; i++)
0009             System.out.println("arr[" + i + "]=" + arr[i]);
0010     }
0011 }
```

【运行结果】

程序运行结果如图 3.18 所示。

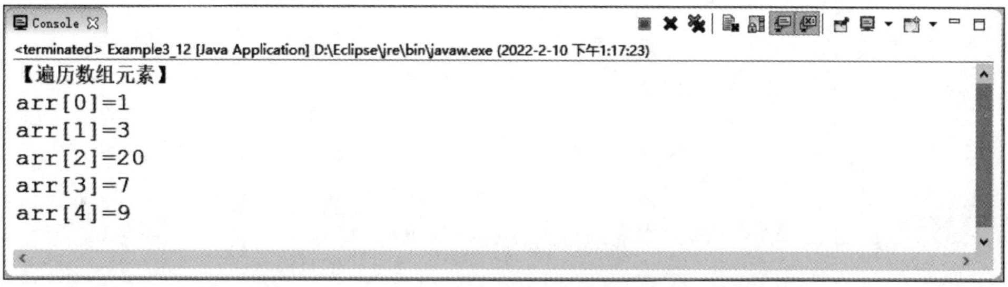

```
Console ✕
<terminated> Example3_12 [Java Application] D:\Eclipse\jre\bin\javaw.exe (2022-2-10 下午1:17:23)
【遍历数组元素】
arr[0]=1
arr[1]=3
arr[2]=20
arr[3]=7
arr[4]=9
```

图 3.18　数组遍历实例输出

【程序说明】

本程序的功能是演示数组元素赋值、数组遍历。程序第 5 行定义了整型一维数组,并进行了静态初始化;程序第 7 行给数组元素 arr[2]重新赋值为 20;程序第 9 行通过 for 循环操作一维数组,实现数组遍历,在遍历过程中输出了数组元素的值。

【例 3-13】　数组求最值实例。

ex3_13

```
0001 public class Example3_13
0002 {
0003     public static void main(String[] args)
0004     {
0005         int[] arr = {1, 3, 20, 7, 9, 30, 10};
0006         int max = arr[0];
0007         for(int i = 1; i < arr.length; i++)
0008         {
0009             if(arr[i] > max)
0010                 max = arr[i];
0011         }
0012         System.out.println("数组的最大值为: " + max);
0013     }
0014 }
```

【运行结果】

程序运行结果如图 3.19 所示。

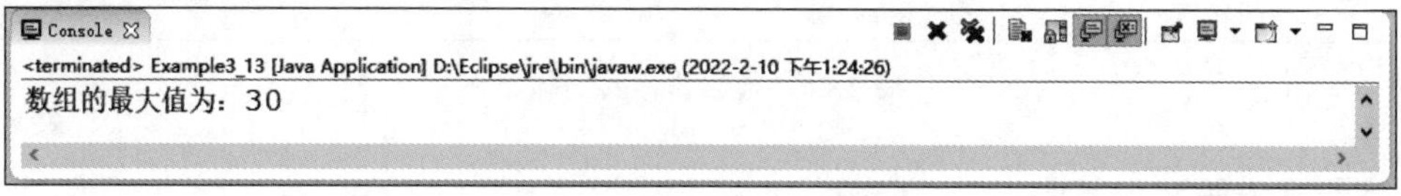

```
Console ✕
<terminated> Example3_13 [Java Application] D:\Eclipse\jre\bin\javaw.exe (2022-2-10 下午1:24:26)
数组的最大值为: 30
```

图 3.19　数组求最值实例输出

【程序说明】

本程序使用"擂台法"求数组元素的最值,以求最大值为例。程序第 6 行设置擂台变量 max,用于保存最大值,并初始化其为数组第一个元素 a[0]的值;程序第 7～11 行遍历数组,将数组元素依次与擂台变量进行比较,如果数组元素的值大于擂台变量的值,则更新擂台变量的值,遍历数组结束后,擂台变量 max 便保存了数组元素的最大值。

【例 3-14】 数组排序实例。

ex3_14

```
0001 public class Example3_14
0002 {
0003    public static void main(String[] args)
0004    {
0005        int[] a = {1, 3, 20, 7, 9, 30, 10};
0006        int n = a.length;
0007        for(int i = 1; i < n; i++)
0008        {
0009            for(int j = 0; j < n - i; j++)
0010            {
0011                if(a[j] > a[j+1])
0012                {
0013                    int t = a[j];
0014                    a[j] = a[j+1];
0015                    a[j+1] = t;
0016                }
0017            }
0018        }
0019        System.out.println("【数组排序后,结果为】");
0020        for(int i = 0; i < n; i++)
0021            System.out.print(a[i] + " ");
0022    }
0023 }
```

【运行结果】

程序运行结果如图 3.20 所示。

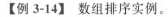

Console ☒
`<terminated> Example3_14 [Java Application] D:\Eclipse\jre\bin\javaw.exe (2022-2-10 下午1:30:55)`
【数组排序后, 结果为】
1 3 7 9 10 20 30

图 3.20　数组排序实例输出

【程序说明】

本程序的功能是对数组进行非降序排序,使用冒泡排序法。冒泡排序是基于交换的排序,排序思想是相邻元素两两比较,如果不满足小数在前、大数在后,则进行交换,这样经过一趟排序后,最大的元素会被交换至数组最后位置。

假设数组有 n 个元素,冒泡排序通过二重 for 循环实现。程序第 7 行代码是外循环,表示 n 个数共进行 n−1 趟排序,每趟排序会产生一个最大的值并交换至无序部分的末尾,所以 n 个数需要 n-1 趟排序;程序第 9 行代码是内循环,表示第 i 趟排序的过程,对数组元素 a[0]、a[1]、…、a[n-i]进行排序,其方法是遍历此部分数组元素,并比较相邻数组元素,如果大数在前、小数在后则交换二者。

此外,读者可以进一步对上述冒泡排序过程进行改进,例如在某一趟排序后,数组已经有序,则没有必要再进行余下的几趟排序了,提升算法的性能。

3.3.3　二维数组

假设现在需处理某个班级多门课程的成绩数据,每位同学都有多门课程,该如何实现呢? 这就需要二维数组,二维数组可以简单地理解为一维数组的数组。

二维数组的定义有 3 种主要方式。

方式一:直接分配数组每一维空间,其语法格式如下。

> 数据类型[][] 数组名 = new 数据类型[数组行数][数组列数];

或

> 数据类型 数组名[][] = new 数据类型[数组行数][数组列数];

方式二:从数组最高维起,分别为每一维分配空间,其语法格式如下。

第一步:指定二维数组的行数。

> 数据类型[][] 数组名 = new 数据类型[数组行数][];

或

> 数据类型 数组名[][] = new 数据类型[数组行数][];

第二步:分别指定数组每行的列数。

> 数组名[0] = new 数组类型[数组列数 0];
> 数组名[1] = new 数组类型[数组列数 1];
> …
> 数组名[数组行数-1] = new 数组类型[数组列数-1];

方式二先动态创建数组第一维(即二维数组的行),然后依次为第一维的每个元素分配空间(即每行的列数)。这种方式申请的二维数组的每行列数可不必相同。

方式三:静态初始化,其语法格式如下。

> 数据类型[][] 数组名={{元素 00, 元素 01, 元素 02, …}, {元素 10, 元素 11, 元素 12},
> …, {元素 n0, 元素 n1, 元素 n2, …}};

或

> 数据类型 数组名[][] = {{元素 00, 元素 01, 元素 02, …}, {元素 10, 元素 11, 元素 12},
> …, {元素 n0, 元素 n1, 元素 n2, …}};

　　方式三可在定义二维数组的同时，直接使用具体元素对其进行初始化，且每行的元素数目可以不同。

　　关于 Java 中二维数组的定义，需说明的如下。

- Java 用于声明二维数组的[][]既可在数组名前面，也可放在数组名后面，如 int arr[][]和 int[][] arr 都是合法的。
- Java 中使用 new 运算符定义二维数组时，可同时指定第一维和第二维的大小（方式一），也可先指定第一维的大小，再指定第二维的大小（方式二）。
- Java 中的二维数组，每行（第一维）的列数（第二维）可以不同。

【例 3-15】　不规则数组实例。

ex3_15

```
0001 public class Example3_15
0002 {
0003     public static void main(String[] args)
0004     {
0005         int[][] a = new int[3][];
0006         a[0] = new int[]{1, 2, 3};
0007         a[1] = new int[2];
0008         a[1][0] = 4;
0009         a[1][1] = 5;
0010         a[2] = new int[]{6, 7, 8, 9};
0011         int sum = 0;
0012         System.out.println("【遍历二维数组】");
0013         for(int i = 0; i < a.length; i++)
0014         {
0015             for(int j = 0; j < a[i].length; j++)
0016             {
0017                 System.out.printf("% 4d", a[i][j]);
0018                 sum += a[i][j];
0019             }
0020             System.out.println();
0021         }
0022         System.out.println("二维数组中元素的和为：" + sum);
0023     }
0024 }
```

【运行结果】

程序运行结果如图 3.21 所示。

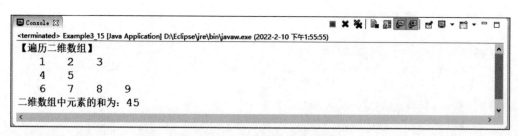

图 3.21　不规则数组实例输出

【程序说明】

程序第 5 行定义了一个二维数组,并指定二维数组的第一维大小为 3,即有 3 行;程序第 6~10 行,使用不同的方式进一步定义 a[0]、a[1]、a[2]这 3 个一维数组;程序第 13~21 行遍历二维数组,并输出数组元素的值并求和,其中,第 13 行 for 循环对应二维数组的行,第 15 行 for 循环对应二维数组的列。

◆ 3.4　综合实验

【实验目的】

- 掌握循环控制结构的使用方法。
- 掌握数组的使用方法。

【实验内容】

求正弦值。编写程序,利用下列公式计算 sin(x)的近似值,要求前后两次迭代之差的绝对值小于 e(给定精度 e＝10^{-6}),输出相应的 sin(x)的近似值。程序运行结果如图 3.22 所示。

$$\sin(x) = x - \frac{x^3}{3!} + \frac{x^5}{5!} - \frac{x^7}{7!} + \cdots + (-1)^{n-1} \frac{x^{2n-1}}{(2n-1)!}$$

其中,x 是弧度,n 为正整数。

【输入】浮点数 f,用弧度表示。

【输出】正弦值每次迭代的结果,要求保留 6 位小数。

【输入样例】1

【输出样例】1.000000

0.833333

0.841667

0.841468

0.841471

0.841471

ex3_16

【例 3-16】 求正弦值实验。

```java
0001 import java.util.Scanner;
0002 public class Example3_16
0003 {
0004     public static void main(String[] args)
0005     {
0006         Scanner input = new Scanner(System.in);
0007         double x = input.nextDouble();
0008         double a = x;
0009         int b = 1;
0010         int c = 1;
0011         int sgn = 1;
0012         double tmp = a / b;
0013         double tmp2;
0014         double sum = 0;
0015         double rs[] = new double[1000];
0016         int count = 0;
0017         do
0018         {
0019             sum += tmp;
0020             rs[count++] = sum;
0021             tmp2 = tmp;
0022             a = a * x * x;
0023             c += 2;
0024             b = b * c * (c - 1);
0025             tmp = a / b;
0026             sgn = sgn * -1;
0027             tmp = tmp * sgn;
0028         } while (Math.abs(Math.abs(tmp) - Math.abs(tmp2)) >= 0.000001);
0029         for(int i = 0; i < count; i++)
0030             System.out.println(String.format("% .6f", rs[i]));
0031     }
0032 }
```

【程序说明】

通过观察公式可知，通项 $g(n)=(-1)\dfrac{x^2}{(2n-1)(2n-2)}g(n-1)$，程序中定义的变量 a、b 和 sgn，分别表示通项中的分子、分母和符号；变量 tmp 和 tmp2 分别表示相邻两次迭代的通项的值；程序第 15 行定义了 double 数组，用于保存计算中间结果；程序中分别使用了 do…while 和 for 两种形式的循环；程序第 28 行，设置循环条件为前后两次迭代之差的绝对值小于 $e=10^{-6}$；程序第 30 行，String.format("%.6f", rs[i]) 的作用是设置输出格式为保留 6 位小数。

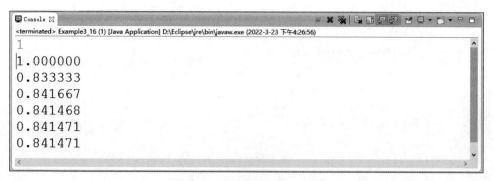

图 3.22　求正弦值实验输出

3.5　小　　结

程序控制结构包括顺序结构、分支结构和循环结构。当程序中需要根据给定条件决定执行语句时,可以使用分支结构,包括单分支 if 语句、双分支 if…else 语句、多分支 if…else if 语句及 switch 语句。

当程序中需要重复执行相同的操作时,可以使用循环结构。循环结构包括 while 语句、do…while 语句和 for 语句。while 语句和 do…while 语句适用于循环次数未知的循环,区别在于前者先判断循环条件后执行循环语句,后者先执行循环语句后判断循环条件,因此分别称为当型循环和直到型循环;for 语句适用于循环次数已知的循环。

数组是由有序、类型相同的元素构成的集合。Java 中的数组包括一维数组、二维数组和多维数组。本章重点介绍了一维数组和二维数组,包括数组的定义、数组初始化、元素的访问等,并结合数组的应用介绍了擂台法、冒泡排序等基础算法。

3.6　习　　题

1. 表达式(　　)不可以作为循环条件。

  A. i++　　　　　　　　　　　　　B. i>5

  C. count==100　　　　　　　　　D. i instanceof Integer

2. 下面代码的输出结果是(　　)。

```
int x = 4;
switch(x)
{
    case 1:
    case 2:
    case 3:
        System.out.println("上半周");
```

```
    case 4:
    case 5:
        System.out.print("下半周");
    case 6:
    case 7:
        System.out.print("周末");
        break;
    default:
        System.out.print("数据异常");
}
```

A. 无任何输出   B. 下半周周末

C. 下半周   D. 下半周周末数据异常

3. 下列关于数组的说法中，错误的是（ ）。

 A. 数组必须先声明，然后才能使用

 B. 数组本身是一个对象

 C. 数组可以在内存空间连续存储任意一组数据

 D. 二维数组每一行的元素个数可以不同

4. 下列代码运行后输出结果是（ ）。

```
int sum = 0;
for(int i=1; i<=10; i++)
{
    sum += i;
}
System.out.println(i);
```

 A. 10   B. 11   C. 55   D. 报错

5. 下面代码输出结果是（ ）。

```
int i = 0, s = 0;
do
{
    if(i % 2 == 0)
    {
        i++;
        continue;
    }
    i++;
    s += i;
} while (i < 7);
System.out.println(s);
```

　　　A. 12　　　　　　　　B. 16　　　　　　　　C. 21　　　　　　　　D. 28

6. 下列定义数组并初始化的语句,错误的是(　　　)。

　　A. int[]a＝new int[5];

　　B. int a[]＝new int[5]{1,2,3,4,5};

　　C. int[]a＝{1,2,3,4,5};

　　D. int[]a＝(1,2,3,4,5);

7. 分支语句有哪几种形式? 其作用分别是什么?

8. while 语句和 do…while 语句有什么区别?

9. 关键字 break 和 continue 的作用分别是什么?

10. Java 中定义二维数组有哪几种方式?

3.7　实　　　验

　　实验一:编写程序,根据公式 $\pi/4=1-1/3+1/5-1/7+\cdots$,求 π 的值。要求精确到最后一项的绝对值小于 10^{-6}。

　　提示:Math.abs()方法可以求绝对值。

　　【输入】无。

　　【输出】π 值,保留 6 位小数。

　　【输入样例】无

　　【输出样例】3.141595

　　实验二:编写程序,验证哥德巴赫猜想,即大于 6 的偶数等于两个素数的和。编程将 6～100 所有偶数表示成两个素数之和(每个数只拆开一次,并保证第一个加数最小)。

　　【输入】无

　　【输出】6～100 中所有偶数分解成的素数组,每行输出 1 个素数组,其间用空格隔开。

　　【输入样例】无

　　【输出样例】因输出数据较多,此处仅显示前 5 行。

　　　　　　　3 5

　　　　　　　3 7

　　　　　　　5 7

　　　　　　　3 11

　　　　　　　3 13

　　实验三:编写程序实现整数去重功能。输入含有 n 个整数的序列,对这个序列中每个重复出现的数,只保留该数第一次出现的位置,删除其余位置。

　　【输入】输入包含两行。

　　第一行包含一个正整数 n(1≤n≤10000),表示第二行序列中数字的个数。

　　第二行包含 n 个整数,整数之间以一个空格分开,整数的取值范围为[1,10000]。

　　【输出】输出只有一行,按照输入的顺序输出其中不重复的数字,整数之间用一个空格分开。

【输入样例】5

　　　　　　10 12 93 12 75

【输出样例】10 12 93 75

实验四：编写程序计算矩阵的鞍点。鞍点指的是矩阵中的一个元素,它是所在行的最大值,并且是所在列的最小值。

例如：在下面的例子中,第 4 行第 1 列的元素就是鞍点,值为 8。

11 3 5 6 9

12 4 7 8 10

10 5 6 9 11

8 6 4 7 2

15 10 11 20 25

【输入】输入包含一个 5 行 5 列的矩阵。

【输出】如果存在鞍点,输出鞍点所在的行、列及其值,如果不存在,输出"not found"。

【输入样例】

11　3　5　6　9

12　4　7　8　10

10　5　6　9　11

8　6　4　7　2

15　10　11　20　25

【输出样例】4 1 8

第 2 篇　Java 面向对象编程

第 4 章

类 和 对 象

本章学习目标

- 理解面向对象程序设计的特征。
- 掌握定义类和创建对象的方法。
- 理解不同访问权限修饰符的访问范围。
- 掌握构造方法的定义和重载。
- 掌握关键字 this 和 static 的使用。

Java 是完全面向对象(Object Oriented,OO)的编程语言,使用 Java 语言进行程序开发十分方便而高效。此处的"完全面向对象"是相对于 C++ 而言的,C++ 是一种混合型语言,既支持面向过程的编程方式,也具备面向对象的主要特征,而 Java 从设计之初就是完全按照面向对象的思路来打造的。在面向对象的程序设计中,类和对象是最基本的组成要素。因此,本章首先介绍面向对象程序设计(Object Oriented Programming,OOP)的基本概念以及特征,让读者对之有初步印象,进而建立起较完整的 OOP 框架概念。接着,重点阐述类的定义方法、对象创建的方法、构造方法的作用和定义以及方法重载的概念和使用。最后,介绍常用的关键字 this 和 static 的使用方法。通过本章的学习,读者将全面认识面向对象编程的基本概念,掌握最基本的面向对象程序设计的方法。

◆ 4.1 面向对象程序设计

在面向对象程序设计出现之前,最为流行的是以 Pascal、BASIC、C 语言等为代表的面向过程的程序设计,也称为结构化程序设计。面向过程的程序设计将解决复杂问题的过程分解为一个个步骤,每个步骤对应于一个函数,将函数按照一定顺序排列,并依次调用来解决问题。本质上,面向对象的程序设计从计算机体系结构的角度思考问题,程序设计者需建立起机器模型与待解决问题模型之间的关联性。这种程序设计方式最早是由荷兰计算机学家、图灵奖获得者 Edsger Wybe Dijikstra 于 1965 年提出,它的提出是软件发展史上的一个重要里程碑,设计思路是采用"自顶向下、逐步求精"的方法,应用顺序、分支、循环

3 种基本控制结构构造程序。然而,在开发大型、复杂的系统时,面向过程程序设计方法可读性差、难以维护、可复用性和扩展性差的缺点便暴露无遗。面向对象程序设计正是为了克服面向过程程序设计的不足而产生的。

面向对象程序设计思想来源于真实世界,使程序设计者以问题领域、而非计算机体系结构领域的方式思考问题。问题领域由一个个具体的事物以及事物之间的关系构成,面向对象的程序设计将这些事物称为对象,将具有共同特点的对象称为类。因此,面向对象的程序设计就是分析待解决问题中包含哪些事物、每类事物有什么共同的特点,以及各类事物之间的关系及相互作用等。

早期的面向对象程序设计语言包括 Simula-67 以及 Smalltalk 等,其中后者是较为公认的首个取得成功的面向对象程序语言,Java 语言在设计之初也从中借鉴颇多。除此之外,Smalltalk 不仅是一门开发语言,同时还集成了语言开发环境 IDE。Smalltalk 的设计者 Alan Kay 概括这门语言的 5 个基本特征为:①万事万物皆对象;②程序是对象的集合,彼此之间通过对消息的传递进行工作;③每个对象都拥有由其他对象构成的记忆;④每个对象都有类型;⑤每种类型的对象接受相同的消息。

以上是面向对象程序设计的最初特征,经过数十年的发展,目前世界范围内比较公认的面向对象程序设计主要包含 3 个特征,分别是封装(encapsulation)、继承(heritance)以及多态(polymorphism)。

封装是一种信息隐藏技术,是指将对象的成员变量(数据)和处理这些数据的成员方法(操作)集成到一个类中,系统的其他部分(如某个对象)只能通过类所提供的对外接口(方法)才能实现对类内部数据的操作,从而实现对数据的有效保护。因此,通过封装技术,类的设计者可以根据需要灵活设置各成员变量和成员方法的访问权限,以达到既方便使用又能确保安全性的目的。关于封装,需要结合访问权限修饰符进行深入讨论,这将在后续多个章节详细讨论。

继承是指以已有类作为基础、扩展新的功能建立新类的特性。其中,已有类称为父类,也称为基类,新类称为子类,也称为派生类,从父类派生出子类的过程就称为继承。子类继承父类中的变量和方法,并且可以增加新的变量和方法,也可以修改父类已有方法的实现细节以适应新的需求。通过继承,可以在子类中有选择地使用父类的功能,并在无须重新编写父类的前提下扩展新的功能。

多态建立在继承的基础之上,是指子类在继承父类中定义的方法后,可以展现出不同的行为方式,该特征使得同一个方法在不同的子类中呈现不同的表现形式。在 Java 中,多态性可以表现为静态多态性和动态多态性两种方式。静态多态性是通过方法重载实现的,根据调用方法提供的实参列表区分所调用的方法,也称为编译时多态。动态多态性是通过方法重写实现的,根据对象的实际类型决定调用哪个方法,也称为运行时多态。

◇ 4.2　类 的 定 义

如同物质是世界的本源一样,类和对象是面向对象程序设计的基础。类是对一类具有相同特征(数据)和共同行为(方法)的对象的抽象,而对象是某个类的一个具体实例。

简而言之,类是对象的抽象,对象是类的具体。例如,人是一种灵长目人科人属的物种的总称,属于类的概念;而"张三""李四"等个体则属于对象的范畴。

4.2.1 类的定义格式

本节学习如何定义类。在 Java 中,定义一个类的完整格式如下。

```
[public][abstract|final] class 类名 [extends 父类名][implements 接口列表]
{
    类体
}
```

上述定义中,带[]的部分表示可选项,可以省略;"|"表示"或"关系,也即 abstract 和 final 这两个关键字只能选择其中一个,不可以同时选择。

关键字 public 是公有的意思。若该类定义为 public,表示其能够被其他类所访问。需要特别指出的是,在每个 Java 源文件中,最多只有一个类可以声明为 public,该类称为主类,保存该类的源文件的文件名必须与主类的类名相同,否则会引发编译错误。

关键字 abstract 表示所定义的类为抽象类,关键字 final 表示定义的类是最终类、不能被继承,关于这两个关键字将会在后续章节详细讨论。

关键字 class 用于定义类,类名则是给类所起的合法标识符。需要说明的是,Java 中的类名通常遵循首字母大写、其余字母小写的规则;如类名由多个单词组成,则满足每个单词的首字母大写、其余字母小写的规则,如 Car、MyHome 等都是比较规范的类名。

关键字 extends 表示该类继承自其他父类,关键字 implements 表示该类实现相关接口,这些内容均将在后续章节介绍,本章暂不做说明。

类体的定义格式如下。

```
[访问权限修饰符]数据类型 成员变量 1;
[访问权限修饰符]数据类型 成员变量 2;
…
[访问权限修饰符]返回值类型 成员方法 1;
[访问权限修饰符]返回值类型 成员方法 2;
…
```

上述定义中,访问权限修饰符用于控制成员变量或成员方法的访问权限,可以体现类的封装性,其可选项为 public、protected、private 或默认,其含义将在后续章节详细讨论。下面先看一个类定义的具体实例。

【例 4-1】 类定义实例。

```
0001 class NavalVessel
0002 {
0003     String name;
0004     float length, width;
```

ex4_1

```
0005    int displacement;
0006    int maxSpeed;
0007    int numberOfCrews;
0008    void showInfo()
0009    {
0010        System.out.println("【舰艇信息】");
0011        System.out.println("名称: " + name);
0012        System.out.println("长度(米): " + length);
0013        System.out.println("宽度(米): " + width);
0014        System.out.println("排水量(吨): " + displacement);
0015        System.out.println("最大航速(节): " + maxSpeed);
0016        System.out.println("舰员数量: " + numberOfCrews);
0017    }
0018 }
0019 public class Example4_1
0020 {
0021    public static void main(String[] args)
0022    {
0023        NavalVessel nv = new NavalVessel();
0024        nv.showInfo();
0025    }
0026 }
```

【运行结果】

程序运行结果如图 4.1 所示。

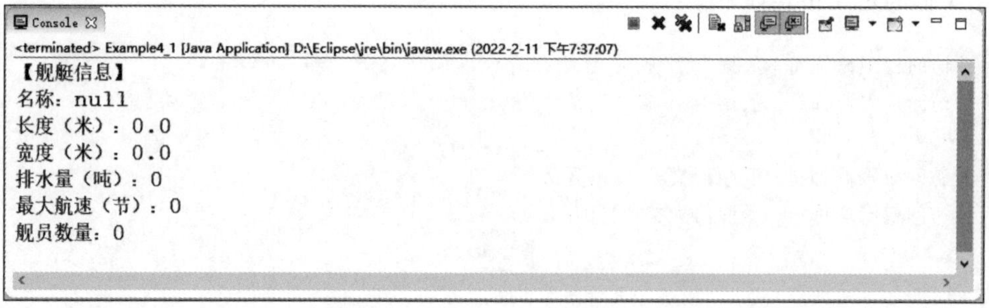

图 4.1　类定义实例输出

【程序说明】

例 4-1 定义了一个名为 NavalVessel(舰艇)的类,类中包含 6 个成员变量 name(舰艇名称)、length(长度)、width(宽度)、displacement(排水量)、maxSpeed(最大航速)和 numberOfCrews(舰员数量),以及一个成员方法 showInfo(),该成员方法的作用是用于输出类的详细信息。方便起见,本类中所有的变量和方法的访问权限均使用默认。程序的运行结果如图 4.1 所示,其名称为 null,长度和宽度为 0.0,排水量、最大航速和舰员数量为 0,这是因为 NavalVessel 类没有显式地定义构造方法,因此,系统在创建类的对象时会使用各种类型数据的默认值为变量进行初始化。

4.2.2 访问权限修饰符

信息隐藏是面向对象程序设计的重要特性之一,使用访问权限修饰符可以限制对对象私有属性的访问,能够阻止对对象内部数据的未授权访问并保障数据完整性。

访问权限修饰符可用于修饰类的成员变量或成员方法,其可选值为 public、protected、private 或默认。

- public 表示被修饰的成员为公有的,可被任何对象所访问。
- protected 表示被修饰的成员为受保护的,可以被该类的子类访问,也能够被在同一个包中的非子类所访问。
- private 表示被修饰的成员为私有的,只有在该类的内部才能被访问。
- 默认情况下,相应的成员可以被同一个包中的类所访问。

访问权限修饰符与访问权限的对应关系如表 4.1 所示。

表 4.1 访问权限修饰符与访问权限对应关系

	public	protected	默认	private
类自身	是	是	是	是
同一包中的类	是	是	是	否
不同包中的子类	是	是	否	否
不同包中的非子类	是	否	否	否

表 4.1 中所展示的关系看似比较复杂,实际上是有规律的。这 4 种修饰符的访问权限从高到低依次是 public、protected、默认和 private。public 成员在所有情形下均可访问;private 成员除了类自身外,其他情形均不可访问;protected 成员可以被同一个包中的类和子类(可不在同一个包中)所访问;默认权限成员可以被同一个包中的类访问。

关于访问权限修饰符,需要与第 5 章的继承、包等内容结合起来才能讲解得更加清楚,此处先引出相关概念,待后续章节结合具体实例继续讨论。

◆ 4.3 对象的创建

在 Java 中,类属于引用数据类型,使用类的类型所声明的变量称为对象。对象的创建包含对象声明和对象实例化两个步骤。

4.3.1 对象声明

对象声明的语法格式如下。

```
类名 对象名称;
```

例如：

```
NavalVessel nv1, nv2;
```

在 Java 中,引用数据类型的变量只是操控实际对象的一个引用而已,并非对象本身。因此,上述声明中,nv1 和 nv2 均为 NavalVessel 类型的引用变量。此时,该引用变量并未分配存储空间,其初值为 null。

4.3.2 对象实例化

对象声明之后,仅给出了一个引用变量,并未为该变量分配存储空间,尚不能真正使用。此时,需要进行第二个步骤对象实例化。对象实例化的语法格式如下。

```
对象名称 = new 类名(参数列表);
```

例如：

```
nv1 = new NavalVessel();
```

使用 new 运算符创建类的对象时,Java 虚拟机会执行以下几个步骤。

第一步：为对象分配存储空间。

第二步：使用数据类型的默认值初始化对象的成员变量。

第三步：执行类的构造方法。

需要说明的是,Java 为对象分配存储空间需要显式地调用 new 运算符,当该对象不再使用时,并不需要像 C++ 中使用 delete 运算符来显式回收存储空间。因为 Java 使用了垃圾回收机制,对象一旦被创建,Java 虚拟机便会动态监测该对象实例的引用情况,当其不再被任何变量所引用时,垃圾收集器会自动回收该存储空间,保证内存不会因为程序员的失误而造成泄漏。

回顾例 4.1 中,程序第 23 行调用 new 运算符创建了一个名为 nv 的对象,为对象分配存储空间,并使用数据类型对应的默认值为成员变量初始化(String 类型的默认值为 null,float 类型的默认值为 0.0,int 类型的默认值为 0),因此呈现如图 4.1 所示的运行结果。

◆ 4.4 构造方法与重载

在 C 语言编写的程序中,很多错误都源于没有给变量赋予正确的初始值。为了杜绝此类错误的发生,在 C++ 中,提出了构造函数(constructor)的概念,其作用是在创建对象时自动调用构造函数完成对象的初始化工作。在 Java 中,延用了 C++ 中构造函数的做法,规定每个类都必须有一个构造函数,出于习惯问题,Java 中将其译为构造方法。

4.4.1 构造方法的定义

当使用 new 运算符创建类的对象时,系统会自动调用该类的构造方法以完成新生成对象的初始化工作。

【小知识点】

- 构造方法是一类特殊的方法,其方法名与类名相同。
- 构造方法没有返回值,即在方法名前没有任何内容,并非返回类型为 void。
- 构造方法只能通过 new 运算符调用,不能通过方法名调用。
- 如果类的设计者未定义构造方法,则编译器会为类提供一个默认的、参数列表为空且不会执行任何操作的默认构造方法。

接下来,为之前定义的 NavalVessel 类增加构造方法。

【例 4-2】 构造方法实例。

ex4_2

```
0001 class NavalVessel
0002 {
0003    String name;
0004    float length, width;
0005    int displacement;
0006    int maxSpeed;
0007    int numberOfCrews;
0008    NavalVessel(String n, float len, float wid, int dis, int ms, int noc)
0009    {
0010       name = n;
0011       length = len;
0012       width = wid;
0013       displacement = dis;
0014       maxSpeed = ms;
0015       numberOfCrews = noc;
0016    }
0017    void showInfo()
0018    {
0019       System.out.println("【舰艇信息】");
0020       System.out.println("名称: " + name);
0021       System.out.println("长度(米): " + length);
0022       System.out.println("宽度(米): " + width);
0023       System.out.println("排水量(吨): " + displacement);
0024       System.out.println("最大航速(节): " + maxSpeed);
0025       System.out.println("舰员数量: " + numberOfCrews);
0026    }
0027 }
0028 public class Example4_2
0029 {
0030    public static void main(String[] args)
0031    {
0032       NavalVessel cv = new NavalVessel("泰州号", 156.5f, 17.19f, 7940, 32, 296);
```

```
0033        cv.showInfo();
0034    }
0035 }
```

【运行结果】

程序运行结果如图 4.2 所示。

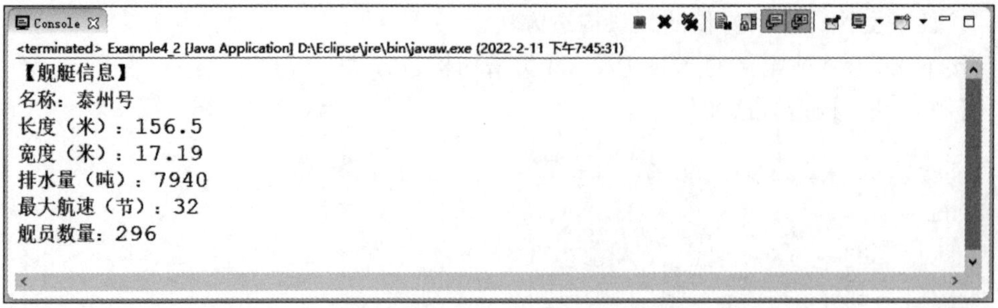

图 4.2 构造方法实例输出

【程序说明】

程序第 8～16 行定义了与类名同名的构造方法,并使用 6 个参数分别对 6 个成员变量进行初始化。因此,在创建对象实例时,构造方法的形参会赋值给相应对象的成员变量。

回顾例 4-1 中,类 NavalVessel 中并未显式地定义构造方法,此时,系统会为该类创建一个无参数且方法体无任何内容的空构造方法,形如:

```
NavalVessel()
{
}
```

该构造方法不会执行任何实质性的操作。

构造方法通常都用于为类中的成员变量进行初始化动作。事实上,成员变量在声明的同时也可以进行初始化,而且这种方式的初始化一定发生在构造方法发生之前,看下面的例子。

【例 4-3】 成员变量初始化顺序实例。

```
0001 class Missile
0002 {
0003    Missile(String m)
0004    {
0005        System.out.println("为舰艇装备" + m);
0006    }
0007 }
0008 class Torpedo
```

ex4_3

```
0009 {
0010     Torpedo(String t)
0011     {
0012         System.out.println("为舰艇装备" + t);
0013     }
0014 }
0015 class NavalVessel
0016 {
0017     Missile m1 = new Missile("SA-N-17灰熊舰空导弹");
0018     NavalVessel()
0019     {
0020         System.out.println("开始装备舰艇武器系统");
0021         Torpedo t = new Torpedo("TEST-71M线导反潜鱼雷");
0022     }
0023     void done()
0024     {
0025         System.out.println("舰艇武器系统装备完成");
0026     }
0027     Missile m2 = new Missile("SS-N-22日炙反舰导弹");
0028 }
0029 public class Example4_3
0030 {
0031     public static void main(String[] args)
0032     {
0033         NavalVessel nv = new NavalVessel();
0034         nv.done();
0035     }
0036 }
```

【运行结果】

程序运用结果如图 4.3 所示。

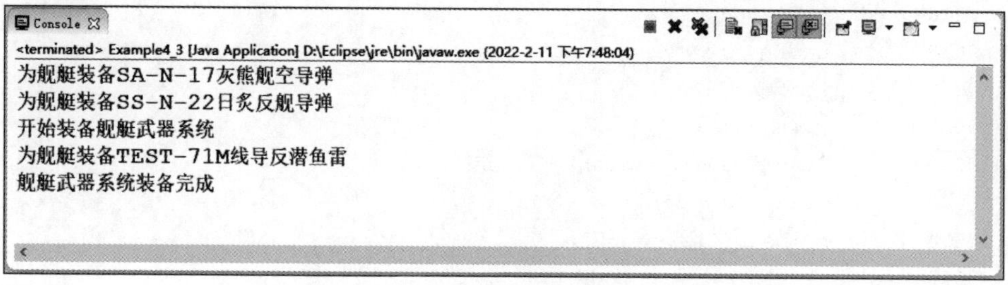

图 4.3 成员变量初始化顺序实例输出

【程序说明】

类 NavalVessel 中声明了两个 Missile(导弹)类型的成员变量 m1 和 m2,在声明的同时使用 new 运算符创建对象实例完成初始化。从位置看，m1 位于构造方法之前，m2 位于构造方法之后，它们的初始化次序取决于变量在类中定义的次序，因此先执行 m1 初始化，再执行 m2 初始化，它们均发生在构造方法执行之前。程序第 21 行，构造方法中创建了 Torpedo（鱼雷）类型的对象 t，这个过程发生在上述两次初始化之后。从图 4.3 的结果可以看出，初始化的顺序依次是执行第 17 行、第 27 行和第 21 行处的代码。

4.4.2　构造方法重载

事实上，一个类中可以定义多个构造方法，这些方法的方法名均相同，但是参数列表（argument list）不完全相同，这种现象称为方法的重载（overloading）。使用构造方法重载的好处在于可以为一个类定义多个构造方法，以匹配多样化的对象创建需求。下面给出一个构造方法重载的例子。

【例 4-4】　构造方法重载实例。

ex4_4

```
0001 class NavalVessel
0002 {
0003    String name;
0004    float length, width;
0005    int displacement;
0006    int maxSpeed;
0007    int numberOfCrews;
0008    NavalVessel(String n, float len, float wid, int dis, int ms, int noc)
0009    {
0010        name = n;
0011        length = len;
0012        width = wid;
0013        displacement = dis;
0014        maxSpeed = ms;
0015        numberOfCrews = noc;
0016    }
0017    NavalVessel(String n, float len, float wid, int dis)
0018    {
0019        name = n;
0020        length = len;
0021        width = wid;
0022        displacement = dis;
0023        maxSpeed = 35;
0024        numberOfCrews = 350;
0025    }
0026    void showInfo()
0027    {
0028        System.out.println("【舰艇信息】");
0029        System.out.println("名称: " + name);
```

```
0030            System.out.println("长度(米): " + length);
0031            System.out.println("宽度(米): " + width);
0032            System.out.println("排水量(吨): " + displacement);
0033            System.out.println("最大航速(节): " + maxSpeed);
0034            System.out.println("舰员数量: " + numberOfCrews);
0035        }
0036 }
0037 public class Example4_4
0038 {
0039     public static void main(String[] args)
0040     {
0041         NavalVessel nv1 = new NavalVessel("泰州号",156.5f,17.19f,7940,32,296);
0042         NavalVessel nv2 = new NavalVessel("拉萨号", 175f, 21f, 11500);
0043         nv1.showInfo();
0044         nv2.showInfo();
0045     }
0046 }
```

【运行结果】

程序运行结果如图 4.4 所示。

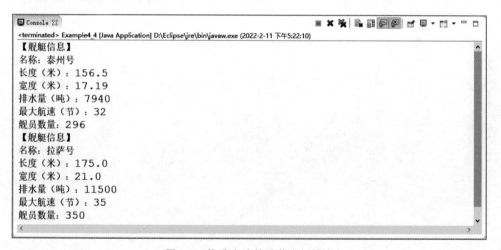

图 4.4　构造方法的重载实例输出

【程序说明】

程序的第 8～16 行,第 17～25 行分别定义了两个构造方法,它们的方法名相同,不同之处在于形参列表的数目。通过方法重载,用户可以根据实际需要灵活地调用不同的构造方法来创建对象,如程序的第 41 行、第 42 行分别提供了 6 个和 4 个实参,通过不同的实参列表分别匹配调用不同的构造方法以创建对象。

【注意】

- 两个方法的方法名和参数列表均相同,但返回类型不同,是不能称为方法重载的,不仅如此,这样还会引发编译错误。

● 除了类的构造方法外,类中定义的任何其他方法也可以进行重载。

4.4.3　finalize( )方法

在 C、C++、Pascal 等语言中,开发人员需要承担一部分计算机内存管理的责任。例如,在 C++ 中,使用 new 运算符为对象申请存储空间后,当对象不再使用时,需要使用 delete 运算符调用与构造函数相对的析构函数(destructor),释放之前申请的存储空间。

既然 Java 中的构造方法与 C++ 中的构造函数功能基本相同,那么很自然地联想到 Java 中有没有与 C++ 中析构函数相应的析构方法。事实上,Java 中并不存在所谓的析构方法。在 Java 中,当使用 new 运算符创建对象后,Java 虚拟机会被该对象分配存储空间、自动调用构造方法完成对象的初始化并跟踪该对象的引用情况。当该对象不再使用时,Java 虚拟机发现该对象已经不存在有效引用,则通过垃圾收集器将之标记为释放状态。因此,在 Java 中对象存储空间释放工作是由垃圾收集器完成的,而非析构方法。

在垃圾收集器释放对象所占用的存储空间之前,首先调用该对象的 finalize( )方法,以完成对非 Java 资源的释放工作。例如,当前的 Java 对象正在操作系统中的文件,则在释放该 Java 对象之前,需要解除对文件资源的锁定并进行一些善后工作;再如,当前的 Java 对象正操作画笔在屏幕绘制图形,则在释放该 Java 对象之前需要将已绘制的图形擦除。这些非 Java 资源的释放都需要通过 finalize( )方法实现,这种处理方式称为终结(finalization)机制。

finalize( )是 java.lang.Object 类中的方法,该方法的定义如下。

```
protected void finalize() throws Throwable
{
    try
        {
            … //cleanup subclass state
        }
        finally
        {
        super.finalize();
        }
}
```

继承 Object 的类需要重写 finalize( )方法以完成特定的终结工作。然而,由于终结机制可能导致系统性能问题、死锁和挂起,以及 finalize( )方法无法保证调用时间而造成资源迟迟无法释放等原因,该方法从 Java SE 9.0 开始已经被弃用。

◆ 4.5　this 关键字

假设有两个 NavalVessel 类型的对象 a 和 b,编译器是如何区分 showInfo( )方法是被 a 还是 b 所调用呢? 事实上,解决的方法是通过关键字 this 来实现,this 代表了当前正在被操作的对象引用。

　　关键字 this 仅用于方法之中。当在一个方法中调用同一个类的其他成员变量或成员方法时，一般没有必要使用 this 关键字，因为编译器会自动调用当前对象的引用。但如果方法中的局部变量与类的成员变量重名，则访问成员变量时必须加上代表当前对象的关键字 this，以示区分。使用 this 最常见的场景是在构造方法中。

　　【例 4-5】　this 关键字使用实例。

ex4_5

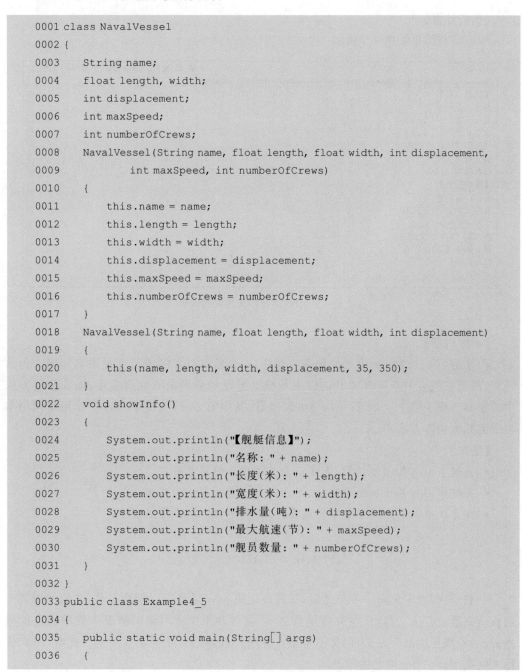

```
0001 class NavalVessel
0002 {
0003    String name;
0004    float length, width;
0005    int displacement;
0006    int maxSpeed;
0007    int numberOfCrews;
0008    NavalVessel(String name, float length, float width, int displacement,
0009            int maxSpeed, int numberOfCrews)
0010    {
0011        this.name = name;
0012        this.length = length;
0013        this.width = width;
0014        this.displacement = displacement;
0015        this.maxSpeed = maxSpeed;
0016        this.numberOfCrews = numberOfCrews;
0017    }
0018    NavalVessel(String name, float length, float width, int displacement)
0019    {
0020        this(name, length, width, displacement, 35, 350);
0021    }
0022    void showInfo()
0023    {
0024        System.out.println("【舰艇信息】");
0025        System.out.println("名称: " + name);
0026        System.out.println("长度(米): " + length);
0027        System.out.println("宽度(米): " + width);
0028        System.out.println("排水量(吨): " + displacement);
0029        System.out.println("最大航速(节): " + maxSpeed);
0030        System.out.println("舰员数量: " + numberOfCrews);
0031    }
0032 }
0033 public class Example4_5
0034 {
0035    public static void main(String[] args)
0036    {
```

```
0037          NavalVessel nv1 = new NavalVessel("泰州号",156.5f,17.19f,7940,32,296);
0038          NavalVessel nv2 = new NavalVessel("拉萨号", 175f, 21f, 11500);
0039          nv1.showInfo();
0040          nv2.showInfo();
0041      }
0042 }
```

【运行结果】

程序运行结果如图 4.5 所示。

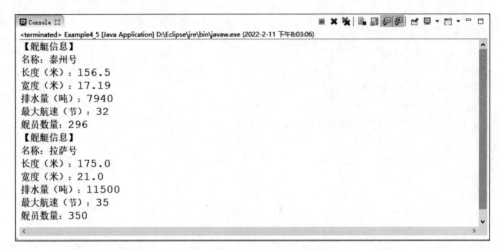

图 4.5   this 关键字使用实例输出

【程序说明】

程序的第 8～17 行所定义的构造方法中,6 个形参与类的成员变量命名相同。为示区别,需要在类成员变量前加 this 以表示该变量是当前对象的成员变量,而非构造方法中的形参。程序第 18～21 行是构造方法重载,其中第 20 行关键字 this 的作用是调用本类中的其他构造方法。

【注意】

- 关键字 this 用于方法中,表示当前正在操作的对象引用。
- 关键字 this 用于构造方法中,用于调用该类的其他构造方法。
- 在方法中调用同一个类中的成员时,关键字 this 通常可以省略。

◆ 4.6   static 关键字

一般而言,当定义完一个类之后,都需要使用 new 运算符以创建对象,才能使用类中的成员变量或方法。然而,在有些场景之下,需要在不生成对象的情况下使用特定的数据;或者希望使用某个方法,但又不希望该方法和具体的对象绑定在一起。此时,可以使用关键字 static 来处理上述情况。

在 Java 中,static 可用于修饰变量,称为静态变量或类变量;static 也可用于修饰方法,称为静态方法或类方法。静态变量和静态方法统称为静态成员,静态成员属于整个类,而非属于某一个对象,被整个类所共享。相应地,访问静态成员时一般不使用对象,而是使用类名来访问,其语法格式为:

类名.静态成员

4.6.1　静态变量

在一个变量之前加上关键字 static,该变量则称为静态变量。静态变量和非静态变量(实例变量)的区别在于:每个类对象的非静态变量都单独分配存储空间,这些变量需要通过对象名来访问,它们的值是独立的、互不相关。静态变量仅在创建第一个类对象时分配存储空间,它被类的所有对象所共享,通过类名来访问。通常,静态变量可用作在多个对象之间传递或共享数据,以增加各个对象之间的交互性。

【例 4-6】　静态变量用作共享数据实例。

ex4_6

```
0001 class NavalVessel
0002 {
0003     String name;
0004     float length, width;
0005     int displacement;
0006     int maxSpeed;
0007     int numberOfCrews;
0008     static int count = 0;
0009     NavalVessel(String name, float length, float width, int displacement,
0010             int maxSpeed, int numberOfCrews)
0011     {
0012         this.name = name;
0013         this.length = length;
0014         this.width = width;
0015         this.displacement = displacement;
0016         this.maxSpeed = maxSpeed;
0017         this.numberOfCrews = numberOfCrews;
0018         count++;
0019     }
0020     void showInfo()
0021     {
0022         System.out.println("【舰艇信息】");
0023         System.out.println("名称: " + name);
0024         System.out.println("长度(米): " + length);
0025         System.out.println("宽度(米): " + width);
0026         System.out.println("排水量(吨): " + displacement);
```

```
0027          System.out.println("最大航速（节）: " + maxSpeed);
0028          System.out.println("舰员数量: " + numberOfCrews);
0029      }
0030 }
0031 public class Example4_6
0032 {
0033      public static void main(String[] args)
0034      {
0035          NavalVessel nv1 = new NavalVessel("泰州号", 156.5f, 17.19f, 7940, 32, 296);
0036          NavalVessel nv2 = new NavalVessel("拉萨号", 175f, 21f, 11500, 35, 350);
0037          NavalVessel nv3 = new NavalVessel("昆明号", 157f, 19f, 7000, 32, 280);
0038          nv1.showInfo();
0039          nv2.showInfo();
0040          nv3.showInfo();
0041          System.out.println("目前共有" + NavalVessel.count + "艘舰艇。");
0042      }
0043 }
```

【运行结果】

程序运行结果如图 4.6 所示。

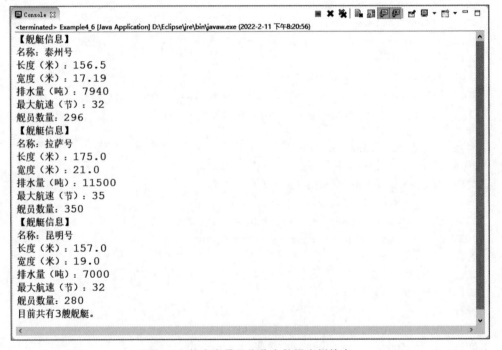

图 4.6   静态变量用作共享数据实例输出

【程序说明】

程序第 8 行定义了静态变量 count，用于统计类 NavalVessel 所创建的对象总数；程序第 18 行,每当创建一个对象,count 的数目自增 1,以达到统计的目的;程序第 41 行,使用类名访问该静态变量;程序第 35～37 行创建了 3 个对象,如图 4.7 所示,3 个对象中的非静态成员变量分别拥有自己独立的存储空间,而静态成员变量的存储空间是共享的,因此图 4.6 中其输出值为 3。

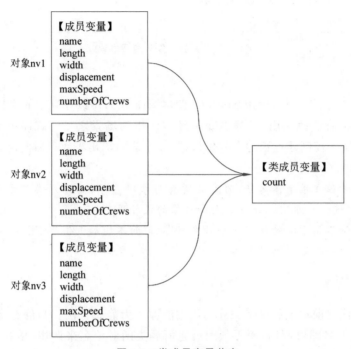

图 4.7　类成员变量共享

在 Java 中,没有全局变量的概念,因此静态变量的另一个作用是类似于 C 语言中的全局变量。例如,数学中有一些经常使用的常量,如圆周率 π、自然对数 e 等,在 Java 中,这些常量都被封装在公共类 Math 中,在任何类中均可以通过类名直接调用这些常量,而无须生成该类的对象、再通过对象名来调用,大大方便了用户使用。

【例 4-7】　静态变量用作常量实例。

ex4_7

```
0001 public class Example4_7
0002 {
0003    public static void main(String[] args)
0004    {
0005        double radius = 3.5;
0006        double perimeter = 2 * Math.PI * radius;
0007        double area = Math.PI * radius * radius;
0008        System.out.println("圆的半径为" + radius
0009            + ",周长为" + String.format("% .2f", perimeter)
0010            + ",面积为" + String.format("% .2f", area));
0011    }
0012 }
```

【运行结果】

程序运行结果如图 4.8 所示。

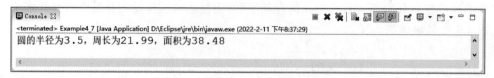

图 4.8　静态变量用作常量实例输出

【程序说明】

程序的第 6 行、第 7 行，使用 Math.PI 调用圆周率 π，用以计算圆的周长和面积，这样的调用方式非常简洁而实用，是静态变量经常使用的场景之一。程序第 9 行的 String.format()方法用于控制浮点数的小数位数，"%.2f"表示输出小数点后两位。

【注意】

- 静态变量独立于个体对象，为类的所有对象所共享，其作用类似于 C 语言中的全局变量（这一点事实上违背了面向对象的设计思想）。
- 静态变量不属于类的任何一个对象，因此前面不能加关键字 this。
- 静态变量一般使用类名来访问，不推荐通过对象名来访问。

4.6.2　静态方法

在一个方法之前加上关键字 static，该方法即成为静态方法。与静态变量类似，静态方法也是通过类名即可调用，而无须通过它所属类的对象名来调用（尽管也可以这样调用，但是不提倡）。由于静态方法不属于任何对象，因此静态方法中不能使用 this 关键字，也无法直接访问其所属类的非静态成员变量和成员方法。

【例 4-8】　静态方法使用实例。

ex4_8

```
0001 public class Example4_8
0002 {
0003     static int count1 = 1;
0004     int count2 = 1;
0005     void nonStaticMethod()
0006     {
0007         count1 += 1;
0008         count2 += 2;
0009         System.out.println("在非静态方法 nonStaticMethod()中的 count1
                为" + count1);
0010         System.out.println("在非静态方法 nonStaticMethod()中的 count2
                为" + count2);
0011     }
0012     static void staicMethod()
0013     {
```

```
0014        count1 += count1;
0015        //count2 += count2;
0016        System.out.println("在静态方法 staicMethod()中的 count1 的值
                为" + count1);
0017        //System.out.println("在静态方法 staicMethod()中的 count2 的值
                为" + count2);
0018    }
0019    public static void main(String[] args)
0020    {
0021        Example4_8 ex= new Example4_8();
0022        ex.nonStaticMethod();
0023        Example4_8.staicMethod();
0024    }
0025 }
```

【运行结果】

程序运行结果如图 4.9 所示。

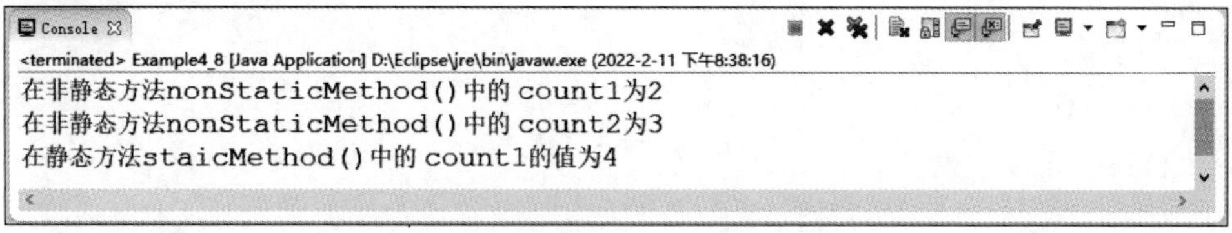

图 4.9　静态方法使用实例输出

【程序说明】

程序第 3 行、第 4 行分别定义了静态变量 count1 和非静态变量 count2。nonStaticMethod( )是非静态方法，可以访问类中的静态变量和非静态方法。staticMethod()是静态方法，可以访问类中的静态变量,但是不能访问类中的非静态变量。程序第 22 行显示,非静态方法可以通过类的对象名调用。程序第 23 行显示,静态方法可以通过类名直接调用。程序第 15 行、第 17 行代码被注释了,原因是在静态方法中无法直接访问非静态变量。

在 Java 中,main()方法是程序运行的入口方法,其方法定义的格式通常是：

```
public static void main(String[] args)
```

从上述定义可以看出,main()是静态方法。因此,在 main()方法中,只能直接调用类中的静态成员。若想调用非静态成员,则需要先创建类的对象,再通过对象名进行调用。回顾例 4-7,nonStaticMethod()是非静态方法,因此需要在 main()方法中先创建类的对象 ex,然后通过对象名调用该方法；staticMethod()是静态方法,因此可通过类名来调用。

【注意】

● 静态方法可以访问同一个类中其他的静态成员,不能访问非静态成员。

- 非静态方法可以访问同一个类中的非静态成员，也可访问同一个类中的静态成员。
- 静态方法中不能出现关键字 this，因为静态方法无法指向类的任何一个对象的引用。
- 静态方法一般使用类名来访问，不推荐使用对象名来访问。

4.6.3 静态代码块

关键字 static 还可以用于修饰代码块，称为静态代码块。在项目中如果有些代码需要在项目启动时就需要使用，比如项目的配置文件的加载，这时可以选择使用静态代码块。静态代码块的语法格式为：

```
static
{
    代码段
}
```

【例 4-9】 静态代码块实例。

ex4_9

```
0001 class StaticBlock
0002 {
0003     int a;
0004     static int b;
0005     StaticBlock(int a)
0006     {
0007         System.out.println("执行构造方法");
0008         this.a = a;
0009     }
0010     static
0011     {
0012         System.out.println("执行静态代码块");
0013         b = 20;
0014     }
0015     void print()
0016     {
0017         System.out.println("调用 print()方法");
0018         System.out.println("a=" + a);
0019         System.out.println("b=" + b);
0020     }
0021 }
0022 public class Example4_9
0023 {
0024     public static void main(String[] args)
0025     {
0026         StaticBlock sb1 = new StaticBlock(5);
```

```
0027        StaticBlock sb2 = new StaticBlock(10);
0028        sb1.print();
0029        sb2.print();
0030    }
0031 }
```

【输出结果】

程序运行结果如图 4.10 所示。

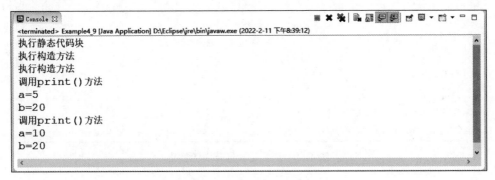

图 4.10　静态代码块实例输出

【程序说明】

　　程序第 10～14 行定义了静态代码块,其作用是对静态变量 b 进行初始化。观察输出结果能够发现,静态代码块先于类的构造方法执行。代码第 26 行、第 27 行创建了两个对象,但是静态代码段只执行了一次。

【注意】

- 静态代码块不处于任何方法体中,独立于方法而存在。
- 静态代码块中只能访问静态变量,不能访问非静态变量。
- 静态代码块在加载类时执行且仅执行一次,其执行次序优于构造方法。

◇ 4.7　综合实验

【实验目的】

- 掌握定义类的方法。
- 理解并掌握构造函数重载。
- 掌握关键字 this 的使用。

【实验内容】

使用面向对象的程序设计方法设计一个复数类 Complex,其要求如下。

- 类的成员变量包括复数实部和复数虚部。
- 定义两个类的构造方法,分别提供两个形参(实部和虚部)和一个形参(仅实部)。

- 定义输出复数的方法，其格式为"复数实部＋/-复数虚部 i"，如其虚部为 0，则不输出虚部。
- 定义复数的加法、减法和乘法 3 个运算方法。
- 在主方法中创建 Complex 类型的复数，并测试上述运算和方法。

程序运行结果如图 4.11 所示。

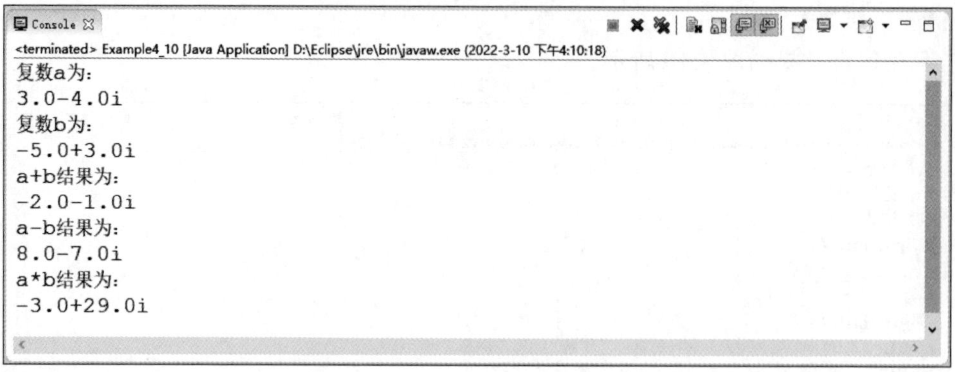

```
复数a为:
3.0-4.0i
复数b为:
-5.0+3.0i
a+b结果为:
-2.0-1.0i
a-b结果为:
8.0-7.0i
a*b结果为:
-3.0+29.0i
```

图 4.11　复数及其运算实验输出

【例 4-10】　复数及其运算实验。

```
0001 class Complex
0002 {
0003     private float real, image;
0004     Complex(float real, float image)
0005     {
0006         this.real = real;
0007         this.image = image;
0008     }
0009     Complex(float real)
0010     {
0011         this(real, 0);
0012     }
0013     Complex add(Complex a)
0014     {
0015         return new Complex(a.real + real, a.image + image);
0016     }
0017     Complex sub(Complex a)
0018     {
0019         return new Complex(real - a.real, image - a.image);
0020     }
0021     Complex mul(Complex a)
0022     {
0023         return new Complex(real * a.real - image * a.image,
```

```
0024                 image * a.real + real * a.image);
0025     }
0026     void showComplex()
0027     {
0028         if(image > 0)
0029             System.out.println(real + "+" + image + "i");
0030         else if(image == 0)
0031             System.out.println(real);
0032         else
0033             System.out.println(real + "-" + (-image) + "i");
0034     }
0035 }
0036 public class Example4_10
0037 {
0038     public static void main(String[] args)
0039     {
0040         Complex a = new Complex(3, -4);
0041         Complex b = new Complex(-5, 3);
0042         System.out.println("复数 a 为: ");
0043         a.showComplex();
0044         System.out.println("复数 b 为: ");
0045         b.showComplex();
0046         System.out.println("a+b 结果为: ");
0047         a.add(b).showComplex();
0048         System.out.println("a-b 结果为: ");
0049         a.sub(b).showComplex();
0050         System.out.println("a * b 结果为: ");
0051         a.mul(b).showComplex();
0052     }
0053 }
```

【程序说明】

程序第 4～8 行定义了类 Complex 的构造方法,通过两个参数 real 和 image 构造复数对象;程序第 9～12 行对构造方法进行重载,该构造方法只有一个参数 real,默认 image 为 0;程序第 13～25 行定义了复数的加、减、乘法运算;程序第 26～34 行定义了 showComplex()方法,用于输出复数;main()方法中创建了两个复数 3.0-4.0i 和-5.0+3.0i,并分别调用上述定义的运算方法计算结果并输出。

◆ 4.8 小 结

面向对象程序设计的三大特征是封装、继承和多态。封装是指将对象内部的信息进行隐藏,仅通过一些接口实现对外交互。继承是指子类在承袭父类所有数据和功能的基础上，还可以增加新的数据和功能的特性。多态是指相同的方法在不同的类中可呈现出不同的行为方式的现象。

面向对象程序设计的基础是类和对象，本章依次介绍了类的定义方法、对象创建的方法和过程。在对象创建的过程中，系统会自动调用类的构造方法，因此原则上需要为每个类创建构造方法。每个类可以定义多个方法名相同、参数列表不同的构造方法，这种现象称为方法的重载。

关键字 this 用于表示当前正在操作的对象引用，也可用于调用类的构造方法。关键字 static 可用于修饰类中的变量、方法及代码块，分别称为静态变量、静态方法和静态代码块。静态变量和静态方法均属于类，在使用时使用类名即可直接调用。静态代码块在加载类时被执行，执行的次序优先于类的构造方法。

◆ 4.9 习　　题

1. 面向对象程序设计的主要特征是什么？请简要说明。

2. 在类中定义成员时，每个成员都可以使用访问权限修饰符，试简述有几种访问权限修饰符？它们各自访问权限如何？

3. 当使用 new 运算符创建类的对象时，Java 虚拟机会执行哪些工作？

4. 什么叫作构造方法？构造方法有什么特点？

5. 什么叫作方法重载？方法重载有什么用途？

6. 关键字 this 的含义什么？它有什么用途？

7. 静态变量和实例变量的区别是什么？它们的引用方式是否相同？

8. 分析如下程序代码的输出。

```java
class Bowl
{
    Bowl(int b)
    {
        System.out.println("Bowl:" + b);
    }
}
class Table
{
    Bowl b1 = new Bowl(10);
    Table()
    {
        System.out.println("Creating Table…");
        b1 = new Bowl(15);
        System.out.println("Table Creating Complete.");
    }
    static Bowl b2 = new Bowl(20);
```

```
    }
class Cupboard
{
    static Bowl b3 = new Bowl(30);
    Cupboard()
    {
        System.out.println("Creating Cupboard…");
        b3 = new Bowl(35);
        System.out.println("Cupboard Creating Complete.");
    }
    Bowl b4 = new Bowl(40);
}
public class Exe4_8
{
    public static void main(String[] args)
    {
        new Cupboard();
        new Cupboard();
    }
    static Table t = new Table();
    static Cupboard c = new Cupboard();
}
```

9. 分析如下程序代码的输出。

```
class Window
{
    Window()
    {
        System.out.println("安装窗户");
    }
}
class Door
{
    Door(int n)
    {
        System.out.println("安装" + n + "扇门");
    }
}
class House
{
    Door d = new Door(5);
    void House(int s)
```

```
    {
        System.out.println("建造一间面积为" + s + "平方米的房子");
    }
    House(int h)
    {
        System.out.println("建造一间高度为" + h + "米的房子");
    }
    House()
    {
        System.out.println("建造一间房子");
    }
    Window w = new Window();
}
public class Exe4_9
{
    public static void main(String[] args)
    {
        House h = new House(10);
    }
}
```

◆ 4.10 实　　验

实验一：使用面向对象的程序设计方法设计矩阵类 Matrix,其要求如下。
- 类的成员变量包括行数、列数以及数据(建议使用二维数组存放)。
- 定义类的构造方法并重载,构造方法一提供两个参数,分别为矩阵的行数和列数。构造方法二提供一个二维数组作为参数,用以初始化矩阵。
- 定义输出矩阵的方法。
- 定义矩阵的加法、减法和乘法三个运算方法。
- 在主方法中创建矩阵,并测试上述运算和方法。

程序运行结果如图 4.12 所示。

实验二：使用面向对象的程序设计方法设计图书类 Book,其要求如下。
- 类的成员变量包括编号、ISBN 号、书名、主编、出版社、价格,以及静态成员总数表示图书的总册数。
- 图书编号从 10000 号开始,每生成一本书其编号自动递增。
- 定义类的构造方法,提供 ISBN 号、书名、主编、出版社、价格作为参数。
- 定义输出图书信息的方法。
- 在主方法中创建 Book 对象,并测试上述方法。

程序运行结果如图 4.13 所示。

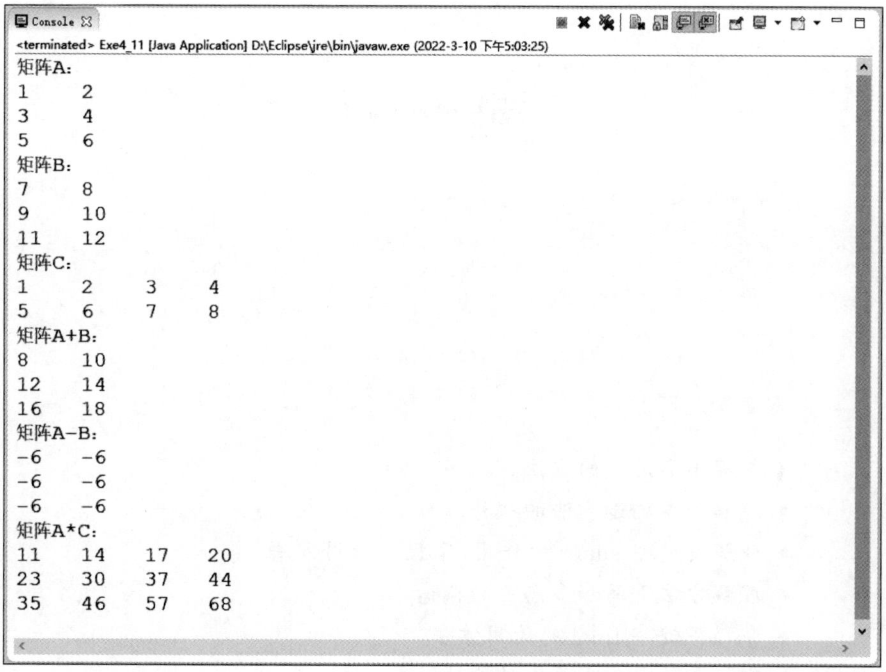

图 4.12　矩阵及其运算实验输出

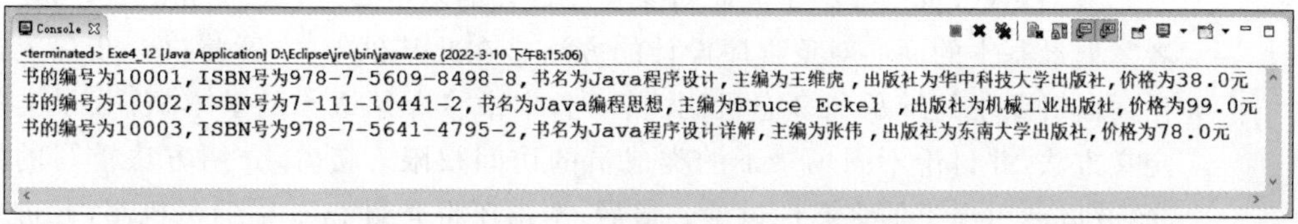

图 4.13　图书管理程序实验输出

继承与多态

本章学习目标

- 掌握子类定义的方法。
- 理解子类构造方法的执行过程。
- 理解关键字 super 的作用,掌握其使用方法。
- 理解方法重写和多态性的概念。
- 掌握关键字 final 的使用方法。
- 掌握包的定义和导入的方法。

在第 4 章,重点介绍了面向对象程序设计的基本要素——类和对象,可使读者掌握最基本的面向对象程序设计的方法。在此基础上,本章将进一步深入讨论面向对象中的继承和多态机制。首先,本章将介绍继承的基本概念、子类的定义方法,并讨论不同场景下的类成员的访问权限。接着,介绍方法重写的概念,并以此引出类的多态性讨论。最后,本章还将介绍 Java 中的包机制,并进一步讨论与包相关的访问权限。通过本章的学习,读者可以比较全面地掌握面向对象程序设计的方法。

◆ 5.1 继承的基本概念

继承是面向对象程序设计的重要特征之一,其含义是以已有类为基础,创建出新类,新类除了具备已有类的成员之外,还可以增加新的成员以满足解决问题的需求。在继承中,已有类称为父类(基类或超类),新类称为子类(派生类)。Java 中支持单继承机制,即每个类只有唯一的父类,C++ 中采用了多继承机制,即每个类可以有多个父类,这是二者在继承上的重要区别。事实上,使用单继承机制的 Java 中,所有的类都继承自 java.lang 包中的 Object 类,这样能够保证所有的对象都拥有某些功能。此外,单继承机制也使垃圾收集器的实现更加便捷。

Java 中的继承遵循层次化的树状结构,如图 5.1 所示,舰艇、客轮和货轮均继承自轮船,而舰艇又派生出 3 个子类,分别是驱逐舰、巡洋舰和航空母舰。这表示舰艇、客轮和货轮都具有轮船所具备的共同属性,例如,都有长度、宽度、排水量等属性;同时,它们又有各自特有的特征,例如,舰艇具有舰员配置、武器系统、动力装置等属性,客轮具有客舱、娱乐设施、救生设施等属性,货轮有载货量、起重机、升降平台等属性。驱逐舰、巡洋舰和航空母舰都具有舰艇的共同属性(当然也具有轮船的共同属性),此外还拥有各自独有的属性,如航空母舰有舰载机等。需要说明的是,如果定义类时没有明确指明该类的父类,则它默认继承自 java.lang.Object 类。Object 类是 Java 中所有类的共同父类。

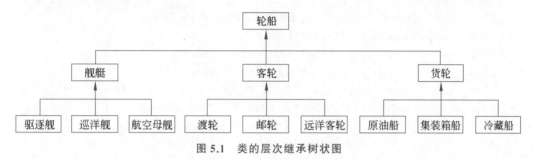

图 5.1　类的层次继承树状图

5.2　子类的定义

在 Java 中,继承是通过定义子类来实现的。一般来说,类中公共的属性放到父类中,而特殊的内容放到子类定义,这样做的明显优势是能够提高代码的复用性。

5.2.1　子类的定义格式

在 Java 中,定义一个子类的语法格式如下。

```
[public] class 子类名 extends 父类名
{
    类体
}
```

事实上,在第 4 章中已经学习过类定义的完整格式,此处只介绍和子类定义相关的内容。关键字 extends 是定义子类最重要的元素,extends 前的类名表示子类,其后的类名表示父类。继承的特性如下。
- 子类可以继承父类中所有非 private 权限的成员。
- 类的继承不改变类成员的访问权限,即子类继承的成员的访问权限和父类中一致。
- 父类的构造方法不能被子类所继承。

下面给出一个子类定义的具体实例。

【例 5-1】　子类定义实例。

ex5_1

```
0001 class NavalVessel
0002 {
```

```
0003    String name;
0004    float length, width;
0005    int displacement;
0006    int maxSpeed;
0007    int numberOfCrews;
0008    void showInfo()
0009    {
0010        System.out.println("【舰艇信息】");
0011        System.out.println("名称: " + name);
0012        System.out.println("长度(米): " + length);
0013        System.out.println("宽度(米): " + width);
0014        System.out.println("排水量(吨): " + displacement);
0015        System.out.println("最大航速(节): " + maxSpeed);
0016        System.out.println("舰员数量: " + numberOfCrews);
0017    }
0018 }
0019 class AircraftCarrier extends NavalVessel
0020 {
0021    int numberOfAircrafts;
0022    int numberOfPoilts;
0023    String takeoffMode;
0024    AircraftCarrier(String n, float len, float wid, int dis, int ms,
0025            int noc, int noa, int nop, String tm)
0026    {
0027        name = n;
0028        length = len;
0029        width = wid;
0030        displacement = dis;
0031        maxSpeed = ms;
0032        numberOfCrews = noc;
0033        numberOfAircrafts = noa;
0034        numberOfPoilts = nop;
0035        takeoffMode = tm;
0036    }
0037    void showInfo()
0038    {
0039        System.out.println("【航空母舰信息】");
0040        System.out.println("名称: " + name);
0041        System.out.println("长度(米): " + length);
0042        System.out.println("宽度(米): " + width);
0043        System.out.println("排水量(吨): " + displacement);
0044        System.out.println("最大航速(节): " + maxSpeed);
0045        System.out.println("舰员数量: " + numberOfCrews);
```

```
0046            System.out.println("舰载机数量: " + numberOfAircrafts);
0047            System.out.println("飞行员数量: " + numberOfPoilts);
0048            System.out.println("舰载机起飞方式: " + takeoffMode);
0049        }
0050    }
0051    public class Example5_1
0052    {
0053        public static void main(String[] args)
0054        {
0055            AircraftCarrier ac = new AircraftCarrier("辽宁号", 304.5f, 75f,
0056                    67500, 32, 1960, 36, 626, "滑跃起飞");
0057            ac.showInfo();
0058        }
0059    }
```

【运行结果】

程序运行结果如图 5.2 所示。

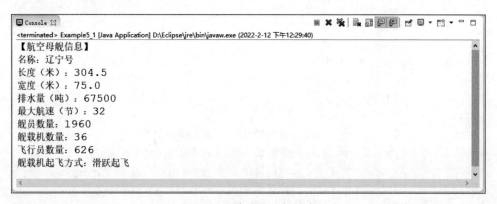

图 5.2　子类定义实例输出

【程序说明】

例 5-1 定义了父类 NavalVessel 和子类 AircraftCarrier。父类 NavalVessel 拥有成员 name、length、width、displacement、maxSpeed 和 numberOfCrews，子类 AircraftCarrier 在继承这些成员的基础上又增加了成员 numberOfAircrafts（舰载机数量）、numberOfPoilts（飞行员数量）和 takeoffMode（舰载机起飞模式），因此，类 AircraftCarrier 一共有 9 个成员变量。程序第 24～36 行定义了 AircraftCarrier 类的构造方法，其作用是利用形参对其所属的 9 个成员变量进行赋值。程序第 37～49 行定义了 showInfo() 的方法，该方法与父类中的 showInfo() 方法重名，且参数列表也相同（均为空），这种现象称为方法重写（overriding）。

5.2.2　子类构造方法

当使用 new 运算符创建子类对象时，Java 虚拟机所执行的步骤如下。

第一步：调用父类构造方法，如存在多级继承，则递归地调用上级父类的构造方法。

第二步：根据子类中各个成员的声明顺序，调用各个成员的初始值设定。

第三步：调用子类自身的构造方法。

【例 5-2】 子类构造方法执行顺序实例。

ex5_2

```
0001 class Ship
0002 {
0003    Ship()
0004    {
0005        System.out.println("【调用 Ship 类构造方法,开始建造轮船…】");
0006    }
0007 }
0008 class NavalVessel extends Ship
0009 {
0010    String name;
0011    float length, width;
0012    int displacement;
0013    int maxSpeed;
0014    int numberOfCrews;
0015    {
0016        name = "山东号";
0017        length = 315;
0018        width = 75;
0019        displacement = 65000;
0020        System.out.println("舰艇名称: " + name);
0021        System.out.println("舰艇长度(米): " + length);
0022        System.out.println("舰艇宽度(米): " + width);
0023        System.out.println("排水量(吨): " + displacement);
0024    }
0025    NavalVessel()
0026    {
0027        System.out.println("【调用 NavalVessel 类构造方法,开始建造舰艇…】");
0028    }
0029 }
0030 class AircraftCarrier extends NavalVessel
0031 {
0032    int numberOfAircrafts;
0033    String takeoffMode;
0034    {
0035        numberOfAircrafts = 48;
0036        takeoffMode = "滑跃起飞";
0037        System.out.println("舰载机数量: " + numberOfAircrafts);
0038        System.out.println("舰载机起飞方式: " + takeoffMode);
```

```
0039        }
0040        AircraftCarrier()
0041        {
0042            System.out.println("【调用 AircraftCarrier 类构造方法,开始建造航空母
               舰…】");
0043        }
0044 }
0045 public class Example5_2
0046 {
0047        public static void main(String[] args)
0048        {
0049            AircraftCarrier ac = new AircraftCarrier();
0050        }
0051 }
```

【运行结果】

程序运行结果如图 5.3 所示。

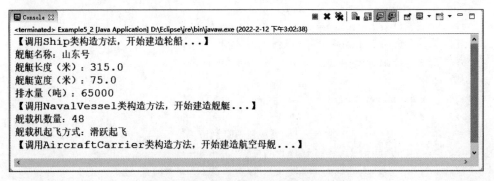

图 5.3　子类构造方法执行顺序实例输出

【程序说明】

程序定义了 3 个类,Ship 是父类,NavalVessel 是 Ship 的子类,AircraftCarrier 是 NavalVessel 的子类。程序第 49 行创建了类 AircraftCarrier 的对象 ac。从图 5.3 的输出可以分析得出,欲创建子类的对象,必先递归地调用其父类的构造方法,然后执行子类的成员初始化(例如程序第 15~24 行、第 34~39 行),最后再执行子类自身的构造方法。

5.2.3　super 关键字

继续分析例 5-2,在类 AircraftCarrier 的构造方法中,并未看到任何调用其父类 NavalVessel 类构造方法的语句。事实上,如果在子类构造方法中没有显式地调用父类构造方法,则系统会自动在子类构造方法第一句调用父类的无参构造方法。

由于构造方法是不能被继承的,在子类中调用父类的构造方法需要使用到关键字 super,其语法格式为:

ex5_3

```
super(形参列表);
```

接下来,对例 5-1 的代码进行修改。

【例 5-3】 super 调用父类构造方法实例。

```
0001 class NavalVessel
0002 {
0003    String name;
0004    float length, width;
0005    int displacement;
0006    int maxSpeed;
0007    int numberOfCrews;
0008    NavalVessel(String name, float length, float width, int displacement,
0009            int maxSpeed, int numberOfCrews)
0010    {
0011        this.name = name;
0012        this.length = length;
0013        this.width = width;
0014        this.displacement = displacement;
0015        this.maxSpeed = maxSpeed;
0016        this.numberOfCrews = numberOfCrews;
0017    }
0018    void showInfo()
0019    {
0020        System.out.println("【舰艇信息】");
0021        System.out.println("名称: " + name);
0022        System.out.println("长度(米): " + length);
0023        System.out.println("宽度(米): " + width);
0024        System.out.println("排水量(吨): " + displacement);
0025        System.out.println("最大航速(节): " + maxSpeed);
0026        System.out.println("舰员数量: " + numberOfCrews);
0027    }
0028 }
0029 class AircraftCarrier extends NavalVessel
0030 {
0031    int numberOfAircrafts;
0032    int numberOfPoilts;
0033    String takeoffMode;
0034    AircraftCarrier(String name, float length, float width, int displacement,
0035            int maxSpeed, int numberOfCrews, int numberOfAircrafts,
                int numberOfPoilts, String takeoffMode)
0036    {
0037        super(name, length, width, displacement, maxSpeed, numberOfCrews);
```

```
0038          this.numberOfAircrafts = numberOfAircrafts;
0039          this.numberOfPoilts = numberOfPoilts;
0040          this.takeoffMode = takeoffMode;
0041      }
0042      void showInfo()
0043      {
0044          super.showInfo();
0045          System.out.println("【航空母舰信息】");
0046          System.out.println("舰载机数量: " + numberOfAircrafts);
0047          System.out.println("飞行员数量: " + numberOfPoilts);
0048          System.out.println("舰载机起飞方式: " + takeoffMode);
0049      }
0050 }
0051 public class Example5_3
0052 {
0053      public static void main(String[] args)
0054      {
0055          AircraftCarrier ac = new AircraftCarrier("辽宁号", 304.5f, 75f,
0056              67500, 32, 1960, 36, 626, "滑跃起飞");
0057          ac.showInfo();
0058      }
0059 }
```

【运行结果】

程序运行结果如图 5.4 所示。

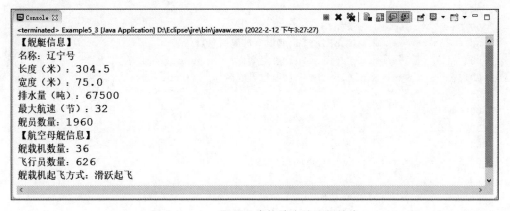

图 5.4　super 调用父类构造方法实例输出

【程序说明】

程序第 37 行是子类显式地调用父类的构造方法,通过它完成相关成员变量(name、length、width、displacement、maxSpeed 和 numberOfCrews)的初始化;程序第 38~40 行,完成其余 3 个成员变量 numberOfAircrafts、numberOfPoilts 和 takeoffMode 的赋值,一

定程度上减少了冗余代码；程序第 44 行关键字 super 的作用并非是调用父类构造方法，而是访问父类的其他成员方法。

下面来介绍关键字 super 的其他功能。关键字 super 除了可以调用父类构造方法外，还可以访问父类中的成员变量和成员方法，其语法格式分别为：

> super.父类成员变量名

和

> super.父类成员方法名

ex5_4

【例 5-4】 super 访问父类成员实例。

```
0001 class NavalVessel
0002 {
0003    String name = "南昌号";
0004    void showInfo()
0005    {
0006        System.out.println("【舰艇信息】");
0007        System.out.println("本舰艇名称: " + name);
0008    }
0009 }
0010 class AircraftCarrier extends NavalVessel
0011 {
0012    String name = "山东号";
0013    void showInfo()
0014    {
0015        super.showInfo();
0016        System.out.println("【航空母舰信息】");
0017        System.out.println("舰艇名称: " + super.name);
0018        System.out.println("航空母舰名称: " + this.name);
0019    }
0020 }
0021 public class Example5_4
0022 {
0023    public static void main(String[] args)
0024    {
0025        AircraftCarrier ac = new AircraftCarrier();
0026        ac.showInfo();
0027    }
0028 }
```

【运行结果】

程序运行结果如图 5.5 所示。

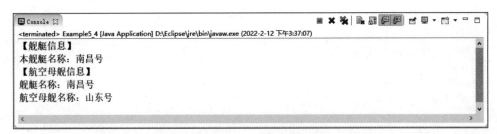

图 5.5 super 访问父类成员实例输出

【程序说明】

程序定义了两个类,分别是父类 NavalVessel 和子类 AircraftCarrier,两个类中都有成员变量 name。当子类和父类拥有相同的成员变量时,子类会隐藏从父类继承的成员变量。NavalVessel 类对象默认的 name 为"南昌号",AircraftCarrier 类对象默认的 name 为"山东号"。程序第 15 行,子类通过关键字 super 访问父类的 showInfo()方法,因此输出"本舰艇名称:南昌号";程序第 17 行,super.name 访问父类对象被隐藏的成员变量 name,因此输出"舰艇名称:南昌号";程序第 18 行,this.name 访问的是子类对象的 name,因此输出"航空母舰名称:山东号"。

【注意】

- 使用 super 可以访问父类的构造方法,且必须放置在子类构造方法的第一条语句。
- 使用 super 可以访问父类中被子类所隐藏的成员变量和成员方法。

◆ 5.3 继承的访问权限

在前面章节中已经介绍了访问权限修饰符,并通过表格的形式给出了不同的访问权限修饰符在各种情形下的可访问性。下面将结合继承,进一步探讨成员变量(成员方法同理)在子类和在同一包中其他类的访问权限。包的概念在后续章节才会学习到,此处只需知道同一个源文件中的类必然属于同一个包,至于不同包中的类的成员的访问权限,将在后续章节继续讨论。

【例 5-5】 访问权限实例。

ex5_5

```
0001 class A
0002 {
0003    public int a;
0004    private int b;
0005    protected int c;
0006    int d;
0007    A(int a, int b, int c, int d)
0008    {
0009       this.a = a;
```

```
0010        this.b = b;
0011        this.c = c;
0012        this.d = d;
0013    }
0014 }
0015 class B extends A
0016 {
0017    B(int a, int b, int c, int d)
0018    {
0019        super(a, b, c, d);
0020    }
0021    void showInfo()
0022    {
0023        System.out.println("public 成员可在子类中访问,a = " + a);
0024        //System.out.println("private 成员不可在子类中访问,b = " + b);
0025        System.out.println("protected 成员可在子类中访问,c = " + c);
0026        System.out.println("默认权限成员可在子类中访问,d = " + d);
0027    }
0028 }
0029 public class Example5_5
0030 {
0031    public static void main(String[] args)
0032    {
0033        A a = new A(1, 2, 3, 4);
0034        System.out.println("public 成员可在同一包中其他类中访问,a = " + a.a);
0035        //System.out.println("private 成员不可在同一包中其他类中访问,b = " + a.b);
0036        System.out.println("protected 成员可在同一包中其他类中访问,c = " + a.c);
0037        System.out.println("默认权限成员可在同一包中其他类中访问,d = " + a.d);
0038        B b = new B(5, 6, 7, 8);
0039        b.showInfo();
0040    }
0041 }
```

【运行结果】

程序运行结果如图 5.6 所示。

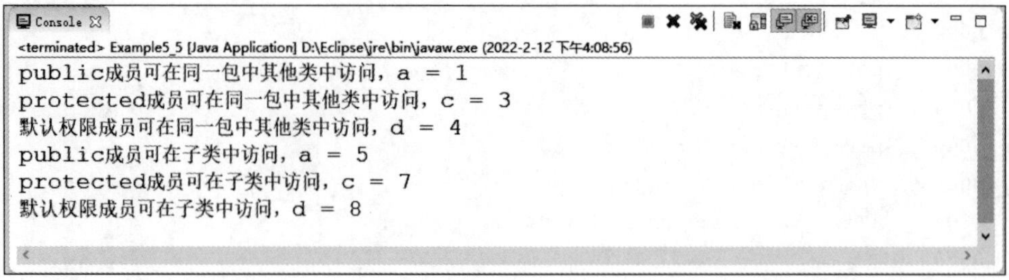

图 5.6 访问权限实例输出

【程序说明】

程序定义了父类 A 和子类 B,类 A 中的 4 个成员的访问权限分别为 public、protected、private 和默认。从运行结果可以看出,在子类 B 中可以访问父类的 public、protected 和默认权限的变量,在同一包中的其他类(类 Example5_5)可以访问 public、protected 和默认权限的变量。程序的第 24 行、第 35 行代码被注释了,这是因为 private 权限的变量只有在类的内部才能访问,无论在其子类(类 B)或是同一包中的其他类(类 Example5_5)都是没有访问权限的。由此可见,程序的运行结果与表 4.1 给出的结论是一致的。

◆ 5.4　方法重写

使用类的继承,子类在继承父类成员的基础上,能够增加新的特性与功能。在一些场景下,当父类的方法不能满足子类的需求时,子类需要修改父类的方法,这种情况称为方法重写(overriding)或方法隐藏。

需要特别注意方法重写和方法重载的区别。

- 方法重写涉及父类和子类至少两个类,当子类中方法的方法名、返回类型、参数列表(包括参数数量、类型和顺序)与父类中的方法完全一致时,也即子类的方法隐藏了父类的同名方法,称之为方法重写。
- 方法重载一般是发生在同一个类中,几个方法的方法名相同、参数列表不同,也即这几个方法是同时存在的,不存在一个方法隐藏另一个方法的问题,它们之间可以通过实参列表匹配到不同的重载方法。

【注意】

在 Java SE 最新版本中,重写方法的返回类型与父类方法不必相同,可以是父类方法返回类型的子类类型。

【例 5-6】　方法重写实例。

ex5_6

```
0001 class NavalVessel
0002 {
0003    String name;
0004    float length, width;
0005    int displacement;
0006    int maxSpeed;
0007    int numberOfCrews;
0008    NavalVessel(String name, float length, float width, int displacement,
0009            int maxSpeed, int numberOfCrews)
0010    {
0011        this.name = name;
0012        this.length = length;
0013        this.width = width;
0014        this.displacement = displacement;
0015        this.maxSpeed = maxSpeed;
```

```
0016        this.numberOfCrews = numberOfCrews;
0017    }
0018    void showInfo()
0019    {
0020        System.out.println("【舰艇信息】");
0021        System.out.println("名称: " + name);
0022        System.out.println("长度(米): " + length);
0023        System.out.println("宽度(米): " + width);
0024        System.out.println("排水量(吨): " + displacement);
0025        System.out.println("最大航速(节): " + maxSpeed);
0026        System.out.println("舰员数量: " + numberOfCrews);
0027    }
0028 }
0029 class AircraftCarrier extends NavalVessel
0030 {
0031    int numberOfAircrafts;
0032    int numberOfPoilts;
0033    String takeoffMode;
0034    AircraftCarrier(String name, float length, float width, int displacement,
0035            int maxSpeed, int numberOfCrews, int numberOfAircrafts, int
               numberOfPoilts, String takeoffMode)
0036    {
0037        super(name, length, width, displacement, maxSpeed, numberOfCrews);
0038        this.numberOfAircrafts = numberOfAircrafts;
0039        this.numberOfPoilts = numberOfPoilts;
0040        this.takeoffMode = takeoffMode;
0041    }
0042    void showInfo()
0043    {
0044        System.out.println("【航空母舰信息】");
0045        System.out.println("名称: " + name);
0046        System.out.println("长度(米): " + length);
0047        System.out.println("宽度(米): " + width);
0048        System.out.println("排水量(吨): " + displacement);
0049        System.out.println("最大航速(节): " + maxSpeed);
0050        System.out.println("舰员数量: " + numberOfCrews);
0051        System.out.println("舰载机数量: " + numberOfAircrafts);
0052        System.out.println("飞行员数量: " + numberOfPoilts);
0053        System.out.println("舰载机起飞方式: " + takeoffMode);
0054    }
0055 }
0056 public class Example5_6
0057 {
```

```
0058    public static void main(String[] args)
0059    {
0060        NavalVessel cv = new NavalVessel("泰州号",156.5f,17.19f,7940,32,296);
0061        cv.showInfo();
0062        AircraftCarrier ac = new AircraftCarrier("辽宁号", 304.5f, 75f,
0063                67500, 32, 1960, 36, 626, "滑跃起飞");
0064        ac.showInfo();
0065    }
0066 }
```

【运行结果】

程序运行结果如图 5.7 所示。

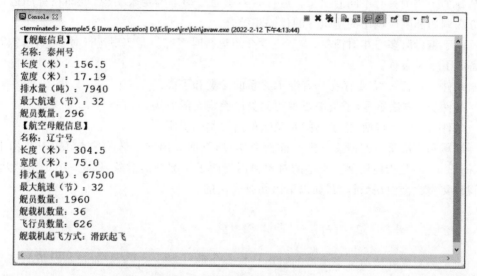

图 5.7 方法重写实例输出

【程序说明】

程序在子类 AircraftCarrier 中和父类 NavalVessel 中均定义了 showInfo()方法,且二者的参数列表相同(均为空);程序第 61 行调用的是父类 NavalVessel 的 showInfo()方法;程序第 64 行调用的是子类 AircraftCarrier 的 showInfo()方法。

【注意】

● 重写方法与父类中方法的形参列表必须相同。

● 重写方法与父类中方法的返回类型可以不同,但必须是父类返回类型的子类型。

● 重写方法的访问权限不能低于其在父类中所声明的访问权限。

● 构造方法不能够被重写。

● 如果父类中方法的权限是 private,则在子类中该方法不会被继承,因此在子类中可以定义与父类同名任意访问权限的方法,因为这不属于方法重写。

● 静态方法不能被重写,但在子类中可以定义与父类中静态方法同名的静态方法,但这实际上不属于方法重写。

◆ 5.5　类的多态性

多态也是面向对象程序设计的重要特性之一,其含义是指不同的类的对象对同样的消息(方法)做出不同的响应。换个角度,也可以理解为同一个方法可以根据调用方法的对象类型不同产生不同的行为:

Java 中的多态性分为编译时多态和运行时多态。编译时多态也称为静态多态性,主要是指方法重载,在编译时会直接生成几个不同的方法,运行时会根据实参列表的不同调用不同的方法以呈现不同的行为。运行时多态是指在父类中定义的属性和方法被子类继承之后,可以具有不同的数据类型或表现出不同的行为,这使得同一个属性或方法在父类及其各个子类中具有不同的含义。运行时多态通过动态绑定来实现,也即在程序运行时将方法调用和响应调用的所执行的代码相结合。

由于编译时多态相对简单,本节主要介绍运行时多态。要实现运行时多态,通常需要具备如下 3 个条件。

条件一:继承,需要存在具有继承关系的父类和子类。

条件二:方法重写,子类需要重写父类已经定义的方法。

条件三:向上转型,将子类的对象赋值给父类的引用。

继承和方法重写的概念已经在前面介绍过,下面介绍向上转型。在 Java 中,向上转型(upcasting)是指使用父类类型的对象引用指向子类类型的对象,即将一个子类类型引用视作父类类型引用的行为,如以下语句是合法的。

```
NavalVessel nv = new AircraftCarrier();
```

将子类对象赋值给父类类型的引用总是合法的,但将一个父类的对象赋值给子类的引用(即向下转型)并不总是允许的,需要结合运行时类型判别(Runtime Type Identification,RTTI)来完成。上面语句中,对象 nv 的静态类型是其声明时的类型,即 NavalVessel 类型,这是在代码编译时就确定的;对象 nv 的动态类型是在代码运行时确定的,是 AircraftCarrier 类型。若想判断一个引用指向对象的真正类型,可以使用 instanceof 运算符,其语法格式为:

```
object instanceof ClassName
```

当 object 是 ClassName 类型的对象时,该表达式返回 true,否则返回 false。

【例 5-7】　类的多态性实例。

ex5_7

```
0001 class People
0002 {
0003     void work()
0004     {}
0001 class NavalVessel
```

```
0002 {
0003    void intro()
0004    {}
0005 }
0006 class Destroyer extends NavalVessel
0007 {
0008    void intro()
0009    {
0010        System.out.println("驱逐舰是一种可对空、对海、对潜和对陆攻击的中型水
               面舰艇。");
0011    }
0012 }
0013 class Cruiser extends NavalVessel
0014 {
0015    void intro()
0016    {
0017        System.out.println("巡洋舰是一种火力强、用途多,主要在远洋活动的大型
               水面舰艇。");
0018    }
0019 }
0020 class AircraftCarrier extends NavalVessel
0021 {
0022    void intro()
0023    {
0024        System.out.println("航空母舰是一种以舰载机为主要作战武器的大型水面
               舰艇。");
0025    }
0026 }
0027 public class Example5_7
0028 {
0029    public static void main(String[] args)
0030    {
0031        NavalVessel nv1 = new Destroyer();
0032        NavalVessel nv2 = new Cruiser();
0033        NavalVessel nv3 = new AircraftCarrier();
0034        nv1.intro();
0035        nv2.intro();
0036        nv3.intro();
0037    }
0038 }
```

【运行结果】

程序运行结果如图 5.8 所示。

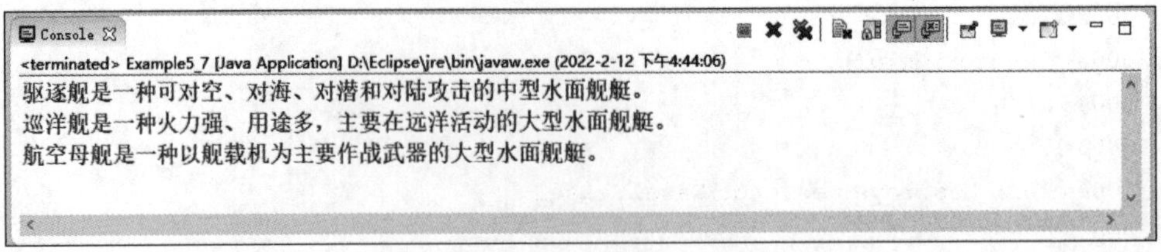

图 5.8 类的多态性实例输出

【程序说明】

程序中,类 NavalVessel 定义了方法 intro(),子类 Destroyer、Cruiser 和 AircraftCarrier 中分别对该方法进行重写。程序第 31~33 行定义了 3 个 NavalVessel 类型的对象引用,分别指向 Destroyer 类型的对象、Cruiser 类型的对象和 AircraftCarrier 类型的对象,这称为向上转型。第 34~36 行均调用了 intro()方法,nv1、nv2 和 nv3 的静态类型都是 NavalVessel,但动态类型分别为 Destroyer、Cruiser 和 AircraftCarrier,多态性使用动态绑定的方式根据引用的动态类型将方法 intro()与相应的处理代码相绑定,执行不同的操作。

◆ 5.6　final 关键字

在 Java 中,关键字 final 可以用来修饰类、变量和方法,分别称为最终类、最终变量和最终方法。使用 final 修饰的类、变量和方法时,尽管含义不尽相同,但都表示被修饰的对象是最终的、不可修改的。

5.6.1　final 类

使用 final 修饰的类称为最终类(有的教材中也翻译为终极类),其含义是该类不能被继承。当子类继承父类时,子类可以通过重写父类方法改变其实现方式,这样做可能会带来一些安全隐患。因此,一些场景下,为了确保安全性,可以将某个类定义为最终类,降低其被继承所可能带来的风险,例如 java.lang.String 类就是一个最终类。

声明最终类的语法格式如下。

```
final class 类名
{
    类体
}
```

【例 5-8】 final 类实例。

ex5_8

```
0001 final class Cruiser
0002 {}
0003 /**
0004  * 类 HeavyCruiser 不能继承 Cruiser,因为 Cruiser 是 final 类
```

```
0005 class HeavyCruiser extends Cruiser
0006 {}
0007 */
0008 public class Example5_8
0009 {
0010    public static void main(String[] args)
0011    {}
0012 }
```

【程序说明】

程序第 5 行试图继承类 Cruiser 定义子类 HeavyCruiser, 然而由于类 Cruiser 已经被声明为最终类, 不能够被继承。因此, 如果将程序中的注释去掉, 将会引起编译错误, 错误信息为"The type HeavyCruiser cannot subclass the final class Cruiser"。

5.6.2　final 方法

使用 final 修饰类可以防止该类被继承, 但如果这样做仅仅是为了防止类中的方法被重写而改变父类的行为, 就显得过于谨慎了。解决的方案是, 在不想被重写的方法前面加上 final 修饰符, 这样的方法称为最终方法。

【小知识点】

- final 方法在继承时防止子类重写父类的同名方法, 以提升代码的安全性。
- final 方法编译时会采用类似于 C++ 中的内联(inline)函数的处理方式, 提升代码的运行效率。

【例 5-9】　final 方法实例。

ex5_9

```
0001 class NavalVessel
0002 {
0003    protected final void showInfo()
0004    {
0005        System.out.println("这是一艘海军舰艇。");
0006    }
0007    private final void getDisplacement()
0008    {
0009        System.out.println("本舰的排水量是 3000 吨。");
0010    }
0011    protected final void getDisplacement(int dis)
0012    {
0013        System.out.println("本舰的排水量是" + dis + "吨。");
0014    }
0015 }
0016 class Cruiser extends NavalVessel
0017 {
```

```
0018    /**
0019     * 父类中的 showInfo()方法是 final 方法,子类继承后无法重写该方法
0020    protected void showInfo()
0021    {
0022        System.out.println("这是一艘巡洋舰。");
0023    }
0024    */
0025    void getDisplacement()
0026    {
0027        System.out.println("本舰的排水量是 9000 吨。");
0028    }
0029 }
0030 public class Example5_9
0031 {
0032    public static void main(String[] args)
0033    {
0034        Cruiser c = new Cruiser();
0035        c.getDisplacement();
0036        c.getDisplacement(5000);
0037    }
0038 }
```

【结果输出】

程序运行结果如图 5.9 所示。

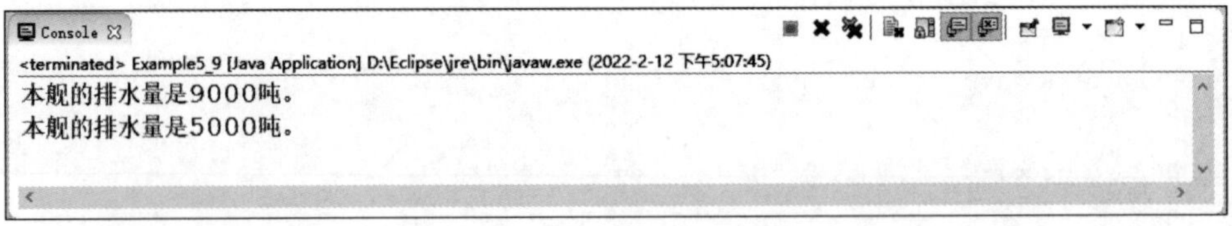

图 5.9   final 方法实例输出

【程序说明】

类 NavalVessel 定义了 protected 权限的方法 showInfo(),根据访问权限规则,该方法在子类 Cruiser 中被继承,因此试图在类 Cruiser 中重写方法 showInfo()是不允许的,因为该方法在父类中被声明为 final 方法。类 NavalVessel 中方法 getDisplacement()的权限为 private,根据访问权限规则,该方法在子类 Cruiser 中不被继承,不属于方法重写。因此,尽管方法 getDisplacement()在父类 NavalVessel 中被声明为 final,在子类 Cruiser 中定义也是允许的。

类 NavalVessel 中定义了两个 final 方法 getDisplacement(),它们的参数列表不同,这属于方法重载,final 方法是允许重载的,因此,程序第 36 行调用的是父类中定义的有参数的 getDisplacement()方法(程序第 11~14 行)。

5.6.3 final 变量

使用 final 修饰的变量为常量（类似于 C 语言中的 const 变量），也即该变量只能被赋值一次，赋值后不允许被修改。

使用 final 可以修饰类成员变量或方法中的局部变量，二者略有区别。

- 使用 final 修饰局部变量时，使用之前必须初始化，否则会产生编译错误。
- 使用 final 修饰成员变量时，在声明时可不赋值，但必须在构造方法或静态代码块初始化。

【例 5-10】 final 变量实例。

ex5_10

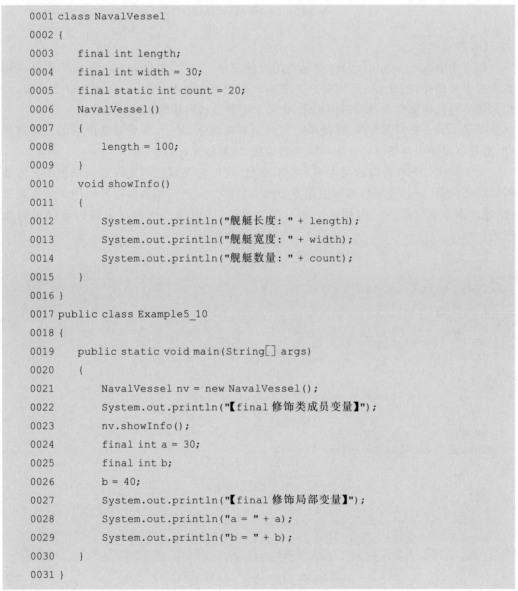

```
0001 class NavalVessel
0002 {
0003     final int length;
0004     final int width = 30;
0005     final static int count = 20;
0006     NavalVessel()
0007     {
0008         length = 100;
0009     }
0010     void showInfo()
0011     {
0012         System.out.println("舰艇长度: " + length);
0013         System.out.println("舰艇宽度: " + width);
0014         System.out.println("舰艇数量: " + count);
0015     }
0016 }
0017 public class Example5_10
0018 {
0019     public static void main(String[] args)
0020     {
0021         NavalVessel nv = new NavalVessel();
0022         System.out.println("【final 修饰类成员变量】");
0023         nv.showInfo();
0024         final int a = 30;
0025         final int b;
0026         b = 40;
0027         System.out.println("【final 修饰局部变量】");
0028         System.out.println("a = " + a);
0029         System.out.println("b = " + b);
0030     }
0031 }
```

【运行结果】

程序运行结果如图 5.10 所示。

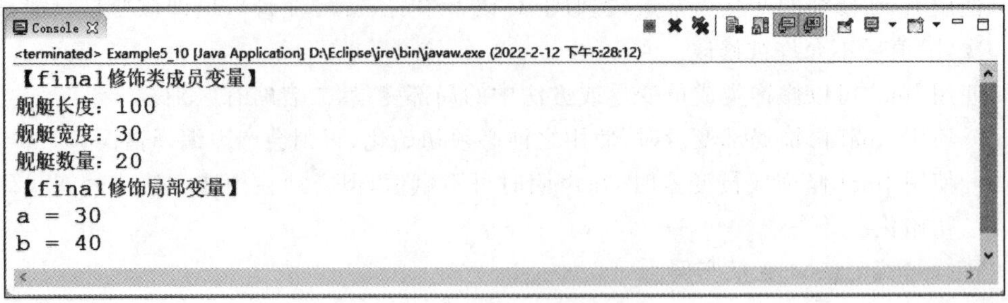

```
Console ✕     ■ ✖ ❋ | ▯ ▯ ▯ ▯ | ☞ ▯ ▾ ☞ ▾ ▾ ▾ ▢
<terminated> Example5_10 [Java Application] D:\Eclipse\jre\bin\javaw.exe (2022-2-12 下午5:28:12)
【final修饰类成员变量】
舰艇长度: 100
舰艇宽度: 30
舰艇数量: 20
【final修饰局部变量】
a = 30
b = 40
```

图 5.10　final 变量实例输出

【程序说明】

程序中 length、width、count 都是类的成员变量。其中,变量 length 是先声明再在构造方法中初始化;变量 width 则是在声明的同时进行初始化;变量 count 是静态变量,可以如第 5 行代码那样在声明时初始化,也可采用静态代码块的形式初始化。

变量 a 和 b 是局部变量,在使用之前必须要初始化,其中,变量 a 是声明的同时初始化,变量 b 是使用两条语句分别声明和初始化,这都是允许的。

例 5-10 中,final 修饰的均为基本类型变量,这样的变量是不允许重新赋值的。需要特别说明的是,final 还可以修饰引用类型的变量,此时,该变量所保存的引用地址不能更改,也即该变量只能一直引用同一个对象。但是,该引用所指向对象的内容是可以修改的。

【例 5-11】　final 修饰引用类型变量实例。

ex5_11

```
0001 import java.util.Arrays;
0002 class Cruiser
0003 {
0004    int displacement;
0005    Cruiser(int displacement)
0006    {
0007        this.displacement = displacement;
0008    }
0009 }
0010 public class Example5_11
0011 {
0012    public static void main(String[] args)
0013    {
0014        System.out.println("【final 修饰数组】");
0015        final int[] arr = {10, 5, 13, 25, 12, 8};
0016        System.out.println("数组排序前: ");
0017        System.out.println(Arrays.toString(arr));
```

```
0018            Arrays.sort(arr);
0019            System.out.println("数组排序后: ");
0020            System.out.println(Arrays.toString(arr));
0021            System.out.println("数组元素修改后: ");
0022            arr[2] = -8;
0023            System.out.println(Arrays.toString(arr));
0024            //arr = null;
0025            System.out.println("=====================");
0026            System.out.println("【final 修饰类的对象】");
0027            final Cruiser c = new Cruiser(5000);
0028            System.out.println("修改前,巡洋舰的排水量为: " + c.displacement);
0029            c.displacement = 10000;
0030            System.out.println("修改后,巡洋舰的排水量为: " + c.displacement);
0031            //c = new Cruiser();
0032     }
0033 }
```

【运行结果】

程序运行结果如图 5.11 所示。

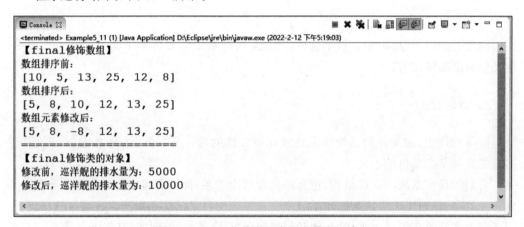

图 5.11　final 修饰引用类型变量实例输出

【程序说明】

程序第 15 行,final 用于修饰引用数组对象的变量 arr,arr 变量不能被重修赋值,程序第 24 行被注释的代码试图改变此变量的引用,会引发"The final local variable arr cannot be assigned. It must be blank and not using a compound assignment"的编译错误。但是,数组对象的内容是可以改变的,程序第 18 行对数组进行排序,程序第 22 行修改数组中的元素都是允许的。同理,程序第 27 行,c 是指向类对象的引用型变量,其引用的对象不能改变(第 31 行代码如不加以注释会引发编译错误),但对象的成员变量的值是可以修改的,如同代码第 29 行所展示的那样。

【注意】

- 关键字 final 修饰的基本类型变量就是常量,该常量的数值在运行期间保持不变。
- 关键字 final 修饰的引用类型变量在运行期间让引用所指向的对象保持不变,但是对象本身的内容是可以修改的。

◈ 5.7 包

在编写 Java 程序时,随着程序规模的扩大,程序中所包含的类的数目越来越多,此时对类的管理就成为一件比较麻烦的事情。尤其在团队合作开发项目的时候,经常会发生多个开发人员使用相同的类名而产生冲突。为了解决上述问题,在 Java 中采用了包(package)的机制,为程序提供了命名空间服务,可以有效地解决类文件管理和类名冲突等问题。

在 Java 中,包的作用主要是如下 3 点。

作用一:将功能相近或有逻辑关联的类放置在同一包中,方便类的使用和项目管理。

作用二:采用树形存储结构存储类文件,利用命名空间机制避免同名类的冲突问题。

作用三:根据需要对包中的类设置特定的访问权限,便于控制类的访问范围。

5.7.1 包的定义

包是类的容器,Java 中提供了这样的机制,可以根据需要将多个类封装在一个包中,定义包的语法格式为:

```
package 包名;
```

Java 程序中,定义包的语句一定要放在源文件的第一行。并且,每个 Java 源文件最多只能有一条定义包的语句。

类似于操作系统的文件结构,包允许包含层次关系,即一个包中可以包含若干包。需要注意的是,包的层次必须与操作系统中文件系统的目录结构相对应。也可以这样理解,包名即类文件所在的目录结构,包的各层之间以“.”符号隔开,例如,有如下定义:

```
package mysql.test.tool;
```

则该 Java 源文件应存放在“mysql\test\tool”目录下(以 Windows 操作系统为例)。

【例 5-12】 包的定义实例。

【源文件 A. java】

ex5_12

```
0001 package mypackage1;
0002 public class A
0003 {
0004 }
```

【源文件 C.java】

```
0001 package mypackage2;
0002 public class C
0003 {
0004 }
```

【程序说明】

本例中定义了两个类,其中,类 A 在包 package1 中,类 C 在包 package2 中。注意到,包定义的语句都是放在源文件第一条语句。如果放在别的位置,则会引发编译错误。

一般而言,在 Java 中为包命名需遵守如下规则。

规则 1:包名全部由小写字母构成的英文单词组成,若包名中存在多个英文单词,也全部使用小写字母。

规则 2:包名一般按照域名倒置的顺序排列,单词之间以“.”隔开,如 net.studyjava. tools。

规则 3:自己定义的包名不要以 java 开头,因为这是默认系统包的包名前缀。

5.7.2　包的导入

例 5-12 中,如果需要在类 C 中使用包 package1 中的 public 类,则需要使用类的全名,代码如下。

```
mypackage1.A a = new mypackage1.A();
```

如果每次出现类 A 的地方都需要用“包名＋类名”的形式,代码显得异常冗长。为了简化代码,可以使用关键字 import 将程序中将要使用的类事先导入,这样后面在编写代码时只需要写类名即可,无须加上包名前缀。导入类的语法格式为:

```
import 包名.类名;
```

如果希望导入一个包中的所有类,则可以使用“＊”代替具体的类名。

【例 5-13】　包的导入实例。

【源文件 A.java】

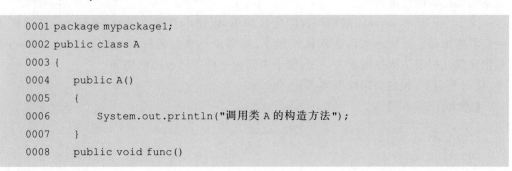

```
0001 package mypackage1;
0002 public class A
0003 {
0004    public A()
0005    {
0006        System.out.println("调用类 A 的构造方法");
0007    }
0008    public void func()
```

```
0009    {
0010        System.out.println("调用类 A 的 func()方法");
0011    }
0012 }
```

【源文件 Example5_13.java】

```
0001 package mypackage2;
0002 import mypackage1.A;
0003 public class Example5_13
0004 {
0005    public static void main(String args[])
0006    {
0007        A a = new A();
0008        a.func();
0009    }
0010 }
```

【运行结果】

程序运行结果如图 5.12 所示。

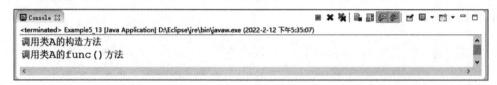

图 5.12　包的导入实例输出

【程序说明】

在类 Example5_13 代码的第 2 行,通过 import 语句将包 mypackage1 中的类 A 导入到源代码,则在程序第 7 行使用该类时直接使用类名即可,简化了代码的书写。

5.7.3　包的访问权限

在前面章节已经介绍了在继承关系中不同访问权限修饰符的访问范围。本节将结合包继续讨论访问权限的话题。

关于 public 和 private 的访问权限比较简单,因此本节重点讨论 protected 和默认访问权限修饰符。回顾表 4.1,在默认权限下,同属于一个包的所有类均可访问;protected权限比默认权限访问范围更大一些,属于不同包中的子类也可以访问。

【例 5-14】　包的访问权限实例。

【源文件 A.java】

ex5_14

```
0001 package mypackage1;
0002 public class A
```

```
0003 {
0004     int a1;
0005     protected int a2;
0006     public A(int a1, int a2)
0007     {
0008         this.a1 = a1;
0009         this.a2 = a2;
0010     }
0011 }
```

【源文件 B.java】

```
0001 package mypackage1;
0002 public class B
0003 {
0004     int b1;
0005     protected int b2;
0006     public B(int b1, int b2)
0007     {
0008         this.b1 = b1;
0009         this.b2 = b2;
0010     }
0011     public void showB()
0012     {
0013         A a = new A(3, 5);
0014         System.out.println("同一包中非子类的默认权限成员可访问" + a.a1);
0015         System.out.println("同一包中非子类的 protected 权限成员可访问" + a.a2);
0016     }
0017 }
```

【源文件 C.java】

```
0001 package mypackage2;
0002 import mypackage1.A;
0003 import mypackage1.B;
0004 public class C extends B
0005 {
0006     A a;
0007     C()
0008     {
0009         super(20, 30);
0010         A a = new A(8, 10);
0011     }
```

```
0012    void showC()
0013    {
0014        //System.out.println("不同包中非子类的默认权限成员不可访问" + a.a1);
0015        //System.out.println("不同包中非子类的 protected 成员类不可访问" + a.a1);
0016        //System.out.println("不同包中子类的默认权限成员不可访问" + super.b1);
0017         System.out.println("不同包中子类的 protected 权限成员可访问" +
             super.b2);
0018    }
0019 }
```

【源文件 Example5_14.java】

```
0001 package mypackage2;
0002 import mypackage1.*;
0003 public class Example5_14
0004 {
0005    public static void main(String[] args)
0006    {
0007        System.out.println("【同一包中的类访问权限】");
0008        B b = new B(10, 20);
0009        b.showB();
0010        System.out.println("==============");
0011        System.out.println("【不同包中的类访问权限】");
0012        C c = new C();
0013        c.showC();
0014    }
0015 }
```

【运行结果】

程序运行结果如图 5.13 所示。

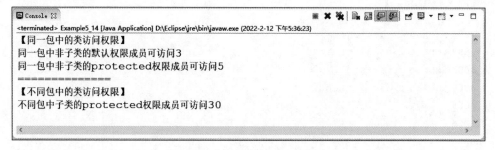

图 5.13　包的访问权限实例输出

【程序说明】

程序定义了两个包,包 mypackage1 中包含类 A 和类 B,包 mypackage2 中包含类 C, 类 C 是类 B 的子类。类 B 的代码第 14 行、第 15 行表明,对于同一个包中的类,默认权限和 protected 权限的类成员均可被访问。类 C 的代码第 14 行、第 15 行表明,对于不同包中的非子类(类 A 和类 C 在不同包中,且无继承关系),默认权限和 protected 权限的类成员均无法访问。类 C 的代码第 16 行、第 17 行表明,对于不同包中的子类(类 B 和类 C 在不同包中,类 C 继承类 B),默认权限的类成员无法访问,但 protected 权限的类成员可以访问。类 Example5_14 的代码第 2 行,使用 import mypackage1. * ;语句将 mypackage1 中所有的类(包括类 A 和类 B)全部导入,可以简化代码的书写。

◆ 5.8　综合实验

【实验目的】

- 掌握子类定义的方法。
- 掌握方法重写的方法。
- 掌握关键字 final 的使用方法。
- 掌握关键字 super 的使用方法。

【实验内容】

使用面向对象的程序设计方法完成如下设计,其要求如下。

- 设计类 People,成员变量包括姓名、性别和年龄,方法包括构造方法,并重写 toString()方法,输出类成员信息。
- 设计 People 的子类 Teacher,成员变量包括职称、专业和研究方法,方法包括构造方法,并重写 toString()方法,输出类成员信息。
- 定义 People 的子类 Student,包含成员变量学号和专业,方法包括构造方法,并重写 toString()方法,输出类成员信息。
- 定义 Student 的子类 Graduate,设置其为最终类,包含成员变量研究方向和导师,方法包括构造方法,并重写 toString()方法,输出类成员信息。
- 在主方法中创建 Teacher 和 Graduate 类的对象,并测试相关方法。

程序运行结果如图 5.14 所示。

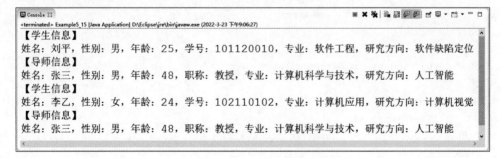

图 5.14　类的继承综合实验输出

ex5_15

【例 5-15】 类的继承综合实验。

```
0001 class People
0002 {
0003    String name;
0004    String sex;
0005    int age;
0006    People(String name, String sex, int age)
0007    {
0008        this.name = name;
0009        this.sex = sex;
0010        this.age = age;
0011    }
0012    public String toString()
0013    {
0014        return "姓名: " + name + ",性别: " + sex + ",年龄: " + age;
0015    }
0016 }
0017 class Teacher extends People
0018 {
0019    String title;
0020    String major;
0021    String research;
0022    Teacher(String name, String sex, int age, String title, String major,
        String research)
0023    {
0024        super(name, sex, age);
0025        this.title = title;
0026        this.major = major;
0027        this.research = research;
0028    }
0029    public String toString()
0030    {
0031        return super.toString() + ",职称: " + title + ",专业: " + major + ",
        研究方向: " + research;
0032    }
0033 }
0034 class Student extends People
0035 {
0036    long id;
0037    String major;
0038    Student(String name, String sex, int age, long id, String major)
0039    {
0040        super(name, sex, age);
0041        this.id = id;
```

```
0042            this.major = major;
0043    }
0044    public String toString()
0045    {
0046        return super.toString() + ",学号: " + id + ",专业: " + major;
0047    }
0048 }
0049 final class Graduate extends Student
0050 {
0051    String research;
0052    Teacher tutor;
0053    Graduate(String name, String sex, int age, long id, String major,
            String research, Teacher tutor)
0054    {
0055        super(name, sex, age, id, major);
0056        this.research = research;
0057        this.tutor = tutor;
0058    }
0059    public String toString()
0060    {
0061        return super.toString() + ",研究方向: " + research
0062                + "\n【导师信息】" + "\n" + tutor.toString();
0063    }
0064 }
0065 public class Example5_15
0066 {
0067    public static void main(String[] args)
0068    {
0069        Teacher t = new Teacher("张三", "男", 48, "教授", "计算机科学与技术",
            "人工智能");
0070        Graduate g1 = new Graduate("刘平", "男", 25, 101120010, "软件工程", "
            软件缺陷定位", t);
0071        Graduate g2 = new Graduate("李乙", "女", 24, 102110102, "计算机应用",
            "计算机视觉", t);
0072        System.out.println("【学生信息】\n" + g1.toString());
0073        System.out.println("【学生信息】\n" + g2.toString());
0074    }
0075 }
```

【程序说明】

程序中定义了父类 People，Teacher 和 Student 是 People 的子类，Graduate 是 Student 的子类；程序第 24 行、第 40 行、第 55 行，在子类构造方法中，使用 super()调用父类的构造方法，完成部分类成员变量的初始化；在各个类中均重写了父类的 toString()方法，在子类中使用 super.toString()调用父类的同名方法，以减少代码冗余量。

◆ 5.9　小　　结

继承是指以已有类为基础创建出新类,已有类称为父类,新类称为子类。当使用关键字 new 创建子类对象时,先调用父类的构造方法,再调用自身的构造方法。关键字 super 可以调用父类构造方法,也可访问父类成员变量或成员方法。

在子类中定义与父类方法同名、形参相同的方法称为方法重写,重写的方法会隐藏父类的同名方法。同一个方法名,根据调用方法的对象类型的不同而呈现不同的表现形式,称为多态性。Java 中的多态分为编译时多态和运行时多态,方法重载属于编译时多态,运行时多态性必须同时满足继承、方法重写和向上转型 3 个条件。

关键字 final 可用于修饰类、方法和变量。final 修饰的类不能够被继承,final 修饰的方法可防止子类方法的重写,final 修饰的变量是常量、初始化后不允许被修改。需要注意的是,如果 final 修饰的是引用型常量,表示其引用的对象不可改变,但引用对象的内容可以修改。

为了便于项目的管理、避免类的命名冲突等原因,Java 中引入了包的机制。用户可通过关键字 package 自定义包,将逻辑相关的类组织在同一个包中;也可使用关键字 import 引入其他包中的类,实现代码复用。

◆ 5.10　习　　题

1. 面向对象程序设计中,继承的含义是什么?
2. 单继承和多继承分别指什么? Java 中采用哪种继承机制?
3. 什么叫作方法重写? 试对比方法重载和方法重写。
4. 关键字 super 有哪些作用?
5. 什么叫作类的多态性? 多态性有几种类型?
6. 在 Java 中,多态性是如何实现的?
7. 什么叫作向上转型? 为什么向上转型是安全的?
8. 关键字 final 有什么作用?
9. 为什么要引入包? 包有哪些作用?
10. 分析如下程序代码的输出。

```java
class Insect
{
    int i = 5;
    int j;
    Insect()
    {
        show("i=" + i + ",j=" + j);
        j = 25;
```

```
    }
    static int x = show("初始化静态变量 Insect.x");
    static int show(String s)
    {
        System.out.println(s);
        return 100;
    }
}
class Beetle extends Insect
{
    int k = show("初始化变量 Beetle.k");
    Beetle()
    {
        show("k=" + k);
        show("j=" + j);
    }
    static int y = show("初始化静态变量 Beetle.y");
}
public class Exe5_10
{
    public static void main(String[] args)
    {
        new Beetle();
    }
}
```

11. 分析如下程序代码的输出。

```
class Instrument
{
    public void play()
    {
        System.out.println("演奏乐器");
    }
}
class Wind extends Instrument
{
    Wind()
    {
        System.out.println("创建管乐器");
    }
    public void play()
    {
```

```
            System.out.println("演奏管乐器");
        }
}
class Percussion extends Instrument
{
    Percussion()
    {
        System.out.println("创建敲击乐器");
    }
    public void play()
    {
        System.out.println("演奏敲击乐器");
    }
}
class Stringed extends Instrument
{
    Stringed()
    {
        System.out.println("创建弦乐器");
    }
    public void play()
    {
        System.out.println("演奏弦乐器");
    }
}
class Music
{
    static void tune(Instrument i)
    {
        i.play();
    }
    static void tuneAll(Instrument[] it)
    {
        for(Instrument i:it)
            tune(i);
    }
}
public class Exe5_11 {
    public static void main(String[] args)
    {
        Instrument[] orc = new Instrument[3];
        orc[0] = new Wind();
        orc[1] = new Percussion();
```

```
        orc[2] = new Stringed();
        Music.tuneAll(orc);
    }
}
```

12. 分析如下程序代码输出。

```
class Val
{
    int v = 100;
}
public class Exe5_12
{
    final int i = 5;
    final int j = 6;
    static final int k = 7;
    Val v1 = new Val();
    final Val v2 = new Val();
    final int[] arr = {10, 9, 8, 7, 6, 5};
    void show(String s)
    {
        System.out.println(s + ":" + "j=" + j + ",k=" + k + ",v2.v=" + v2.v);
    }
    public static void main(String[] args)
    {
        Exe5_12 exe1 = new Exe5_12();
        exe1.v2.v++;
        exe1.v1 = new Val();
        for(int i = 0; i < exe1.arr.length; i++)
            exe1.arr[i]++;
        exe1.show("EXE1");
        Exe5_12 exe2 = new Exe5_12();
        exe1.show("EXE1");
        exe2.show("EXE2");
    }
}
```

13. 分析如下程序代码是否能编译通过。若能通过编译,请写出其输出结果。若不能通过编译,请说明原因。

```
class A
{
    private final void f1()
```

```
        {
            System.out.println("A.f1()");
        }
        private void f2()
        {
            System.out.println("A.f2()");
        }
    }
    class B extends A
    {
        private final int f1()
        {
            System.out.println("B.f1()");
            return 1;
        }
        private int f2()
        {
            System.out.println("B.f2()");
            return 10;
        }
    }
    class C extends B
    {
        public final void f1()
        {
            System.out.println("C.f1()");
        }
        public void f2()
        {
            System.out.println("C.f2()");
        }
    }
    public class Exe5_13
    {
        public static void main(String[] args)
        {
            C c = new C();
            c.f1();
            c.f2();
        }
    }
```

5.11　实　　验

实验一：按照要求设计并编写程序，其要求如下。

- 设计雇员类 Employee，包含成员变量姓名、性别、年龄、基本工资，以及构造方法和 showEmployeeInfo()方法，用于将雇员的信息连接成字符串输出。
- 设计 Employee 的子类 Manager，包含成员变量绩效工资，以及构造方法和重写 showEmployeeInfo()方法，用于将经理的信息连接成字符串输出。
- 设计部门类 Department，包含成员变量部门名称、经理、人数，以及构造方法和 showDeptInfo()方法，用于将部门的信息连接成字符串输出。
- 在主方法中创建 Employee、Manager、Department 类的对象各一例，输出其信息。

程序运行结果如图 5.15 所示。

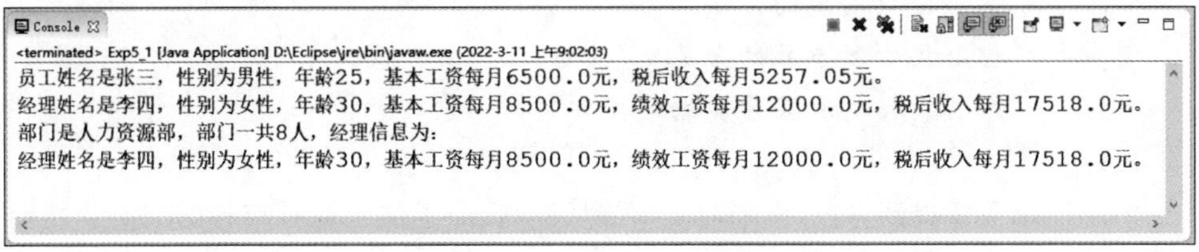

图 5.15　类的继承实验输出

【注意】

税后收入的计算方法如下。

（1）将每月所有收入减去五险一金得到税前收入，五险一金缴费额度为基本工资的 19%；雇员的所有收入即基本工资，经理的所有收入由基本工资＋绩效工资组成。

（2）将税前收入按照如下方式缴纳个人所得税，得到税后收入。

税前收入不超过 5000 元的，个人所得税税率为 0。

税前收入为 5000～8000 元的，个人所得税税率为 3%。

税前收入为 8000～17 000 元的，个人所得税税率为 10%。

税前收入为 17 000～30 000 元的，个人所得税税率为 20%。

税前收入为 30 000～40 000 元的，个人所得税税率为 25%。

税前收入为 40 000～60 000 元的，个人所得税税率为 30%。

税前收入为 60 000～85 000 元的，个人所得税税率为 35%。

税前收入为 85 000 元以上的，个人所得税税率为 45%。

第6章

接　口

本章学习目标

- 理解抽象类和接口的概念，掌握其定义方法。
- 掌握接口实现的方法。
- 理解接口多态性的含义。
- 掌握内部类和匿名类的使用方法。

第 5 章提到，Java 中采取了单继承机制，即子类只能有唯一的父类。然而，现实生活中可能会面临这样的问题，例如，教师（Teacher）和学生（Student）都是人（People）的子类，而研究生（GraduateStudent）既是学生，又要承担助教的任务、具有教师的部分属性，因此，研究生需要同时从教师和学生这两个类继承，这就需要多继承机制，在 C++ 中就采取了多继承的机制。然而，多继承机制又带来了衍生的问题，如子类的两个父类具有相同的方法，子类无法明确应该继承哪个父类中的方法，也即产生所谓"钻石继承"的情况，如图 6.1 所示。此时，Java 中采取的办法是使用接口（interface），来弥补单继承的不足，同时又不会出现多继承带来的继承不确定性问题。

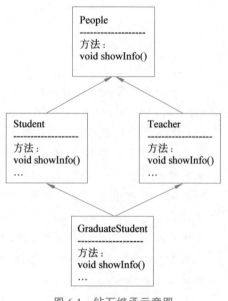

图 6.1　钻石继承示意图

◆ 6.1　抽　象　类

在讨论接口之前，需要先介绍抽象类（abstract class）。在某些时候，需要创建某个类作为父类，其中包含一些方法。但是，由于该父类是一个抽象的概念，无法确定方法是如何具体实现的,因此将这些方法的实现留到子类再加以确定。例如,设计一个形状的类 Shape,作为所有几何形状的父类,该类中有一个求形状面积的方法 area(),由于不明确类 Shape 到底是哪种形状,不能在 area()方法中写出求面积的公式,因此无法给出该方法的定义。此时,最好的办法就是将类 Shape 声明为抽象类。

定义抽象类的语法格式如下。

```
abstract class 类名
{
    类体
}
```

关键字 abstract 表明该类是一个抽象类,而不是一个普通类。

【小知识点】

- 抽象类不能被实例化,不能使用 new 运算符创建抽象类的对象。
- 抽象类中可以包含抽象方法,也可包含普通(非抽象)方法。
- 抽象方法只能存在于抽象类中,即包含抽象方法的类必然是抽象类。
- 子类(非抽象类)继承抽象类后,须重写抽象类中所有的抽象方法。
- 抽象方法不能声明为 private,因为使用 private 修饰的方法无法被继承。
- 抽象类中可不包含任何抽象方法,只包含非抽象方法的类也可定义为抽象类。
- 静态方法和构造方法不能声明为抽象方法。

定义抽象方法的语法格式如下。

```
abstract 返回值类型 方法名(参数列表);
```

上述定义中,注意到关键字 abstract 表明该方法是一个抽象方法,在定义末尾加“;”表示声明完成。抽象方法不可定义具体的方法实现,其存在的意义只是为继承它的子类提供统一的接口。

【例 6-1】　抽象类和抽象方法实例。

ex6_1

```
0001 abstract class Shape
0002 {
0003     abstract void area();
0004     abstract void perimeter();
0005 }
0006 class Circle extends Shape
0007 {
0008     double radius;
0009     Circle(double r)
0010     {
0011         radius = r;
0012     }
```

```
0013    void area()
0014    {
0015        System.out.println("圆的面积: " + String.format("% .2f", Math.
            PI * radius * radius));
0016    }
0017    void perimeter()
0018    {
0019        System.out.println("圆的周长: " + String.format("% .2f", 2.0 *
            Math.PI * radius));
0020    }
0021 }
0022 class Rectangle extends Shape
0023 {
0024    double width, height;
0025    Rectangle(double w, double h)
0026    {
0027        width = w;
0028        height = h;
0029    }
0030    void area()
0031    {
0032        System.out.println("矩形的面积: " + width * height);
0033    }
0034    void perimeter()
0035    {
0036        System.out.println("矩形的周长: " + 2.0 * (width + height));
0037    }
0038 }
0039 public class Example6_1
0040 {
0041    public static void main(String[] args)
0042    {
0043        Circle c = new Circle(3.0);
0044        c.area();
0045        c.perimeter();
0046        Rectangle r = new Rectangle(8.0, 9.0);
0047        r.area();
0048        r.perimeter();
0049    }
0050 }
```

【运行结果】

程序运行结果如图 6.2 所示。

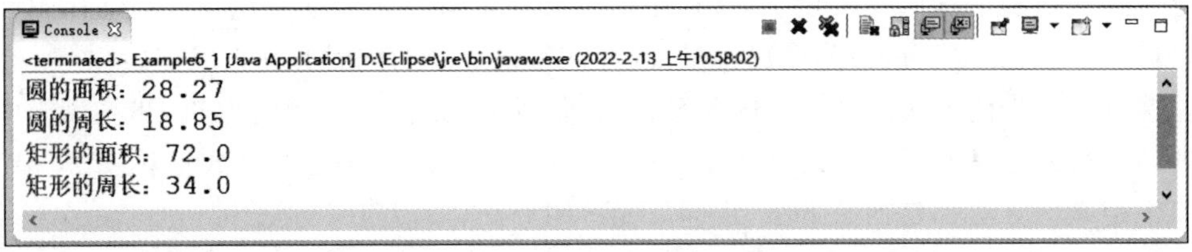

图 6.2 抽象类和抽象方法实例输出

【程序说明】

程序中定义了抽象类 Shape,类中包含两个抽象方法 area()和 perimeter(),分别用于求面积和周长。此外,程序定义了圆形类 Circle 和矩形类 Rectangle,均继承自抽象类 Shape,因此,这两个类必须要重写父类中所有的抽象方法。

◈ 6.2 接　　口

接口(interface)的功能类似于抽象类,有的教材中将接口称为纯抽象类。本质上,接口也是类的一种,其特殊之处在于接口中定义的方法都没有具体实现,即接口包含的方法只能是抽象方法。回顾 6.1 节,抽象类中定义的抽象方法必须在继承它的子类中具体实现,接口无法被类所继承,但类可以实现(implements)接口,因此接口中所有的抽象方法都必须在实现它的类中重写。

Java 中支持单继承,不支持多继承。然而,一个类可以实现多个接口,假设类 A 实现了接口 IntB 和 IntC,而这两个接口中都包含抽象方法 func(),那么类 A 的实现中必须重写方法 func(),并且这个方法只有唯一的实现方式,不会出现钻石继承的问题。因此,一方面,Java 中的类可以通过接口在理论上具备了多重继承的强大能力;另一方面,接口的存在又巧妙地规避了多重继承中的不足之处。

6.2.1　接口的定义

在 Java 中,定义接口的语法格式如下。

```
[public] interface 接口名 [extends 父接口名 1 [,父接口名 2, …]]
{
    [public] [static] [final] 类型 常量名 = 数值;
    [public] [abstract] 返回值类型 方法名(参数列表);
}
```

上述定义中,关键字 interface 用于定义接口,接口的访问权限可以是 public 或默认。关键字 extends 是继承的意思,表明接口可以继承父接口,并且一个接口可以同时继承多个父接口。

接口中可以定义常量和抽象方法。在接口中,常量的访问权限可是 public,即便不显式声明其为 public,其实际属性也是 public。关键字 static 和 final 可选写,但在代码中无论是否显式地加上这两个关键字，接口中所定义的常量事实上都具有 static 和 final 的属性，也即它们天然地是最终的全局常量，因此该常量定义的同时必须完成初始化。

接口中定义的方法的访问权限是 public，即便不显式声明其为 public，事实上这些方法的访问权限也是 pulbic。关键字 abstract 可选，但无论方法是否显式地标明 abstract，接口中定义的方法都是抽象方法，也即只能声明方法，不能定义方法体。

【注意】
- 接口可以继承一个或多个父接口。
- 接口中可以定义全局常量和抽象方法，常量在定义的同时必须初始化。
- 接口、接口中的常量和方法的访问权限都是 public。
- 接口不能直接被实例化，即不能使用 new 运算符创建接口的对象。

6.2.2　接口的实现

接口的实现和类的继承相似，类的继承是子类继承父类的变量和方法，接口的实现是类继承并具体定义父类中的抽象方法。

实现接口使用关键字 implements，其语法格式如下。

```
[public] class 类名 implements 接口名 1[, 接口名 2, …]
{
    类体
}
```

【注意】
- 一个类可以实现一个或多个接口。
- 实现接口的类必须重写接口中所有抽象方法，且重写方法的访问权限不能低于接口中声明的访问权限。
- 接口无法直接实例化，但可以通过实现该接口的类（或匿名类）完成实例化。

【例 6-2】　接口的定义和实现实例。

ex6_2

```
0001 interface Shape
0002 {
0003     public void area();
0004     public void perimeter();
0005 }
0006 class Circle implements Shape
0007 {
0008     double radius;
0009     Circle(double r)
0010     {
0011         radius = r;
0012     }
0013     public void area()
0014     {
```

```
0015        System.out.println("圆的面积: " + String.format("% .2f", Math.
            PI * radius * radius));
0016    }
0017    public void perimeter()
0018    {
0019        System.out.println("圆的周长: " + String.format("% .2f", 2.0 *
Math.PI * radius));
0020    }
0021 }
0022 class Rectangle implements Shape
0023 {
0024    double width, height;
0025    Rectangle(double w, double h)
0026    {
0027        width = w;
0028        height = h;
0029    }
0030    public void area()
0031    {
0032        System.out.println("矩形的面积: " + String.format("%.2f", width *
            height));
0033    }
0034    public void perimeter()
0035    {
0036        System.out.println("矩形的周长: " + String.format("%.2f", 2.0 *
            (width + height)));
0037    }
0038 }
0039 public class Example6_2
0040 {
0041    public static void main(String[] args)
0042    {
0043        Circle c = new Circle(5.0);
0044        c.area();
0045        c.perimeter();
0046        Rectangle r = new Rectangle(3.0, 8.0);
0047        r.area();
0048        r.perimeter();
0049    }
0050 }
```

【运行结果】

程序运行结果如图 6.3 所示。

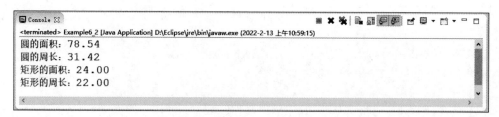

图 6.3　接口的定义和实现实例输出

【程序说明】

程序中定义了接口 Shape,接口中声明了两个方法,尽管这两个方法没有使用关键字 abstract 修饰,但接口中的方法默认为抽象方法,因此不能定义方法的具体实现。类 Circle 和类 Rectangle 均实现了接口 Shape,因此在两个类的定义中,需要分别重写抽象方法 area()和 perimeter()。由于在接口定义中,抽象方法的访问权限是 public,根据方法重写的规则,在实现接口的类中,方法的访问权限只能是 public。

6.2.3　接口的多态性

Java 中之所以使用接口,一个很重要的原因就是接口能够实现多态性。想象一下, 在军事领域,很多武器都可装备到舰艇上使用。然而,武器的种类繁多,生产武器设备的 厂家也不止一家。因此,为了让这些武器装备都能够正常使用,必须要统一装备与舰艇的 接口方式。武器通过规定的接口装备到舰艇,而各种武器的功能和性能由武器制造商负 责完成,这样就通过接口实现了类的多态性。

【例 6-3】　接口的多态性实例。

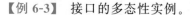
ex6_3

```
0001 import java.util.Vector;
0002 interface IntWeapon
0003 {
0004     abstract void install();
0005     abstract void launch();
0006     abstract String info();
0007 }
0008 class NavalGun implements IntWeapon
0009 {
0010     public void install()
0011     {
0012         System.out.println("装备 H/PJ-38 单管 130mm 舰炮");
0013     }
0014     public void launch()
0015     {
0016         System.out.println("启动 H/PJ-38 单管 130mm 舰炮,锁定目标");
0017     }
0018     public String info()
```

```
0019     {
0020         return "主炮：H/PJ-38 单管 130mm 舰炮，射程 30 千米";
0021     }
0022 }
0023 class AirDefenseMissile implements IntWeapon
0024 {
0025     public void install()
0026     {
0027         System.out.println("装备红旗-9B 远程防空导弹");
0028     }
0029     public void launch()
0030     {
0031         System.out.println("发射红旗-9B 远程防空导弹，拦截敌机");
0032     }
0033     public String info()
0034     {
0035         return "防空导弹：红旗-9B 远程防空导弹，有效射程大于 200 千米";
0036     }
0037 }
0038 class AntiShipMissile implements IntWeapon
0039 {
0040     public void install()
0041     {
0042         System.out.println("装备鹰击-18A 反舰导弹");
0043     }
0044     public void launch()
0045     {
0046         System.out.println("发射鹰击-18A 反舰导弹，攻击敌舰");
0047     }
0048     public String info()
0049     {
0050         return "反舰导弹：鹰击-18A 反舰导弹，射程 600 千米";
0051     }
0052 }
0053 class NavalVessel
0054 {
0055     String name;
0056     float length, width;
0057     int displacement;
0058     int maxSpeed;
0059     int numberOfCrews;
0060     Vector<IntWeapon> weapons;
0061     NavalVessel(String name, float length, float width, int displacement,
```

```
0062              int maxSpeed, int numberOfCrews)
0063    {
0064       this.name = name;
0065       this.length = length;
0066       this.width = width;
0067       this.displacement = displacement;
0068       this.maxSpeed = maxSpeed;
0069       this.numberOfCrews = numberOfCrews;
0070       weapons = new Vector<IntWeapon>();
0071    }
0072    void showInfo()
0073    {
0074       System.out.println("【舰艇基本信息】");
0075       System.out.println("名称: " + name);
0076       System.out.println("长度(米): " + length);
0077       System.out.println("宽度(米): " + width);
0078       System.out.println("排水量(吨): " + displacement);
0079       System.out.println("最大航速(节): " + maxSpeed);
0080       System.out.println("舰员数量: " + numberOfCrews);
0081       System.out.println("【舰艇武器系统信息】");
0082       for(int i = 0; i < weapons.size(); i++)
0083          System.out.println(weapons.get(i).info());
0084    }
0085    void equipWeapon(IntWeapon w)
0086    {
0087       w.install();
0088       weapons.add(w);
0089    }
0090    void lauchWeapon(IntWeapon w)
0091    {
0092       w.launch();
0093    }
0094 }
0095 public class Example6_3
0096 {
0097    public static void main(String[] args)
0098    {
0099       NavalVessel nv = new NavalVessel("拉萨号", 175f, 21f, 11500, 35, 350);
0100       IntWeapon w1 = new NavalGun();
0101       IntWeapon w2 = new AirDefenseMissile();
0102       IntWeapon w3 = new AntiShipMissile();
0103       nv.equipWeapon(w1);
0104       nv.equipWeapon(w2);
```

```
0105        nv.equipWeapon(w3);
0106        nv.showInfo();
0107    }
0108 }
```

【运行结果】

程序运行结果如图 6.4 所示。

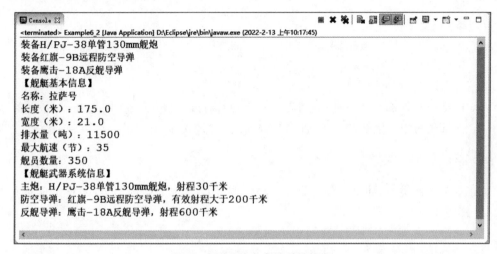

图 6.4　接口的多态性实例输出

【程序说明】

程序第 2~7 行定义了武器与舰艇的接口 IntWeapon,其中包含 3 个抽象方法 install()、launch()和 info();程序第 8~52 行定义了 3 个类 NavaGun(舰炮)、AirDefenseMissile(防空导弹)和 AntiShipMissile(反舰导弹),这 3 个类均实现了接口 IntWeapon,表示这些武器都支持装配到舰艇,因此它们都需要实现接口中声明的抽象方法 install()、launch()和 info()。

程序第 53~94 行定义了类 NavalVessel,其中包含方法 equipWeapon(),该方法参数为接口类型的 IntWeapon,表明舰艇可以装备满足 IntWeapon 接口的武器;程序第 103~105 行中,NavalVessel 的实例 3 次调用 equipWeapon()方法,并根据传入参数类型的不同而调用不同对象的 install()方法,因而呈现不同的工作方式,这就是所谓的接口多态性。

◆ 6.3　内　部　类

在类的内部,除了可以定义成员变量和方法外,也可以定义类。这种定义在类的内部的类称为内部类,相对地,定义该内部类的类称为外部类。

内部类具有如下特征。

* 与成员变量或成员方法一样,内部类的访问权限可以声明为 public、protected、

private 或默认，而外部类的访问权限只能是 public 或默认。
- 内部类可以分为静态内部类、非静态内部类和局部内部类，如图 6.5 所示。

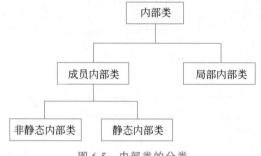

图 6.5 内部类的分类

- 内部类是外部类的成员，可访问外部类的所有成员，包括被声明为 private 的成员。
- 内部类可以声明为静态的，此时只能访问外部类的静态成员。

6.3.1 非静态内部类

在定义内部类时，如果未加关键字 static，则该类是非静态内部类（也称为实例内部类）。其特征为：
- 非静态内部类的访问权限可以声明为 public、protected、private 或默认。
- 非静态内部类可以访问外部类的所有成员。
- 在非静态内部类中，可以定义非静态的成员变量和方法，其访问权限可以是 public、protected、private 或默认。

【例 6-4】 非静态内部类实例。

ex6_4

```
0001 public class Example6_4
0002 {
0003    public int a = 10;
0004    protected int b = 20;
0005    private int c = 30;
0006    int d = 40;
0007    static int e = 50;
0008    final int f = 60;
0009    class NonStaticInnerClass
0010    {
0011       int x;
0012       //static int y;
0013       NonStaticInnerClass()
0014       {
0015          System.out.println("非静态内部类 NonStaticInnerClass 执行构造
                 方法");
0016          x = 100;
```

```
0017              System.out.println("非静态内部类访问外部类的public权限成员变量
                  a=" + a);
0018              System.out.println("非静态内部类访问外部类的protected权限成员
                  变量b=" + b);
0019              System.out.println("非静态内部类访问外部类的private权限成员变
                  量c=" + c);
0020              System.out.println("非静态内部类访问外部类的默认权限成员变量
                  a=" + d);
0021              System.out.println("非静态内部类访问外部类的static变量e=" + e);
0022              System.out.println("非静态内部类访问外部类的final变量f=" + f);
0023          }
0024      }
0025      public static void main(String[] args)
0026      {
0027          NonStaticInnerClass nsc = new Example6_4().new NonStaticInnerClass();
0028      }
0029 }
```

【运行结果】

程序运行结果如图 6.6 所示。

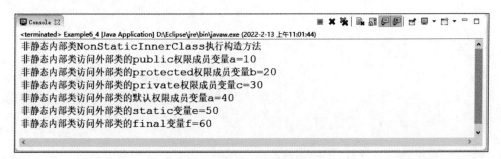

图 6.6　非静态内部类实例输出

【程序说明】

程序中定义了非静态内部类 NonStaticClass。程序第 12 行被注释的代码定义的是静态变量,这在非静态内部类中是不允许的;程序第 17～22 行表明,内部类可以访问其所在外部类的包括 static 和 final 类型的所有成员变量(成员方法也可)。

6.3.2　静态内部类

在定义内部类时,如果将之声明为 static,则该类是静态内部类。其特征为:

- 静态内部类的访问权限可以声明为 public、protected、private 或默认。
- 静态内部类只能访问外部类中的静态成员,不能访问外部类中的非静态成员。
- 静态内部类中,可以定义静态和非静态的成员变量和方法,其访问权限可以是 public、protected、private 或默认。

ex6_5

【例 6-5】 静态内部类实例。

```
0001 public class Example6_5 {
0002    public int a = 10;
0003    protected int b = 20;
0004    private int c = 30;
0005    int d = 40;
0006    static int e = 50;
0007    final int f = 60;
0008    static class StaticInnerClass
0009    {
0010        int x;
0011        static int y;
0012        StaticInnerClass()
0013        {
0014            System.out.println("静态内部类 StaticInnerClass 执行构造方法");
0015            x = 100;
0016            y = 200;
0017            //System.out.println("静态内部类不能访问外部类的 public 权限成员
                    变量 a=" + a);
0018            //System.out.println("静态内部类不能访问外部类的 protected 权限
                    成员变量 b=" + b);
0019            //System.out.println("静态内部类不能访问外部类的 private 权限成
                    员变量 c=" + c);
0020            //System.out.println("静态内部类不能访问外部类的默认权限成员变
                    量 a=" + d);
0021            System.out.println("静态内部类访问外部类的 static 变量 e=" + e);
0022            //System.out.println("静态内部类不能访问外部类的 final 变量
                    f=" + f);
0023        }
0024    }
0025    public static void main(String[] args)
0026    {
0027        StaticInnerClass sc = new Example6_5.StaticInnerClass();
0028    }
0029 }
```

【运行结果】

程序运行结果如图 6.7 所示。

Console ♨
<terminated> Example6_5 [Java Application] D:\Eclipse\jre\bin\javaw.exe (2022-2-13 上午11:02:30)
静态内部类StaticInnerClass执行构造方法
静态内部类访问外部类的static变量e=50

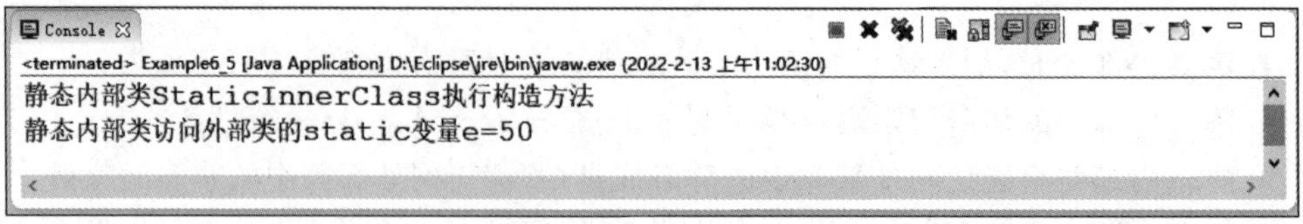

图 6.7 静态内部类实例输出

【程序说明】

程序中定义了静态内部类 StaticInnerClass。程序第 10 行、第 11 行代码显示,静态内部类中可以定义静态和非静态的成员变量(方法);程序第 17～20 行及第 22 行被注释的代码表明,静态内部类不能访问外部类的非静态成员变量(方法)。

6.3.3　局部内部类

在方法中定义的局部类称为局部内部类。其特征为:

- 局部内部类的访问权限不能加任何访问控制修饰符,包括 public、protected、public 和 static。
- 在局部内部类中,可以访问外部类的所有成员。
- 在局部内部类中,可以定义非静态的成员变量和方法,其访问权限可以是 public、protected、private 或默认。
- 在局部内部类中,可以访问其所在方法的 final 类型的成员,不能访问非 final 成员。

【例 6-6】　局部内部类实例。

ex6_6

```
0001 public class Example6_6
0002 {
0003    public int a = 10;
0004    protected int b = 20;
0005    private int c = 30;
0006    int d = 40;
0007    static int e = 50;
0008    final int f = 60;
0009    void method()
0010    {
0011      int x = 3;
0012      final int y = 23;
0013      class LocalInnerClass
0014      {
0015        LocalInnerClass()
0016        {
0017          System.out.println("局部内部类 LocalInnerClass 执行构造方法");
0018          System.out.println("局部内部类访问外部类的 public 权限成员变量 a=" + a);
0019          System.out.println("局部内部类访问外部类的 protected 权限成员变量 b=" + b);
0020          System.out.println("局部内部类访问外部类的 private 权限成员变量 c=" + c);
0021          System.out.println("局部内部类访问外部类的默认权限成员变量 d=" + d);
```

```
0022              System.out.println("局部内部类访问外部类的 static 变量 e=" + e);
0023              System.out.println("局部内部类访问外部类的 final 变量 f=" + f);
0024              //System.out.println("局部内部类不能访问方法中的非 final 变
                  量 x=" + x);
0025              System.out.println("局部内部类访问方法中的 final 变量 y=" + y);
0026          }
0027       }
0028       LocalInnerClass lic = new LocalInnerClass();
0029    }
0030    public static void main(String[] args)
0031    {
0032       Example6_6 t = new Example6_6();
0033       t.method();
0034    }
0035 }
```

【运行结果】

程序运行结果如图 6.8 所示。

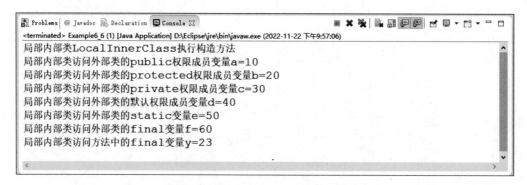

图 6.8 局部内部类实例输出

【程序说明】

程序第 13~27 行定义了内部类 LocalInnerClass,该类定义在方法 method()内,所以属于局部内部类;程序第 17~23 行显示,局部内部类能够访问外部内的所有成员变量(方法);程序第 24 行、第 25 行表明,局部内部类不能访问其所在方法的非 final 类型变量,但能够访问其所在方法的 final 类型变量。

◇ 6.4 匿 名 类

匿名类,是指没有类名的类。使用匿名类时需直接使用 new 语句来创建匿名类的对象,其语法格式为:

```
new 类名或接口名()
{
    类体
};
```

如上所示的语法中,类名/接口名是匿名类需要继承(实现)的父类(接口),匿名类需要重写(实现)父类(接口)中的方法。

【例 6-7】 匿名类实例。

ex6_7

```
0001 interface Listener
0002 {
0003    public void mouseClicked();
0004 }
0005 public class Example6_7
0006 {
0007    public static void main(String[] args)
0008    {
0009        Listener l = new Listener()
0010        {
0011            public void mouseClicked()
0012            {
0013                System.out.println("【监测到事件】鼠标左键按下");
0014            }
0015        };
0016        l.mouseClicked();
0017    }
0018 }
```

【运行结果】

程序运行结果如图 6.9 所示。

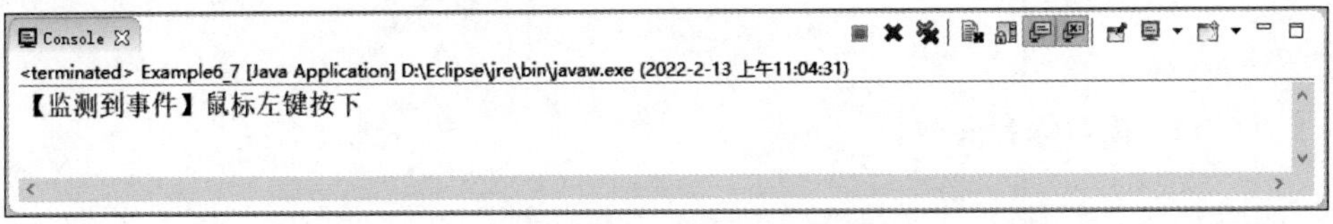

```
□ Console ☆                          ■ × ☜ │ ▶ ◙ ■ ▣ │ ◙ ◘ ▾ ◘ ▾ ▭ □
<terminated> Example6_7 [Java Application] D:\Eclipse\jre\bin\javaw.exe (2022-2-13 上午11:04:31)
【监测到事件】鼠标左键按下
```

图 6.9 匿名类实例输出

【程序说明】

程序第 9~15 行创建了一个匿名类的对象,该匿名类实现了接口 Listener 并对接口中的方法 mouseClicked()进行了具体的定义。

从例 6-7 可以看出,使用匿名类可以一定程度上简化程序的代码,但代码的可读性会受到一定影响,因此使用时需谨慎。匿名类主要用在 Java 事件处理部分,在后续章节将继续讨论。

6.5 综合实验

【实验目的】

- 掌握定义接口的方法。
- 掌握接口实现的方法。
- 理解向上转型及接口多态性。

【实验内容】

使用面向对象程序设计方法完成如下设计。

- 设计复数类 Complex,包含类成员变量实部和虚部,方法包括构造方法和输出复数的方法。
- 设计接口 Computable,包含抽象方法 compute(Complex a, Complex b)。
- 设计 4 个类 Add、Sub、Mul 和 Div,分别实现接口 Computable,完成复数的加、减、乘、除运算。
- 设计类 Computer,包含方法 useCompute(Computable c,Complex a,Complex b),进行运算并输出结果。
- 在主方法中调用 Computer 类的对象的 useCompute()方法进行测试。

程序运行结果如图 6.10 所示。

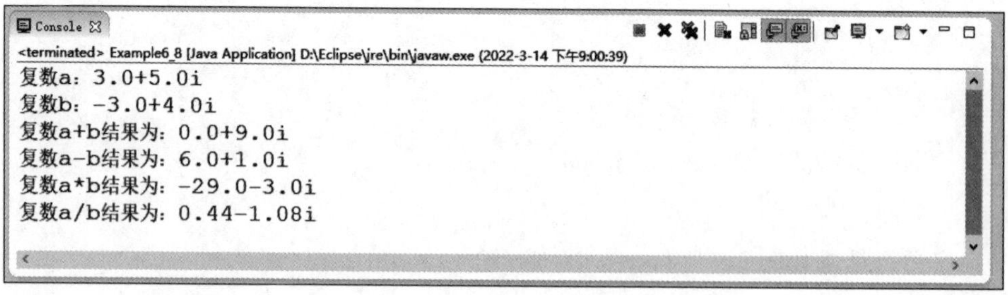

```
Console ☒                                    ■ ✖ ✖ | ▤ ▦ ⌨ ⌨ | ⌨ ⌨ ▾ ⌨ ▾ ▭ ▭
<terminated> Example6_8 [Java Application] D:\Eclipse\jre\bin\javaw.exe (2022-3-14 下午9:00:39)
复数a: 3.0+5.0i
复数b: -3.0+4.0i
复数a+b结果为: 0.0+9.0i
复数a-b结果为: 6.0+1.0i
复数a*b结果为: -29.0-3.0i
复数a/b结果为: 0.44-1.08i
```

图 6.10　接口综合实验输出

ex6_8

【例 6-8】　接口综合实验。

```
0001 class Complex
0002 {
0003     private float real, image;
0004     public float getReal()
0005     {
0006         return real;
0007     }
0008     public void setReal(float real)
```

```
0009     {
0010         this.real = real;
0011     }
0012     public float getImage()
0013     {
0014         return image;
0015     }
0016     public void setImage(float image)
0017     {
0018         this.image = image;
0019     }
0020     Complex(float real, float image)
0021     {
0022         this.real = real;
0023         this.image = image;
0024     }
0025     Complex(float real)
0026     {
0027         this(real, 0);
0028     }
0029     void showComplex()
0030     {
0031         if(image > 0)
0032             System.out.println(real + "+" + image + "i");
0033         else if(image == 0)
0034             System.out.println(real);
0035         else
0036             System.out.println(real + "-" + (-image) + "i");
0037     }
0038 }
0039 interface Computable
0040 {
0041     Complex compute(Complex a, Complex b);
0042 }
0043 class Add implements Computable
0044 {
0045     public Complex compute(Complex a, Complex b)
0046     {
0047         return new Complex(a.getReal() + b.getReal(), a.getImage() + b.
         getImage());
0048     }
0049 }
0050 class Sub implements Computable
```

```
0051 {
0052     public Complex compute(Complex a, Complex b)
0053     {
0054         return new Complex(a.getReal() - b.getReal(), a.getImage() - b.
         getImage());
0055     }
0056 }
0057 class Mul implements Computable
0058 {
0059     public Complex compute(Complex a, Complex b)
0060     {
0061         return new Complex(a.getReal() * b.getReal() - a.getImage() * b.
         getImage(),
0062             a.getReal() * b.getImage() + a.getImage() * b.getReal());
0063     }
0064 }
0065 class Div implements Computable
0066 {
0067     public Complex compute(Complex a, Complex b)
0068     {
0069         return new Complex((a.getReal() * b.getReal() + a.getImage() * b.
         getImage())
0070             /(b.getReal() * b.getReal() + b.getImage() * b.getImage()),
0071             (a.getImage() * b.getReal() - a.getReal() * b.getImage())
0072             /(b.getReal() * b.getReal() + b.getImage() * b.getImage()));
0073     }
0074 }
0075 class Computer
0076 {
0077     Complex useCompute(Computable c, Complex a, Complex b)
0078     {
0079         return c.compute(a, b);
0080     }
0081 }
0082 public class Example6_8
0083 {
0084     public static void main(String[] args)
0085     {
0086         Complex a = new Complex(3.0f, 5.0f);
0087         Complex b = new Complex(-3.0f, 4.0f);
0088         Computable add = new Add();
```

```
0089        Computable sub = new Sub();
0090        Computable mul = new Mul();
0091        Computable div = new Div();
0092        Computer c = new Computer();
0093        System.out.print("复数 a: ");
0094        a.showComplex();
0095        System.out.print("复数 b: ");
0096        b.showComplex();
0097        System.out.print("复数 a+b 结果为: ");
0098        c.useCompute(add, a, b).showComplex();
0099        System.out.print("复数 a-b 结果为: ");
0100        c.useCompute(sub, a, b).showComplex();
0101        System.out.print("复数 a * b 结果为: ");
0102        c.useCompute(mul, a, b).showComplex();
0103        System.out.print("复数 a/b 结果为: ");
0104        c.useCompute(div, a, b).showComplex();
0105    }
0106 }
```

【程序说明】

程序第 1~38 行定义了复数类,其定义与例 4-10 类似,不同之处在于该类为私有成员变量 real 和 image 增加了公有的 get()和 set()方法,便于访问;程序第 39~42 行定义了接口 Computable,其中声明了抽象方法 compute();程序第 43~74 行分别定义了 Add、Sub、Mul 和 Div 类,分别实现接口 Computable,重写方法 compute();程序第 75~81 行定义类 Computer,其中的 useCompute()方法会根据参数 c 的动态类型调用不同类的 compute()方法,实现复数的加、减、乘或除的功能,从而体现接口的多态性。

◆ 6.6 小 结

使用关键字 abstract 声明的类为抽象类,抽象类中可以包含没有具体实现的抽象方法且不能直接实例化。如果需使用抽象类的实例,则需要首先继承抽象类,然后实例化其子类的对象方可使用。

接口是 Java 语言实现多重继承的重要手段,也称为纯抽象类,因此接口中只可以包含抽象方法和常量。类可以实现多个接口,但必须定义接口中声明的所有抽象方法。接口中只有抽象方法,必须在实现它的类中具体定义,因此接口也是 Java 中体现多态性的重要手段。

内部类是定义在类的内部的类,分为非静态内部类、静态内部类和局部内部类 3 种类型,每种内部类都有其特定的访问权限。匿名类是指没有类名的类,在使用时直接使用 new 语句创建类的实例,多用于 Java 事件的处理。

◆ 6.7 习　　题

1. 什么叫作抽象方法？什么叫作抽象类？它们之间的关系是什么？
2. 什么叫作接口？在 Java 中为什么要引入接口？
3. 如何实例化抽象类的对象？如何实例化接口的对象？
4. 什么叫作内部类？内部类有几种类型？
5. 什么叫作匿名类？为什么需要使用匿名类？
6. 请分析为什么接口中的成员变量默认都具有 static 和 final 属性。
7. 分析如下程序代码输出。

```java
abstract class Shape
{
    abstract void draw();
    Shape()
    {
        System.out.println("Shape before draw()");
        draw();
        System.out.println("Shape after draw()");
    }
}
class RoundShape extends Shape
{
    int radius = 10;
    void draw()
    {
        System.out.println("RoundShape.draw(), radius=" + radius);
    }
    RoundShape(int r)
    {
        radius = r;
        System.out.println("RoundShape.RoundShape(), radius=" + radius);
    }
}
public class Exe6_7
{
    public static void main(String[] args)
    {
        new RoundShape(5);
    }
}
```

8. 阅读如下程序代码，分析错误位置和原因。

```
interface Intl1
{
    void func();
}
interface Intl2
{
    int func(int i);
}
interface Intl3
{
    int func();
}
interface Intl4 extends Intl1, Intl3
{
}
class A
{
    public int func()
    {
        return 10;
    }
}
class B implements Intl1, Intl2
{
    public int func(int i)
    {
        return 5;
    }
    public void func()
    {}
}
class C implements Intl2
{
    public int func(int i)
    {
        return 20;
    }
}
class D extends A implements Intl1
{}
```

9. 分析如下程序代码的输出。

```java
interface IntlA
{
    int x = 10;
}
interface IntlB
{
    float y = 3.14f;
}
class A implements IntlA, IntlB
{
    A()
    {
        System.out.println("调用类 A 的构造方法");
    }
}
class B implements IntlA
{
    B()
    {
        System.out.println("调用类 B 的构造方法");
    }
    IntlB makeB()
    {
        return new IntlB()
        {};
    }
}
public class Exe6_9 {
    static void getA(IntlA a)
    {
        System.out.println("x=" + a.x);
    }
    static void getB(IntlB b)
    {
        System.out.println("y=" + b.y);
    }
    public static void main(String[] args)
    {
        A a = new A();
        B b = new B();
        getA(a);
```

```
        getA(b);
        getB(a);
        getB(b.makeB());
    }
}
```

6.8 实　　验

实验一：使用面向对象程序设计方法完成如下设计。

- 设计接口 Playable，包含方法 play() 和 info()。
- 设计类 Wind(管乐器)、Percussion(打击乐器) 和 Stringed(弦乐器)，上述 3 个类均需实现 Playable 接口。
- 设计类 SymphonyOrchestra(交响乐团)，包含成员变量为 Playable 类型的数组，方法包括构造方法(该方法参数为 Playable 类型的数组)、showInfo() 方法(用于输出乐队中所有乐器信息)、tuneAll() 方法(演奏所有乐器)。
- 在主方法中创建乐器和交响乐队，调用 showInfo() 和 tuneAll() 方法。

程序运行结果如图 6.11 所示。

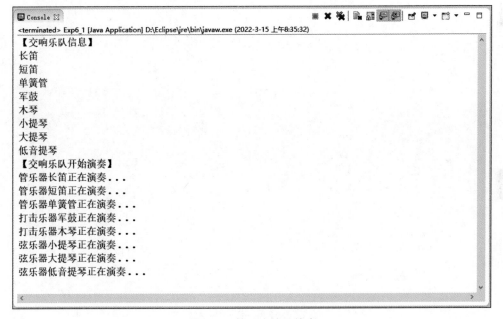

图 6.11　接口实验一输出

实验二：使用面向对象程序设计方法完成如下设计。

- 设计接口 A，包含常量 PI(圆周率)、方法 area()(求面积) 和 volume()(求体积)。
- 设计接口 B，包含方法 setColor(String s)(设置颜色)。
- 设计接口 C，该接口继承 A 和 B。

- 定义类 Cylinder（圆柱体）实现接口 C，包含成员变量 radius（半径）、height（高）和 color（颜色），方法包含构造方法和 showInfo()方法（输出圆柱体的相关信息）。
- 在主方法中创建圆柱体类的对象并测试相关方法。

程序运行结果如图 6.12 所示。

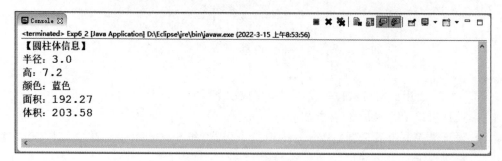

图 6.12　接口实验二输出

Java 异常处理

本章学习目标

- 了解 Java 中异常的概念和分类。
- 掌握异常处理的两种常用方式。
- 掌握自定义异常及其使用方法。

　　程序员在编写代码的过程中,难免会产生一些错误,这些错误如果在编译期间被发现,是比较容易纠正并得到解决的。然而,并非所有的错误在程序编译期间都能察觉,部分错误在程序执行期间才会暴露出来。在 C 语言或者更早期的语言中,程序员会在代码中加入错误处理的代码,以处理程序运行过程中产生的错误。在 Java 中,引入了所谓"异常"机制,专门用于处理错误的程序代码,这样做可不必在业务处理的代码中混入错误处理的代码,使得程序更加清晰明了,提升代码的可读性,便于程序的编写和调试。

◆ 7.1　Java 异常

　　针对 Java 程序运行过程中出现的突发情况,如数组的下标越界、读取的文件不存在、网络链接失效等,Java 语言中引入了异常(Exception)的概念,并以异常类的形式对这些突发情况进行了封装,通过异常处理机制对此类情况进行处理。为了更好地理解什么是异常,下面通过一个具体实例来介绍。

　　【例 7-1】　出现异常的实例。

```
0001 public class Example7_1
0002 {
0003    public static void main(String[] args)
0004    {
0005        int x = 6;
0006        int y = 6;
0007        double z = 12/(x - y);
0008        System.out.println(z);
0009    }
0010 }
```

ex7_1

【运行结果】

程序运行结果如图 7.1 所示。

```
Console ☒                                      ■ ✖ ✖ | 🗎 🗐 🗗 🗗 | 🗗 🗐 ▾ 🗂 ▾ 🗖 ▾ 🗖 ▾
<terminated> Example7_1 (1) [Java Application] D:\Eclipse\jre\bin\javaw.exe (2022-2-13 下午4:30:08)
Exception in thread "main" java.lang.ArithmeticException: / by zero
        at chapter7.Example7_1.main(Example7_1.java:8)

<
```

图 7.1　出现异常的实例输出

【程序说明】

程序第 7 行中,由于 x-y 的值为 0,因此出现了除数为 0 的错误,这种突发情况就称为异常。由如图 7.1 所示的运行结果可知,程序报出了"java.lang.ArithmeticException:/by zero"的异常信息,当该异常发生后,程序立即结束,无法继续往下执行。

为了增强程序的容错性,在实际开发过程中,即使有异常发生,用户希望通过相应的措施处理该异常,而不是终止程序的运行。Java 提供了专门用于解决异常的处理机制,即通过定义在 Java 标准库中的异常类来处理异常问题,这些类均以 Throwable 类为顶层父类。

图 7.2 展示了异常类的继承体系,所有异常类均继承自 Throwable 类,它派生出 Error 类和 Exception 类,二者都是 Java 异常处理的重要子类。异常和错误的主要区别是:异常能被程序本身所处理,而错误则无法处理。下面分别介绍 Error 类和 Exception 类。

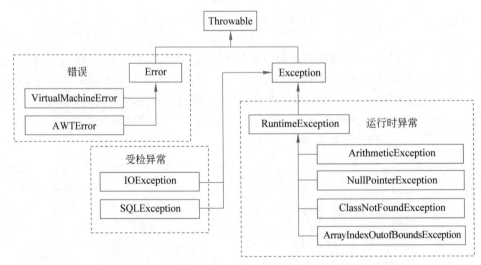

图 7.2　Java 异常体系结构图

Error 类称为错误类,对于所有编译时期的错误以及系统错误都是通过 Error 抛出的。这些错误表示故障发生于虚拟机自身或者发生在虚拟机试图执行应用时,如 Java 虚拟机运行错误(VirtualMachineError)、类定义错误(NoClassDefFoundError)等。

Exception 类称为异常类,是程序本身可以处理的异常,并且程序中也应尽可能去处理此类异常。这种异常主要分为两大类:运行时异常和非运行时异常。

1. 运行时异常

运行时异常是指 RuntimeException 类及其子类的异常,如 NullPointerException、IndexOutOfBoundsException 等,这些异常也称为非受检异常,程序中可以选择捕获处理,也可不处理。这些异常一般是由程序逻辑错误引起的,程序员应该从逻辑角度检查程序,尽可能避免该类异常的发生。

2. 非运行时异常

非运行时异常是指 RuntimeException 以外的异常,也称受检异常。此类异常必须进行处理,如果不处理,程序是无法通过编译的,如 IOException、SQLException 等异常,以及用户自定义的 Exception 异常。

◆ 7.2　异常的处理

在编写代码处理异常时,有两种不同的处理方式:一种是使用 try…catch…finally 语句块来处理;另一种是在方法定义时使用 throws 声明异常,并在方法体内使用 throw 抛出异常,该方法自身不处理,而是交给方法的调用者去处理。下面分别介绍这两种处理方式。

7.2.1　try…catch…finally 语句块

使用 try…catch…finally 语句块捕获异常的语法格式如下。

```
try
{
    可能产生异常的代码
}
catch(ExceptionName e)
{
    异常处理的代码
}
finally
{
    需统一处理的代码
}
```

上述代码中,try 子句中的是可能产生异常的语句,catch 子句中的代码用于对捕获的异常进行处理,而 finally 中的代码无论是否发生异常都要被执行。

ex7_2

【例 7-2】 try…catch…finally 捕获异常实例。

```
0001 public class Example7_2
0002 {
0003    public static void main(String[] args)
0004    {
0005       try
0006       {
0007          calculate(5, 0);
0008       }
0009       catch(Exception e)
0010       {
0011          e.printStackTrace();
0012          System.out.println("异常处理完毕!");
0013       }
0014       finally
0015       {
0016           System.out.println("此处代码无论异常是否发生均执行!");
0017       }
0018    }
0019    public static double calculate(int a, int b)
0020    {
0021       double c = a / b;
0022       return c;
0023    }
0024 }
```

【运行结果】

程序运行结果如图 7.3 所示，

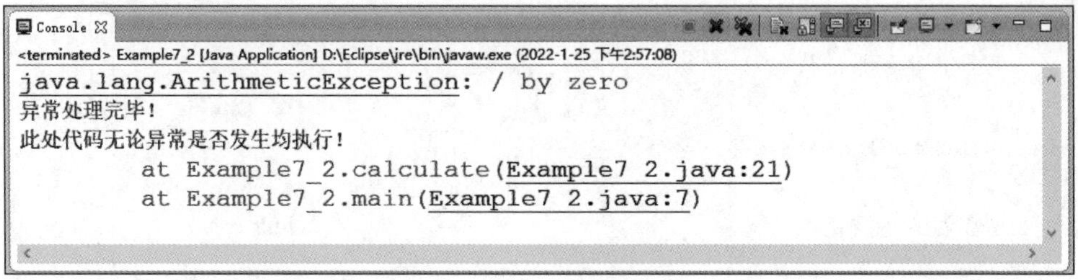

```
Console ☒
<terminated> Example7_2 [Java Application] D:\Eclipse\jre\bin\javaw.exe (2022-1-25 下午2:57:08)
java.lang.ArithmeticException: / by zero
异常处理完毕!
此处代码无论异常是否发生均执行!
        at Example7_2.calculate(Example7_2.java:21)
        at Example7_2.main(Example7_2.java:7)
```

图 7.3 try…catch…finally 捕获异常实例输出

【程序说明】

程序第 19～23 行定义了包含两个参数的 calculate()方法，且该方法中包含除法运算；程序第 5～8 行的 try 代码块中，调用了 calculate()方法，发生除数为零事件，产生了异常；程序第 9～13 行定义的 catch 代码块中，捕获上述除零事件发生的异常并对该异常进行相应处理；程序第 14～17 行，finally 中的语句无论异常是否发生均会被执行，它一般用于回收在 try 语句块占用的资源。输出信息中"java.lang.ArithmeticException：/ by zero"表明程序运行过程中发生了 ArithmeticException(算术异常)。

在实际开发过程中,一段代码中可能会产生多种异常,因此可以在 try 语句后跟上多个 catch 子句,分别处理各种类型的异常,其语法格式如下。

```
try
{
    可能产生异常的代码
}
catch(Exception1 e)
{
    类型 1 异常处理的代码
}
catch(Exception2 e)
{
    类型 2 异常处理的代码
}
catch(Exception3 e)
{
    类型 3 异常处理的代码
}
finally
{
    需统一处理的代码
}
```

通过多个 catch 子句捕获多个不同类型异常时,异常排列的顺序非常重要。Java 的设计原则是,尽可能精准地捕捉异常并处理,因此如果有多个 catch 子句捕获异常,应将子类异常排列在前,父类异常排列在后。试想,如果 catch 子句捕获的第一种异常为 Exception,则所有类型的异常都会被这条 catch 子句捕获,后续的 catch 子句将起不到任何作用,这并非设计者所希望看到的。

如果一段代码可能捕获 IOException 和 FileNotFoundException 两种类型的异常,由于 FileNotFoundException 是 IOException 的子类,则正确的异常捕获排列顺序应为:

```
try
{
    ...
}
catch(FileNotFoundException e)
{
    ...
}
```

```
catch(IOException e)
{
    ...
}
```

【注意】
- try 子句中是可能出现异常的代码，catch 子句中是处理异常的代码，finally 子句包含统一处理的代码，可省略。
- 当一段代码中可能包含多种异常时，catch 子句所捕获异常类型的顺序是从特殊到一般。
- 当代码段中第一个异常被 catch 子句捕获时，该 catch 子句之后的所有 catch 子句不会再捕获任何异常。

7.2.2　throws 关键字

除了 try…catch…finally 语句块以外，使用 throws 关键字是另一种处理异常的方式，它用于在方法定义时声明可能抛出的异常类型，其语法格式如下。

```
[修饰符] 返回值类型 方法名([参数列表]) throws 异常类型 1, 异常类型 2, 异常类型 3, …
{
    方法体
}
```

需要说明的是。
- 使用 throws 关键字声明的方法，自身不处理异常，而是将异常抛给方法的调用者去处理。
- 如果该方法可能会抛出多种异常，则在各种异常之间以逗号隔开。

【例 7-3】　利用 throws 关键字处理异常实例。

ex7_3

```
0001 public class Example7_3
0002 {
0003    public static void main(String[] args)
0004    {
0005        int[] a = new int[5];
0006        try
0007        {
0008            setArrayElem(a, 10, 5);
0009        }
0010        catch(ArrayIndexOutOfBoundsException e)
0011        {
0012            System.out.println("数组越界错误!");
0013            System.out.println("异常: " + e);
```

```
0014            System.out.println("程序结束。");
0015        }
0016    }
0017    private static void setArrayElem(int[] a, int index, int b)
        throws ArrayIndexOutOfBoundsException
0018    {
0019        a[index] = b;
0020    }
0021 }
```

【运行结果】

程序运行结果如图 7.4 所示。

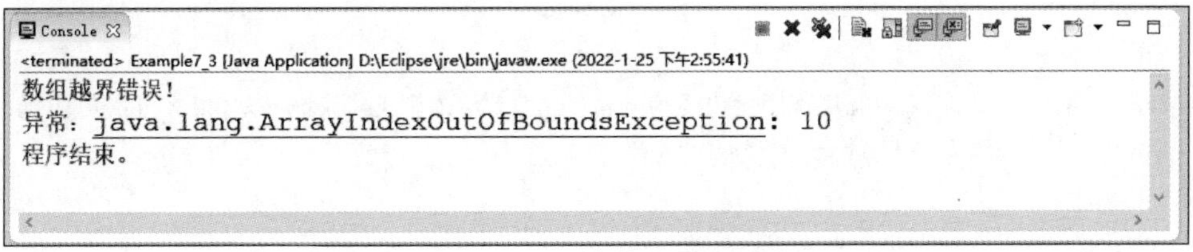

图 7.4　利用 throws 关键字处理异常实例输出

【程序说明】

程序第 17～20 行定义了 setArrayElem()方法,用于对数组指定下标的元素赋值,并在该方法上声明了 ArrayIndexOutOfBoundsException(数组索引越界)的异常,但在 setArrayElem()方法中不处理异常,而是交给其调用者处理,即在 main()方法的第 10～15 行代码中,对调用 setArrayElem()产生的异常进行了处理。

7.3　抛　出　异　常

异常处理有两种方式,分别是使用 try…catch…finally 语句块和在方法声明中使用 throws 关键字声明可能抛出的异常类型。前者将在 try 子句中产生的异常通过 catch 子句捕获并处理;后者将方法中产生的异常抛出,留待方法的调用者去处理,该方法自身并不对异常做任何处理。

如果在方法体内需要将异常抛出,则应使用关键字 throw,其语法格式如下。

```
[修饰符]返回值类型方法名([参数列表]) throws 异常类型 1, 异常类型 2, 异常类型 3, …
{
    …
    throw 异常对象;
    …
}
```

【注意】

- throw 和 throws 通常成对出现,前者用于将异常抛出,后者在方法声明中列出该方法内可能抛出的异常列表。
- 如果抛出的是受检异常,在方法声明中必须使用 throws 关键字声明异常类型、或使用 try…catch 子句捕获;如果抛出的是运行时异常,则不必如此。
- throws 关键字后面的异常类型排列没有顺序要求。

【例 7-4】 利用 throw 关键字抛出异常对象实例。

ex7_4

```
0001 public class Example7_4
0002 {
0003    public static void main(String[] args)
0004    {
0005        try
0006        {
0007            //调用声明抛出受检异常的方法,要么显式捕获该异常,要么再次声明抛出
0008            throwChecked(3);
0009        }
0010        catch(Exception e)
0011        {
0012            System.out.println(e.getMessage());
0013        }
0014        //调用声明抛出 Runtime 异常的方法既可以显式捕获该异常,也可不理会该
            //异常
0015        throwRuntime(3);
0016    }
0017    public static void throwChecked(int a) throws Exception
0018    {
0019        if(a > 0)
0020            //自行抛出受检异常,该代码必须处于 try 块里,或处于带 throws 声明的
                //方法中
0021            throw new Exception("受检异常: a 的值大于 0,不符合要求");
0022    }
0023    public static void throwRuntime(int a)
0024    {
0025        if(a > 0)
0026            //自行抛出运行时异常,可不理会该异常,交给该方法调用者处理
0027            throw new RuntimeException("运行时异常: a 的值大于 0,不符合要求");
0028    }
0029 }
```

【运行结果】

程序运行结果如图 7.5 所示。

图 7.5　利用 throw 关键字抛出异常对象实例输出

【程序说明】

程序中定义了两个方法 throwChecked()方法和 throwRuntime()方法,前者通过 throw 抛出一个受检异常对象,后者通过 throw 抛出一个运行时异常。通过上述代码可知,如果 throw 抛出的异常是受检异常,则该 throw 语句要么处在 try 块中,显式捕获该异常;要么如程序第 17 行所示,将之置于带 throws 声明的方法中,将该异常交给方法的调用者处理;如果 throw 语句抛出的异常是运行时异常,则该语句无须放在 try 块中,也无须放在带 throws 声明抛出的方法中,如程序第 15 行所示。

◆ 7.4　自定义异常

通过上文介绍,Java 内置的异常类可处理编程时出现的大部分异常情况。但在实际开发中,有时需描述程序中特有的异常情况,Java 提供的内置异常类无法处理。为了实现这一功能,Java 允许用户自定义异常,自定义的异常必须继承自 Exception 类或其子类。

【例 7-5】 自定义异常实例。

ex7_5

```
0001 class MyException extends Exception
0002 {
0003    private int detail;
0004    MyException(int a)
0005    {
0006       detail = a;
0007    }
0008    public String toString()
0009    {
0010       return "MyException[" + detail + "]";
0011    }
0012 }
0013 public class Example7_5
0014 {
0015    static void compute(int a) throws MyException
0016    {
0017       System.out.println("调用 compute(" + a + ")");
```

```
0018        if(a > 10)
0019            throw new MyException(a);
0020        System.out.println("正常退出!");
0021    }
0022    public static void main(String args[])
0023    {
0024        try
0025        {
0026            compute(1);
0027            compute(20);
0028        }
0029        catch(MyException e)
0030        {
0031            System.out.println("捕捉 " + e);
0032        }
0033    }
0034 }
```

【运行结果】

程序运行结果如图 7.6 所示。

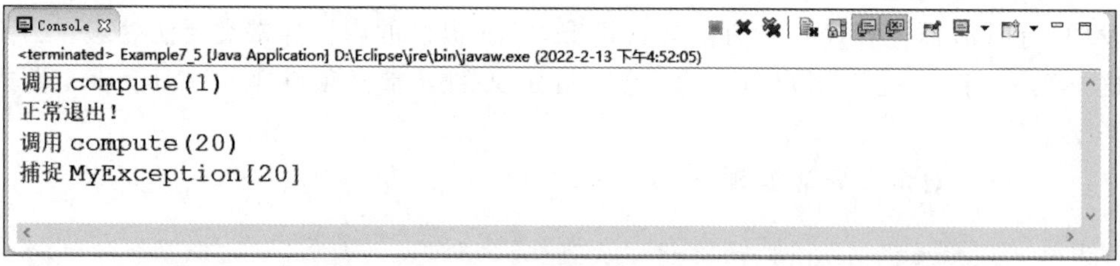

图 7.6 自定义异常捕获和处理实例输出

【程序说明】

程序第 1～12 行定义一个继承自 Exception 类的名为 MyException 的自定义异常类,在该类构造方法中设置私有变量 detail 的值;在主类 Example7_5 中,定义了 compute()方法,并且在该方法上使用 throws 关键字声明了自定义异常 MyException;程序第 18～19 行,根据传入参数 a 的值,判断是否通过 throw 关键字抛出自定义异常对象;程序第 26～27 行,两次调用可能产生异常的 compute()方法;程序第 29～32 行,catch 代码块中对捕获的自定义异常进行处理。

◆ 7.5 综合实验

【实验目的】

● 理解 Java 异常机制。

- 掌握异常处理的两种常用方法。
- 掌握自定义异常的方法。

【实验内容】

使用 Java 异常完成如下设计，其要求如下。

- 设计类 Triangle(三角形)，成员变量包括三角形 3 条边长，方法包括构造方法和 showInfo()方法(显示三角形三条边长等信息)。
- 自定义异常类 NotTriangleException，当 3 条边的边长不能构成三角形时，则抛出异常、捕获异常并处理。
- 在主方法中分别创建能构成三角形的对象和不能构成三角形的对象，测试相关方法。

程序运行结果如图 7.7 所示。

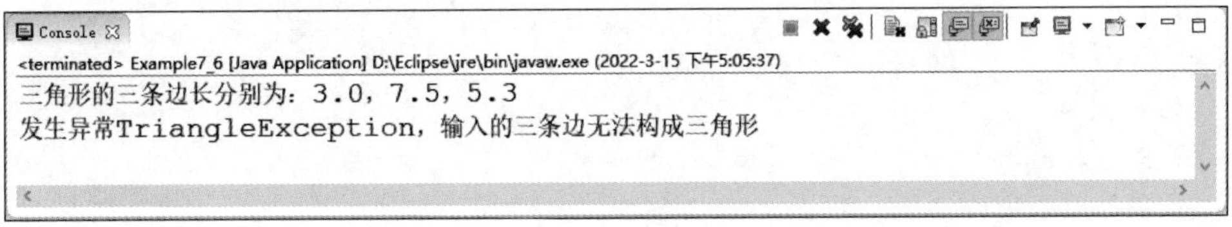

```
Console ⊠                                        ▣ ✕ ❀ | ▣ ▦ ⧉ ⊞ | ⊡ ▥ ▾ ⊡ ▾ ⊡ ▾ ⊡
<terminated> Example7_6 [Java Application] D:\Eclipse\jre\bin\javaw.exe (2022-3-15 下午5:05:37)
三角形的三条边长分别为: 3.0, 7.5, 5.3
发生异常TriangleException, 输入的三条边无法构成三角形
◄
```

图 7.7　自定义异常综合实验输出

【例 7-6】　自定义异常综合实验。

ex7_6

```
0001 class Triangle
0002 {
0003    double a, b, c;
0004    Triangle(double a, double b, double c) throws NotTriangleException
0005    {
0006       if(a + b > c && b + c > a && c + a > b)
0007       {
0008          this.a = a;
0009          this.b = b;
0010          this.c = c;
0011       }
0012       else
0013          throw new NotTriangleException();
0014    }
0015    void showInfo()
0016    {
0017       System.out.print("三角形的三条边长分别为: ");
0018       System.out.println(a + "," + b + "," + c);
0019    }
0020 }
0021 class NotTriangleException extends Exception
```

```
0022 {
0023    public String toString()
0024    {
0025        return "发生异常 TriangleException,输入的三条边无法构成三角形";
0026    }
0027 }
0028 public class Example7_6
0029 {
0030    public static void main(String[] args)
0031    {
0032        try
0033        {
0034            Triangle t1 = new Triangle(3.0, 7.5, 5.3);
0035            t1.showInfo();
0036            Triangle t2 = new Triangle(1.0, 2.5, 10.3);
0037            t2.showInfo();
0038        }
0039        catch(NotTriangleException e)
0040        {
0041            System.out.println(e);
0042        }
0043    }
0044 }
```

【程序说明】

程序第 21~27 行自定义异常类 NotTriangleException,其中重写了 toString()方法,输出异常信息;程序第 4 行,Triangle 类的构造方法头中使用关键字 throws 声明方法中可能抛出 NotTriangleException 异常类;程序第 13 行,当输入的 3 条边长不能构成三角形时,调用关键字 throw 抛出 NotTriangleException 异常;程序第 32~38 行,在 try 子句中创建了两个三角形实例,第一个边长分别为 3.0、7.5 和 5.3,可以构成三角形,第二个边长分别为 1.0、2.5 和 10.3,无法构成三角形,该异常在 catch 子句被捕获,输出异常信息。

◆ 7.6 小 结

程序在执行期间产生的一些不常见或意外情况称为异常,异常会导致程序的中断。Java 中引入异常机制,主要是为了提升程序的容错性、健壮性和可读性。异常产生的原因可能是代码的错误、JVM 内部错误或程序员主动抛出异常。一般而言,异常可以分为错误、运行时异常和非运行时异常 3 种类型。

异常处理主要包含两种方式。第一种是使用 try…catch…finally 捕获特定类型的异常并处理;第二种是在方法声明时使用 throws 告知系统可能抛出的异常种类,但方法本身并不包含处理异常的代码,只是将之抛给方法的调用者去处理。

关键字 throw 的作用是在方法中抛出特定类型的异常，使用时需要在方法声明中利用 throws 声明可能抛出的异常类型。Java 中还提供了自定义异常，用户可从类 Exception 或其子类继承并根据需要设计异常类，满足特定的需求。

◆ 7.7　习　　题

1. 请阐述异常(Exception)和错误(Error)的区别。
2. 请说明处理异常有哪几种常见的方式？
3. final、finally 和 finalize 都是 Java 里的关键字，试简述三者有何区别。
4. 请说明关键字 throw 和 throws 有何不同。
5. 分析如下程序代码的输出。

```java
public class Exe7_5
{
    public static void main(String args[])
    {
        try
        {
            int x[] = new int[-5];
            System.out.println("此行将无法被执行!");
        }
        catch(NegativeArraySizeException e)
        {
            System.out.println("exception:" + e.getMessage());
        }
    }
}
```

6. 分析如下程序代码的输出。

```java
public class Exe7_6
{
    public static int test(int b)
    {
        try
        {
            b += 10;
            return b;
        }
        catch(Exception e)
        {
            return 1;
```

```
            }
        finally
        {
            b += 10;
            return b;
        }
    }
    public static void main(String[] args)
    {
        int num = 10;
        System.out.println(test(num));
    }
}
```

7. 假设要输入的 id 值为 a101,name 值为 Tom,分析程序的执行结果。

```
import java.util.InputMismatchException;
import java.util.Scanner;
public class Exe7_7
{
    public static void main(String[] args)
    {
        Scanner input = new Scanner(System.in);
        try
        {
            int id = input.nextInt();
            String name = input.next();
            System.out.println("id = " + id + "\n" + "name" + name);
        }
        catch(InputMismatchException ex)
        {
            System.out.println("输入数据不合规范");
            System.exit(1);
            ex.printStackTrace();
        }
        finally
        {
            System.out.println("输入结束");
        }
    }
}
```

◇ 7.8　实　　验

实验一：使用 Java 异常设计并编写程序，其要求如下。

- 设计类 Equation（方程），成员变量包括一元二次方程的 3 个参数 a、b 和 c，方法包括构造方法、solution()方法（求解一元二次方程的实数根）和 showInfo()方法（显示方程式和方程的实数根）。
- 自定义异常类 NoSolutionException，当一元二次方程无实数根时，则抛出该异常，并捕获和处理。
- 在主方法中分别创建有实数根和无实数根的一元二次方程，测试相关方法。

程序运行结果如图 7.8 所示。

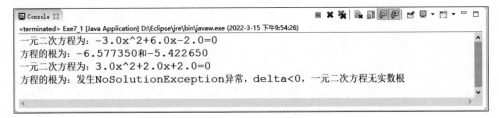

图 7.8　异常实验一输出

第 3 篇　Java 进阶

第
8
章

集 合 类

本章学习目标

- 理解 Java 集合的概念,了解 Java 常用集合类的继承体系。
- 掌握 List 接口的特点及其常用实现类的使用。
- 掌握 Set 接口的特点及其常用实现类的使用。
- 掌握 Map 接口的特点及其常用实现类的使用。
- 理解泛型的概念,掌握泛型类、泛型接口和泛型方法的使用。
- 掌握增强型 for 循环和迭代器的使用。

第 3 章介绍了数组这一数据结构,数组用于存放相同类型的多个元素,不仅能够存放基本的数据类型,还可容纳同一类型的引用对象。然而,Java 中的数组只能存放固定数量的元素,数组一旦创建后其元素数量不可追加,且数组中不能存放不同类型的元素。为了弥补数组的上述不足,方便程序处理可变长度、元素类型不一致的线性结构数据,Java 提供了一系列特殊的类,统称为集合类,集合类都位于 java.util 包中。

◆ 8.1 集合的概念

Java 中的集合是一种容器,它可以存储任意类型的对象(实际存储的是对象的引用),并且容器的长度可动态变化。Java 集合按照其存储结构,可以分为两大类:单列集合 Collection 和双列集合 Map,其相关类的继承关系如图 8.1 所示。

Collection 集合是单列集合类的根接口,用于存储一系列符合特定规则的元素,其中,定义了所有集合的基本操作,如添加、删除、遍历等。Collection 包含两个重要的子接口,分别为 List 和 Set,可提供更加特殊的功能。

Map 集合是双列集合的根接口,类似于散列表(hash table),用于存储具有键(key)和值(value)映射关系的键值对元素。其中,键不可重复,值可以重复,可使用键名来实现对元素的访问。

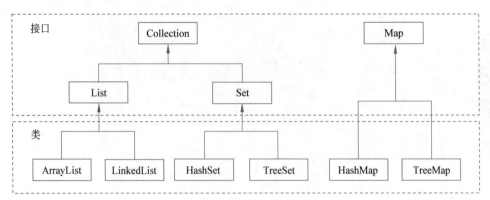

图 8.1 常用集合类的继承关系

8.2 Collection 接口

Collection 接口是 List 接口和 Set 接口的父接口,在 Collection 接口中定义了一些通用方法,可实现对单列集合的基本操作,其常用方法如表 8.1 所示。

表 8.1 Collection 接口定义的常用方法及功能描述

方 法 名 称	功 能 描 述
boolean add(Object obj)	向此集合中添加一个元素 obj
boolean addAll(Collection<?extends E> c)	将集合 c 中的所有元素添加到此集合
boolean remove(Object obj)	将指定元素 obj 从此集合中删除
boolean removeAll(Collection<?> c)	删除同时包含在此集合和集合 c 中的元素
boolean retainAll(Collection<?> c)	保留同时包含在此集合和集合 c 中的元素
boolean contains(Object obj)	判断此集合中是否包含指定元素 obj
boolean containsAll(Collection<?> c)	判断此集合中是否包含集合 c 中的所有元素
boolean isEmpty()	判断此集合是否为空
Iterator<E> iterator()	返回该集合的迭代器
int size()	获取此集合中包含的元素的个数
void clear()	清除此集合中的所有元素
Object[] toArray()	将此集合中所有元素转换为对象数组
Stream<E> stream()	将此集合转换为有序元素的流对象

表 8.1 中列举了 Collection 接口中的一些主要方法,由于从 J2SE 5.0 开始强化了泛型功能,所以部分方法要求入口参数符合泛化类型(关于泛化类型,后面会详细介绍)。另外,stream()方法是 Java SE 8.0 中新增的,用于对集合进行聚合操作。

💠 8.3　List 接口

List 接口继承自 Collection 接口,通常将实现了 List 接口的对象称为 List 集合。List 集合类似于之前介绍的数组,按照线性方式进行元素的存储,其中的元素可重复出现。与数组的元素访问规则类似,用户可以使用索引(类似于数组的下标)来访问 List 集合中的元素。

由于 List 接口继承了 Collection 接口,因此它也继承了 Collection 接口提供的所有方法。此外,List 接口还增加了一些方法,如表 8.2 所示。

表 8.2　List 接口的常用方法

方 法 名 称	功 能 描 述
void add(int index,Object obj)	将元素 obj 插入到此集合的索引 index 处位置
boolean addAll(int index,Collection c)	将集合 c 中的所有元素插入到此集合的索引 index 处位置
Object remove(int index)	删除索引 index 位置处的元素
Object get(int index)	获取此集合中索引 index 位置处的元素
int indexOf(Object obj)	返回对象 obj 在此集合中首次出现的位置索引
int lastIndexOf(Object obj)	返回对象 obj 在此集合中最后一次出现的位置索引
ListIterator<E> listIterator()	获取一个包含所有对象的 ListIterator 类型实例
void sort(Comparator<? super E> c)	根据指定的比较器 c 的规则对此集合中的元素进行排序
List subList(int fromIndex,int toIndex)	截取此集合中索引在[fromIndex,toIndex)中所有元素组成的子集合

表 8.2 中列举了 List 集合中的常用方法,所有实现了 List 接口的类均可以调用上述方法对集合进行相关操作。通过观察不难发现,List 接口提供的方法均与索引有关,这是因为 List 集合属于列表类型,它是以线性方式存储对象,因此可以通过索引来操作集合中的对象。

8.3.1　ArrayList 类

ArrayList 是 List 接口的一个实现类,在其内部封装了一个长度可变的数组对象,实现了动态扩容机制。例如,当 ArrayList 中存入的元素超过了数组预定长度时,便会在内存中自动分配一个更大的数组以存储所有元素。因此,ArrayList 本质上是一个长度可变的数组,元素在内存中是按顺序连续存放的。

ArrayList 便于对集合进行快速的随机访问,如需经常根据索引位置访问集合中的对象时,使用 ArrayList 类效率更高;但是,如果需经常向 ArrayList 集合中的指定索引位置插入对象或删除指定索引位置处对象时,则效率较低。

如图 8.2 所示,当需要在索引 n 处插入一个对象 newObject 时,需要将索引 n、n+1

处直至最后一个位置上的元素依次向后移动一个单元,最后将被插的元素插入到索引 n
处。这意味着,插入一个元素,可能需要移动多个元素。

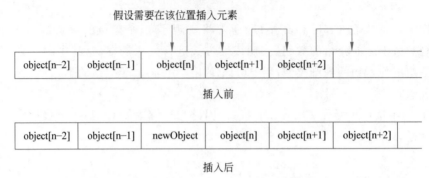

假设需要在该位置插入元素

object[n−2]	object[n−1]	object[n]	object[n+1]	object[n+2]	

插入前

object[n−2]	object[n−1]	newObject	object[n]	object[n+1]	object[n+2]

插入后

图 8.2 向 ArrayList 集合插入对象

同样,从 ArrayList 集合中删除索引 n 处的元素时,先进行删除操作,然后再将后面
的元素依次向前移动一个单元,删除前和删除后的 ArrayList 集合的状态如图 8.3 所示。
由此可知,删除一个元素,也可能需要移动大量元素。

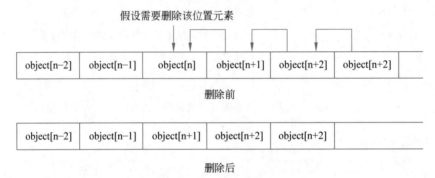

假设需要删除该位置元素

object[n−2]	object[n−1]	object[n]	object[n+1]	object[n+2]	object[n+2]

删除前

object[n−2]	object[n−1]	object[n+1]	object[n+2]	object[n+2]	

删除后

图 8.3 从 ArrayList 集合中删除对象

ArrayList 集合中的大部分方法均是从 Collection 接口和 List 接口继承而来的,下面
通过具体实例来说明 ArrayList 集合类的功能。

【例 8-1】 ArrayList 类使用实例。

ex8_1

```
0001 import java.util.ArrayList;
0002 class Poem
0003 {
0004    String author;
0005    String title;
0006    String dynasty;
0007    Poem(String author, String title, String dynasty)
0008    {
0009       this.author = author;
0010       this.title = title;
```

```
0011            this.dynasty = dynasty;
0012        }
0013    public String toString()
0014    {
0015            return "诗/词名: " + title + ",作者: " + author + ",朝代: " + dynasty;
0016    }
0017 }
0018 public class Example8_1
0019 {
0020    public static void main(String[] args)
0021    {
0022        ArrayList list = new ArrayList();
0023        list.add(new Poem("虞世南", "蝉", "唐"));
0024        list.add(new Poem("王勃", "送杜少府之任蜀州", "唐"));
0025        list.add(new Poem("张九龄", "望月怀远", "唐"));
0026        list.add(new Poem("范仲淹", "渔家傲·塞下秋来风景异", "宋"));
0027        list.add(new Poem("李清照", "声声慢·寻寻觅觅", "宋"));
0028        list.add("诗词是中华民族灿烂文化的瑰宝");
0029        System.out.println("集合长度是: " + list.size());
0030        for(int i = 0; i < list.size(); i++)
0031            System.out.println("(" + (i+1) + ")" + list.get(i).toString());
0032    }
0033 }
```

【运行结果】

程序运行结果如图 8.4 所示。

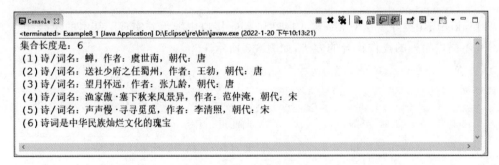

图 8.4　ArrayList 类使用实例输出

【程序说明】

程序第 22 行创建了一个 ArrayList 集合对象 list;程序第 23～28 行分别将 5 个 Poem 对象和一个字符串类型对象添加到 list,由此可见,ArrayList 集合可存储不同类型的对象;程序第 29 行通过 size()方法获得集合的长度;程序第 31 行通过 get()方法获得集合指定位置的元素。

8.3.2 LinkedList 类

LinkedList 是实现 List 接口的另一个类,LinkedList 类采用双向链表的结构保存元素。当程序需频繁地向集合中插入或删除元素时,使用 LinkedList 类效率更高,但随机访问 LinkedList 对象中指定索引处的对象效率较低。因此,如需频繁随机访问集合中的对象时,则推荐使用 ArrayList 集合。

在 LinkedList 集合中,插入对象和删除对象的原理分别如图 8.5 和图 8.6 所示,图中的实线表示节点的指向关系,虚线表示被删除的节点指向关系。由图可知,对 LinkedList 集合进行添加和删除操作时,只需要简单地修改原链表的指向关系,省去了 ArrayList 中大量移动对象的操作,因此效率较高。

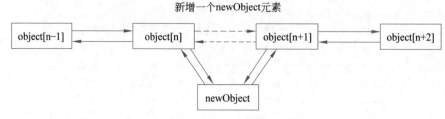

图 8.5 向 LinkedList 集合插入对象

图 8.6 从 LinkedList 集合中删除对象

LinkedList 类除了从 Collection 接口和 List 接口中继承并实现了基本的集合操作方法外,还提供额外的操作集合的方法,如表 8.3 所示。

表 8.3 LinkedList 类常用方法

方 法 名 称	功 能 描 述
void add(int index,Object obj)	向此集合索引 index 位置处插入对象 obj
void addFirist(Object obj)	将对象 obj 插入到此集合的开头
void addLast(Object obj)	将对象 obj 插入到此集合的尾部
Object removeFirst()	删除并返回此集合中的第一个元素
Object removeLast()	删除并返回此集合中的最后一个元素
Object remove(int index)	删除并返回此集合索引 index 处位置的元素
Object get(int index)	获得此集合索引 index 处位置的元素
Object getFirst()	获得此集合中第一个元素

续表

方 法 名 称	功 能 描 述
Object getLast()	获得此集合中最后一个元素
indexOf(Object obj)	返回对象 obj 在此集合中首次出现的位置
lastIndexOf(Object obj)	返回对象 obj 在此集合中最后出现的位置
Object pollFirst()	移除并返回此集合中的第一个元素
Object pollLast()	移除并返回此集合中的最后一个元素
void push(Object obj)	将对象 obj 添加到此集合的开头

【例 8-2】　LinkedList 类使用实例。

ex8_2

```
0001 import java.util.LinkedList;
0002 public class Example8_2
0003 {
0004     public static void main(String[] args)
0005     {
0006         LinkedList list = new LinkedList();
0007         list.add("Python");
0008         list.add("C");
0009         list.add("Java");
0010         list.add("C++");
0011         list.add("C# ");
0012         list.add("Visual Basic");
0013         list.add("JavaScript");
0014         list.add("Assembly language");
0015         list.add("SQL");
0016         list.add("Swift");
0017         System.out.println("【2022 年 1 月 TIOBE 榜单前 10 强】");
0018         System.out.println("榜单排名第 1: " + list.getFirst());
0019         System.out.println("榜单排名第 10: " + list.getLast());
0020         System.out.println("删除榜单排名第 1 的信息: " + list.pollFirst());
0021         System.out.println("删除榜单排名第 10 的信息: " + list.pollLast());
0022         System.out.println("【删除后榜单信息如下】");
0023         for(int i = 0; i < list.size(); i++)
0024             System.out.println("(" + (i+1) + ")" + list.get(i));
0025     }
0026 }
```

【运行结果】

程序运行结果如图 8.7 所示。

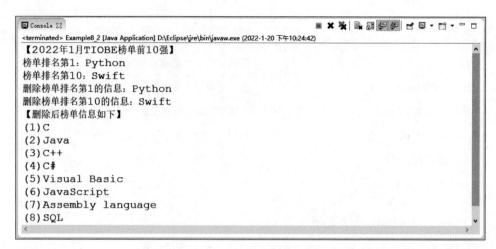

图 8.7　LinkedList 类使用实例输出

【程序说明】

程序第 6～16 行中创建了一个 LinkedList 集合，并向该集合中插入了 10 个字符串；程序第 18～21 行代码通过调用不同的方法对集合进行相应操作；程序第 23～24 行对集合中剩余的元素进行遍历并输出。

【注意】

- List 接口按照线性结构存储数据，元素访问方式类似于数组，可使用索引（下标）进行访问。
- List 接口可存储不同类型的元素，且存储的元素可重复出现。
- ArrayList 类采用数组方式保存元素，元素随机访问效率较高，但插入和删除元素效率低。
- LinkedList 类采用双向链表结构保存对象，插入和删除元素效率较高，但元素随机访问效率较低。

◆ 8.4　Set 接口

Set 接口也继承自 Collection 接口，因此继承了 Collection 接口提供的所有方法。与 List 接口不同的是，存放在 Set 接口中的对象不按特殊方式排序，即它们是无序的，并以某种特定的规则保证存入的元素不重复。

8.4.1　HashSet 类

HashSet 类是 Set 接口的一个实现类，它是根据对象的哈希值来确定元素在集合中的存储位置，因此其优点是能够快速定位集合中的对象，具有良好的存取和查找性能。由于 HashSet 集合中的对象必须是唯一的，因此向 HashSet 集合中添加一个对象时，首先会调用该对象的 hashCode()方法来确定对象的存储位置，然后再调用对象的 equals()方法保证插入集合中的对象不重复。

【例 8-3】　HashSet 类使用实例。

```
0001 import java.util.HashSet;
0002 public class Example8_3
0003 {
0004     public static void main(String[] args)
0005     {
0006         HashSet set = new HashSet();
0007         set.add(new Integer(108));
0008         set.add(new Float(3.1415926));
0009         set.add(new Double(2.718281828459045));
0010         set.add(new String("HashSet 集合中可存储各种类型对象"));
0011         set.add(new Integer(108));
0012         System.out.println("HashSet 集合的大小: " + set.size());
0013         Object[] a = set.toArray();
0014         System.out.println("HashSet 集合中的元素为: ");
0015         for(int i = 0; i < a.length; i++)
0016             System.out.println("(" + (i + 1) + ")" + a[i]);
0017         System.out.println("HashSet 集合中是否包含 108:" + set.contains
(108));
0018         set.remove(108);
0019         Object b[] = set.toArray();
0020         System.out.println("删除元素后,HashSet 集合中剩余的元素为: ");
0021         for(int i = 0; i < b.length; i++)
0022             System.out.println("(" + (i + 1) + ")" + b[i]);
0023     }
0024 }
```

【运行结果】

程序运行结果如图 8.8 所示。

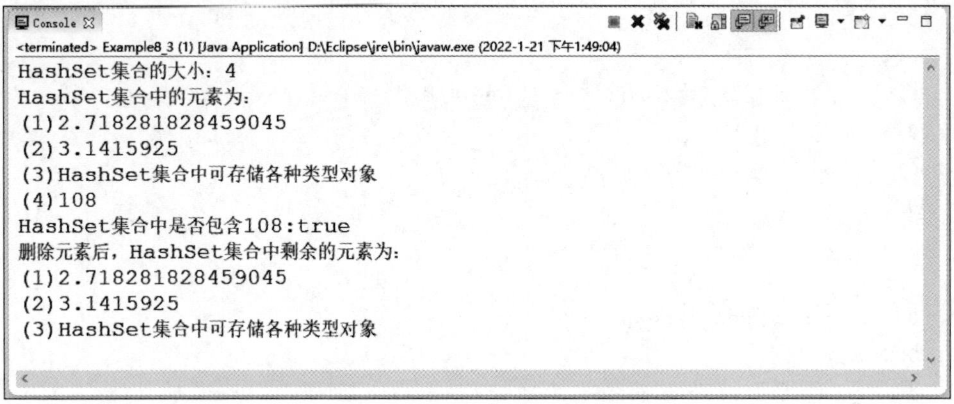

图 8.8　HashSet 类使用实例输出

【程序说明】

程序第 7～11 行向 HashSet 集合中添加了 Integer、Float、Double 和 String 等类型的对象,表明 HashSet 中可以容纳不同类型元素;程序第 13 行,将 HashSet 集合通过 toArray()方法转换为数组;程序第 15～16 行遍历数组时,重复存储的整型对象 108 只输出了一次,这是因为在调用 add()方法存入元素时,HashSet 集合会首先调用 hashCode()方法获取对象的哈希值,并根据哈希值计算出其对应的存储位置。如果计算出的存储位置上没有元素,则将该元素插入;如果计算出的存储位置上已有元素存在,则会调用 equals()方法判断两个元素是否相同,如果相同则舍弃需要存入的元素,否则将该元素存入集合。

一般情况下,要保证 HashSet 不重复地存入数据,需要重写 Object 类的 hashCode()方法和 equals()方法。由于 String 类、Math 类、Integer 类、Double 类等都默认重写了上述 equals()和 hashCode()方法,因此在例 8-3 中并不需要对两个方法进行重写。但如果需要将自定义类型对象存入 HashSet 集合中,则需要重写该对象的 hashCode()方法和 equals()方法,下面通过具体实例来说明。

【例 8-4】 在 HashSet 类插入自定义类型实例。

ex8_4

```
0001 import java.util.HashSet;
0002 class Poem
0003 {
0004     String author;
0005     String title;
0006     String dynasty;
0007     Poem(String author, String title, String dynasty)
0008     {
0009         this.author = author;
0010         this. title = title;
0011         this.dynasty = dynasty;
0012     }
0013     public String toString()
0014     {
0015         return "诗/词名: " + title + ",作者: " + author + ",朝代: " + dynasty;
0016     }
0017     public int hashCode()
0018     {
0019         return title.hashCode();
0020     }
0021     public boolean equals(Object obj)
0022     {
0023         if(this == obj)
0024             return true;
```

```
0025        if(obj instanceof Poem)
0026        {
0027            Poem p = (Poem)obj;
0028            if(author == p.author && title == p.title)
0029                return true;
0030        }
0031        return false;
0032    }
0033 }
0034 class Student
0035 {
0036    String no;
0037    String name;
0038    int age;
0039    public Student(String no, String name, int age)
0040    {
0041        this.no = no;
0042        this.name = name;
0043        this.age = age;
0044    }
0045    public String toString()
0046    {
0047        return "学号: " + no + ",姓名: " + name + ",年龄: " + age;
0048    }
0049 }
0050 public class Example8_4
0051 {
0052    public static void main(String[] args)
0053    {
0054        HashSet set = new HashSet();
0055        set.add(new Poem("王之涣", "登鹳雀楼", "唐"));
0056        set.add(new Poem("李商隐","登乐游原", "唐"));
0057        set.add(new Poem("李商隐", "贾生", "唐"));
0058        set.add(new Poem("杜甫", "寄扬州韩卓判官", "唐"));
0059        set.add(new Poem("杜甫", "江南逢李龟年", "唐"));
0060        set.add(new Poem("杜甫", "江南逢李龟年", "唐"));
0061        System.out.println("【HashSet 集合中添加的诗词信息如下：】");
0062        Object[] obj = set.toArray();
0063        for(int i = 0; i < obj.length; i++)
0064            System.out.println("(" + (i + 1) + ")" + obj[i].toString());
0065        HashSet set2 = new HashSet();
```

```
0066            set2.add(new Student("20210102002", "小敏", 20));
0067            set2.add(new Student("20210102001", "小兵", 21));
0068            set2.add(new Student("20210102001", "小兵", 21));
0069            System.out.println("【HashSet 集合中添加的学生信息如下：】");
0070            Object[] obj2 = set2.toArray();
0071            for(int i = 0; i < obj2.length; i++)
0072                System.out.println("(" + (i + 1) + ")" + obj2[i].toString());
0073        }
0074 }
```

【运行结果】

程序运行结果如图 8.9 所示。

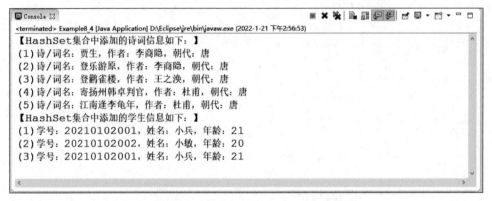

图 8.9   在 HashSet 集合插入自定义类型实例输出

【程序说明】

在上述程序中，Poem 类重写了 hashCode() 和 equals() 方法。在 hashCode() 方法中，根据 title 属性计算哈希值并返回该值；在 equals() 方法中，如果 author 和 title 属性均相等，则认为两个对象相同。程序第 59~60 行所创建的两个 Poem 对象哈希值相同，且 equals() 方法返回的结果为 true，则视为二者相等，因此删除重复的对象。

People 类未重写 hashCode() 和 equals() 方法，因此，尽管程序第 67~68 行创建的两个对象完全相同，HashSet 集合仍将之视为不同的对象，都加入到集合中。

通过例 8-4 可以看出，对于自定义的类，需要重写 hashCode() 方法和 equals() 方法，才能在 HashSet 集合中插入对象时，确保对象不重复。通过观察还能发现，HashSet 中对象的输出顺序和插入顺序并不相同，读者可思考其原因。

8.4.2   TreeSet 类

TreeSet 类是 Set 接口的另一个实现类，它的内部采用了平衡二叉树来存储元素，可以保证 TreeSet 集合中没有重复的元素，且可以对元素进行排序。针对 TreeSet 集合存储元素的特殊性，它在继承 Set 接口的基础上增加了一些特有的方法，如表 8.4 所示。

表 8.4　TreeSet 类的常用方法

方 法 名 称	功 能 描 述
Object first()	获得此集合中第一个(最小)元素
Object last()	获得此集合中最后一个(最大)元素
Object floor(Object obj)	获得此集合中小于或等于指定元素 obj 的最大值元素,如果不存在返回 null
Object lower(Object obj)	获得此集合中小于指定元素 obj 的最大值元素,如果不存在返回 null
Object poolFirst()	移除并返回此集合中的第一个(最小)元素
Object poolLast()	移除并返回此集合中的最后一个(最大)元素
Object higher(Object obj)	获得此集合中大于指定元素 obj 的最小值元素,如果不存在返回 null
Object ceiling(Object obj)	获得此集合中大于或等于给定元素 obj 的最小值对象,如果不存在返回 null

【例 8-5】　TreeSet 类使用实例。

ex8_5

```
0001 import java.util.TreeSet;
0002 public class Example8_5
0003 {
0004    public static void main(String[] args)
0005    {
0006       TreeSet set = new TreeSet();
0007       set.add(1024);
0008       set.add(512);
0009       set.add(256);
0010       set.add(1);
0011       set.add(256);
0012       Object a[] = set.toArray();
0013       System.out.println("TreeSet 集合中的元素分别为: ");
0014       for(int i = 0; i < a.length; i++)
0015          System.out.println(a[i]);
0016    }
0017 }
```

【运行结果】

程序运行结果如图 8.10 所示。

```
 Console ␛                           ■ ✖ ❈ ▐▖ ▞▐ ▛▙ ▐ ▤ ▾ �R ▾ ⊓ ⊔
<terminated> Example8_5 [Java Application] D:\Eclipse\jre\bin\javaw.exe (2022-1-19 上午11:16:34)
TreeSet集合中的元素分别为:
1
256
512
1024
```

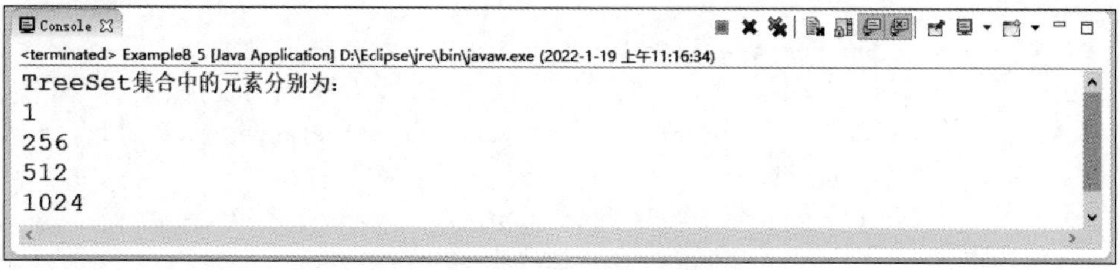

图 8.10　TreeSet 类使用实例输出

【程序说明】

程序第 9 行、第 11 行向 TreeSet 集合插入了相同的元素,但只有一个元素被保存。图 8.10 的运行结果显示,无论元素插入顺序如何,TreeSet 类都能按照一定顺序将之排列(此例中为非降序)。

插入 TreeSet 集合的元素之所以有序,是因为每次向 TreeSet 集合插入元素时,都会将之与已插入的元素比较,然后插入到特定位置。TreeSet 集合中的元素进行比较时,会调用 compareTo()方法,该方法是在 Comparable 接口中定义的,若需对集合中的元素进行比较,则必须实现 Comparable 接口。在 Java 中,Integer、Double、String 等常用类均实现了 Comparable 接口和接口中的 compareTo()方法。

如果在 TreeSet 集合中存入自定义的数据类型,且需要对该自定义类型的数据进行排序,通常有以下两种方法实现。

方法一:自然排序。要求集合中的自定义数据类型必须实现 Comparable 接口,并重写 compareTo()方法。

方法二:定制排序。要求创建一个实现 Comparator 接口的自定义比较器,且在创建 TreeSet 集合时指定使用该比较器。

【例 8-6】 TreeSet 自然排序实例。

ex8_6

```
0001 import java.text.Collator;
0002 import java.util.Comparator;
0003 import java.util.TreeSet;
0004 class Poem implements Comparable<Poem>
0005 {
0006     String author;
0007     String title;
0008     String dynasty;
0009     Poem(String author, String title, String dynasty)
0010     {
0011         this.author = author;
0012         this.title = title;
0013         this.dynasty = dynasty;
0014     }
0015     public String toString()
0016     {
0017         return "诗/词名: " + title + ",作者: " + author + ",朝代: " + dynasty;
0018     }
0019     public int compareTo(Poem p)
0020     {
0021         Comparator<Object> cmp = Collator.getInstance(java.util.Locale.CHINA);
0022         int k1 = cmp.compare(author, p.author);
0023         int k2 = cmp.compare(title, p.title);
```

```
0024        if(k1 < 0)
0025            return -1;
0026        else if(k1 > 0)
0027            return 1;
0028        else
0029        {
0030            if(k2 < 0)
0031                return -1;
0032            else if(k2 > 0)
0033                return 1;
0034            else
0035                return 0;
0036        }
0037    }
0038 }
0039 public class Example8_6
0040 {
0041    public static void main(String[] args)
0042    {
0043        TreeSet set = new TreeSet();
0044        set.add(new Poem("常建", "宿王昌龄隐居", "唐"));
0045        set.add(new Poem("李商隐", "无题·相见时难别亦难", "唐"));
0046        set.add(new Poem("李商隐", "无题·昨夜星辰昨夜风", "唐"));
0047        set.add(new Poem("杜甫", "望岳", "唐"));
0048        set.add(new Poem("杜甫", "观公孙大娘弟子舞剑器行", "唐"));
0049        set.add(new Poem("杜甫", "八阵图", "唐"));
0050        set.add(new Poem("杜甫", "八阵图", "唐"));
0051        System.out.println("【TreeSet 集合中添加的诗词信息如下：】");
0052        Object[] obj = set.toArray();
0053        for(int i = 0; i < obj.length; i++)
0054            System.out.println("(" + (i + 1) + ")" + obj[i].toString());
0055    }
0056 }
```

【运行结果】

程序运行结果如图 8.11 所示。

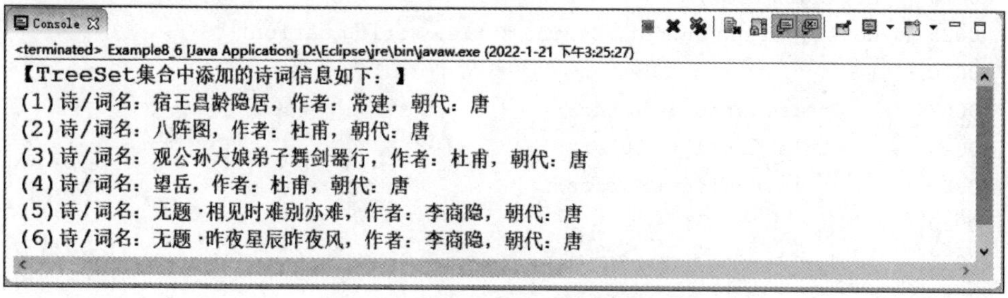

图 8.11　TreeSet 自然排序实例输出

【程序说明】

程序第 19~37 行重写了 Comparable 接口的 compareTo()方法,先按照 author 属性排序(拼音序),在 author 相同的情况下,按照 title 属性排序;第 49 行、第 50 行新建的两个 Poem 对象的 author 和 title 属性均相同,尽管 dynasty 属性不同,但还是被认为相同的对象,因此后一个对象未被添加到 TreeSet 集合中。如图 8.11 所示,所有的诗词信息是按照先作者、后诗/词名的顺序非降序排序的。

除使用自然排序外,也可使用定制排序的方法,即自定义一个比较器,然后在创建一个 TreeSet 集合时,指定按该比较器的规则进行排序。

【例 8-7】 TreeSet 定制排序实例。

ex8_7

```
0001 import java.text.Collator;
0002 import java.util.Comparator;
0003 import java.util.TreeSet;
0004 class Poem
0005 {
0006     String author;
0007     String title;
0008     String dynasty;
0009     Poem(String author, String title, String dynasty)
0010     {
0011         this.author = author;
0012         this.title = title;
0013         this.dynasty = dynasty;
0014     }
0015     public String toString()
0016     {
0017         return "诗/词名: " + title + ",作者: " + author + ",朝代: " + dynasty;
0018     }
0019 }
0020 class Novel
0021 {
0022     String author;
0023     String title;
0024     String nation;
0025     Novel(String author, String title, String nation)
0026     {
0027         this.author = author;
0028         this.title = title;
0029         this.nation = nation;
0030     }
0031     public String toString()
0032     {
```

```
0033            return "小说题目: " + title + ",作者: " + author + ",国家: " + nation;
0034        }
0035 }
0036 class MyComparator implements Comparator
0037 {
0038     public int compare(Object o1, Object o2)
0039     {
0040         String title1 = null, title2 = null;
0041         if(o1 instanceof Poem)
0042             title1 = ((Poem)o1).title;
0043         else if(o1 instanceof Novel)
0044             title1 = ((Novel)o1).title;
0045         if(o2 instanceof Poem)
0046             title2 = ((Poem)o2).title;
0047         else if(o2 instanceof Novel)
0048             title2 = ((Novel)o2).title;
0049         Comparator<Object> cmp = Collator.getInstance(java.util.
             Locale.CHINA);
0050         return
0051             cmp.compare(title1, title2);
0052     }
0053 }
0054 public class Example8_7
0055 {
0056     public static void main(String[] args)
0057     {
0058         TreeSet set = new TreeSet<>(new MyComparator());
0059         set.add(new Poem("常建", "宿王昌龄隐居", "唐"));
0060         set.add(new Poem("李商隐", "无题·相见时难别亦难", "唐"));
0061         set.add(new Poem("李商隐", "无题·昨夜星辰昨夜风", "唐"));
0062         set.add(new Poem("杜甫", "望岳", "唐"));
0063         set.add(new Poem("杜甫", "观公孙大娘弟子舞剑器行", "唐"));
0064         set.add(new Novel("加西亚·马尔克斯", "百年孤独", "哥伦比亚"));
0065         set.add(new Novel("乔治·奥威尔", "一九八四", "英国"));
0066         set.add(new Novel("乔治·奥威尔", "动物庄园", "英国"));
0067         set.add(new Novel("玛格丽特·米切尔", "飘", "美国"));
0068         set.add(new Novel("歌德", "少年维特之烦恼", "德国"));
0069         System.out.println("【优秀文学作品列表】");
0070         Object[] obj = set.toArray();
0071         for(int i = 0; i < obj.length; i++)
0072             System.out.println("(" + (i + 1) + ")" + obj[i]);
0073     }
0074 }
```

【运行结果】

程序运行结果如图 8.12 所示。

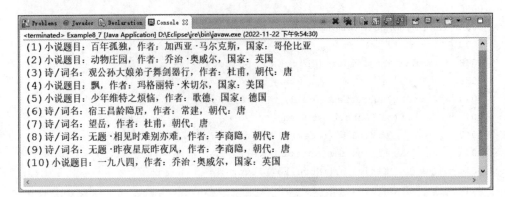

图 8.12 TreeSet 定制排序实例输出

【程序说明】

程序分别定义了 Poem 和 Novel 这两个类；程序第 36～53 行定义了实现 Comparator 接口的类 MyComparator，重写接口的 compare() 方法，无论是 Poem 对象还是 Novel 对象，均按照 title 属性的非降序进行排序；程序第 58 行创建的 TreeSet 集合绑定了 MyComparator 比较器，实现了对插入数据的排序。图 8.12 的结果显示，集合中可以插入不同类型的对象，并均按照其 title 属性的非降序进行排序。

【注意】

- Set 接口中存储的对象不重复。
- HashSet 类根据对象的哈希值确定存储位置，欲将自定义类型对象插入 HashSet 集合，通常需重写 hashCode() 和 equals() 方法，以确保插入的对象不重复。
- TreeSet 类使用平衡二叉树结构存储对象，可通过自然排序和定制排序两种方式对插入的对象进行排序。

◆ 8.5 Map 接口

Map 接口是一种双列集合，即集合中的每个对象都由键(key)对象和值(value)对象组成，键和值之间存在一种对应关系，称为映射。Map 中的映射关系是一对一的，即一个键对象 key 对应唯一一个值对象 value，其中，键对象和值对象均可以是任意类型。在检索对象时，通过相应的键对象获取对应的值对象，类似于根据身份证号可以查找到姓名一样，因此键对象必须是唯一的。

接下来了解一下 Map 接口中定义的一些常用方法，如表 8.5 所示。

表 8.5　Map 接口的常用方法

方 法 名 称	功 能 描 述
void put(K key，V value)	将指定值 value 和此集合中指定的键 key 相关联
Object get(Object key)	获取指定键所映射的值,如果不存在返回 null
boolean containsKey(Object key)	判定此集合中是否包含指定的键对象
boolean containsValue(Object value)	判定此集合中是否包含指定的值对象
Set keySet()	获取此集合中所有键的集合
Collection values()	获取此集合中所有值的集合
boolean remove(Object key，Object value)	删除此集合中键为 key、值为 value 的键值映射对象
boolean replace(Object key，Object value)	将此集合中键 key 所映射的值修改为 value

　　HashMap 是 Map 接口的一个实现类,主要用于存放键值对,且其键和值均可以为 null。在 Java SE 8.0 之前,HashMap 由数组和链表的结构组成,其中,数组是主体,链表则用于解决哈希冲突。基于这样的存储结构,HashMap 集合对于元素的增、删、改、查操作效率较高。HashMap 类的底层存储实现如图 8.13 所示。

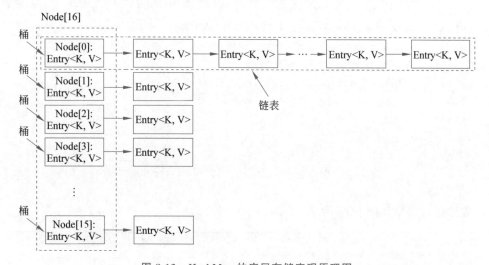

图 8.13　HashMap 的底层存储实现原理图

　　在如图 8.13 所示的存储结构中,当创建一个 HashMap 集合时,默认在垂直方向创建容量为 16 的 Node 类型数组,每个 Node 存储一个键值对的对象(称为 Entry);水平方向上每个数组元素位置对应的链表结构称为桶(bucket),每个桶的位置在集合中都有对应的桶值,用于快速定位集合元素添加、查找时的位置。

　　当调用 put()方法时,首先使用键对象的 hashCode()方法计算该对象的哈希值,定位到该元素对应桶的位置。如果该位置的值为空,可直接向该位置插入元素;否则,需调用待插入元素的 equals()方法,找到与之键值相同的 Entry,并判断二者的值对象是否相同,如相同,则用待插入元素的值对象替换原来的值,否则在该桶的链表结构头部增加一个节点来插入新的元素对象。

由于同一哈希值的元素都链接在同一个链表中,因此哈希值相等的元素较多时,通过键对象值查找元素的效率较低。因此,在 Java SE 8.0 之后,解决哈希冲突有了较大的变化,即当链表长度大于阈值(或者红黑树的边界值,默认为 8)时,索引位置上的所有数据由原来的链表结构存储改为使用红黑树存储。关于红黑树存储结构在此就不再介绍,读者可以自行查阅相关资料。

ex8_8

【例 8-8】 HashMap 类使用实例。

```
0001 import java.util.HashMap;
0002 public class Example8_8
0003 {
0004     public static void main(String[] args)
0005     {
0006         HashMap map = new HashMap();
0007         map.put("逢入京使", "岑参");
0008         map.put("早发白帝城", "李白");
0009         map.put("终南山", "王维");
0010         map.put("赤壁", "杜牧 1");
0011         map.put("赤壁", "杜牧 2");
0012         System.out.println("诗歌《赤壁》的作者是: " + map.get("赤壁"));
0013         System.out.println("集合中包含诗歌《逢入京使》吗?" + map.
                 containsKey("逢入京使"));
0014         System.out.println(map.keySet());
0015         System.out.println(map.values());
0016         System.out.println(map);
0017     }
0018 }
```

【运行结果】

程序运行结果如图 8.14 所示。

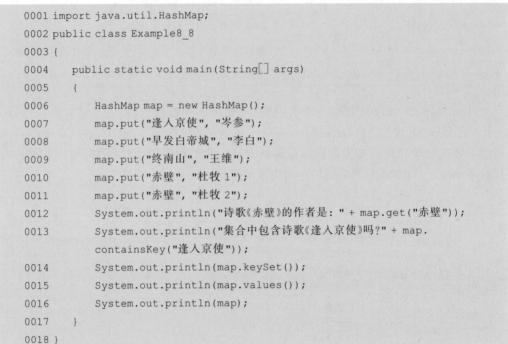

图 8.14 HashMap 类使用实例输出

【程序说明】

程序第 6 行创建了一个 HashMap 集合,第 7~11 行向该集合中插入了 5 个键值对对象,其中有 2 个对象的键对象均为"赤壁";程序第 12 行调用 get()方法根据键对象获取对应的值对象；程序第 13 行调用 containsKey()方法判断键值"逢入京使"是否包含在 HashMap 集合中；程序第 14 行调用 keySet()方法获取集合中所有键的集合；程序第 15 行调用 values()方法获取集合中所有值的集合。由图 8.14 可知，当再次插入＜"赤壁"，"杜牧 2"＞键值对时，根据键对象"赤壁"计算的哈希值对应的存储位置上已经存储了数据，再调用 equals()方法得到二者的键值也相同，因此用新的值对象"杜牧 2"替换原来存储的值"杜牧 1"。

◆ 8.6　泛　　型

泛型，即"参数化类型"。一提到参数，最为熟悉的就是在定义方法时用形参，调用方法时需要实参。所谓参数化类型，就是将程序中出现类型的地方使用参数替代，即将类型定义为参数形式（类型形参），在调用时传入具体的类型（类型实参）。

通过前面的学习可知，Collection 接口中的 add()方法的参数是 Object 类型，即任何对象均可以存入 Collection 及其子接口或实现类中。如果要从集合中通过 get()方法取出对应元素，则需要通过强制类型转换，这样不仅烦琐，而且容易出现 ClassCastException 的异常。J2SE 5.0 以后，通过引入泛型，有效解决了上述问题。

泛型可以限定元素的类型。例如，在创建 ArrayList 集合时，使用参数化类型方式指定集合中存储的数据的类型，格式如下。

```
ArrayList<参数类型> list = new ArrayList<参数类型>();
```

【例 8-9】　ArrayList 泛型使用实例。

ex8_9

```
0001 import java.util.ArrayList;
0002 public class Example8_9
0003 {
0004     public static void main(String[] args)
0005     {
0006         ArrayList<Poem> list = new ArrayList<Poem>();
0007         list.add(new Poem("王维", "终南别业", "唐"));
0008         list.add(new Poem("王维", "终南别业", "唐"));
0009         list.add(new Poem("李白", "赠孟浩然", "唐"));
0010         list.add(new Poem("白居易", "赋得古原草送别", "唐"));
0011         list.add(new Poem("李白", "登金陵凤凰台", "唐"));
0012         System.out.println("【ArrayList 中诗歌列表如下】");
0013         for(int i = 0; i < list.size(); i++)
0014         {
0015             Poem p = list.get(i);
0016             System.out.println("(" + (i + 1) + ")" + p);
0017         }
0018     }
```

```
0019 }
0020 class Poem
0021 {
0022     String author;
0023     String title;
0024     String dynasty;
0025     Poem(String author, String title, String dynasty)
0026     {
0027         this.author = author;
0028         this.title = title;
0029         this.dynasty = dynasty;
0030     }
0031     public String toString()
0032     {
0033         return "诗/词名: " + title + ",作者: " + author + ",朝代: " + dynasty;
0034     }
0035 }
```

【运行结果】

程序运行结果如图 8.15 所示。

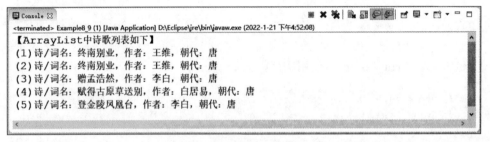

图 8.15　泛型应用的输出

【程序说明】

程序第 6 行创建 ArrayList 集合时,使用泛型指定集合中元素的类型为 Poem 类,因此在程序第 15 行遍历获取元素的时候,无须进行强制类型转换。

泛型的本质是为了将类型参数化,也即将操作的数据类型指定为一个参数,泛型可以用于类、接口和方法中,分别称为泛型类、泛型接口和泛型方法。

8.6.1　泛型类

在类的定义中使用泛型,称为泛型类。通常,当类中包含的成员变量的数据类型不确定时,可用泛型来表示。其表达方式为: 在类定义首行类名的后面,加一对尖括号(<>)括起来的标识符(通常使用 T),表示类定义中的一个引用类型。

泛型类的定义格式如下。

修饰符 class 类名<代表泛型的变量>
{ }

【例 8-10】　泛型类使用实例。（Poem 类的定义参考例 8-1。）

ex8_9

```
0001 class Container<T>
0002 {
0003     private T[] data;
0004     private int size;
0005     public Container(int n)
0006     {
0007         size = 0;
0008         data = (T[]) new Object[n];
0009     }
0010     public boolean add(T val)
0011     {
0012         if(size < data.length)
0013         {
0014             data[size++] = val;
0015             return true;
0016         }
0017         return false;
0018     }
0019     public T get(int i)
0020     {
0021         if(i < size)
0022             return data[i];
0023         else
0024             return null;
0025     }
0026     public int size()
0027     {
0028         return size;
0029     }
0030 }
0031 public class Example8_10
0032 {
0033     public static void main(String[] args)
0034     {
0035         Container<Poem> c = new Container<Poem>(10);
0036         c.add(new Poem("白居易", "长恨歌", "唐"));
0037         c.add(new Poem("白居易", "琵琶行", "唐"));
0038         c.add(new Poem("岑参", "白雪歌送武判官归京", "唐"));
```

```
0039        c.add(new Poem("杜甫", "兵车行", "唐"));
0040        c.add(new Poem("杜甫", "丽人行", "唐"));
0041        System.out.println("【容器中包含的内容如下】");
0042        for(int i = 0; i < c.size(); i++)
0043            System.out.println(c.get(i));
0044    }
0045 }
```

【运行结果】

程序运行结果如图 8.16 所示。

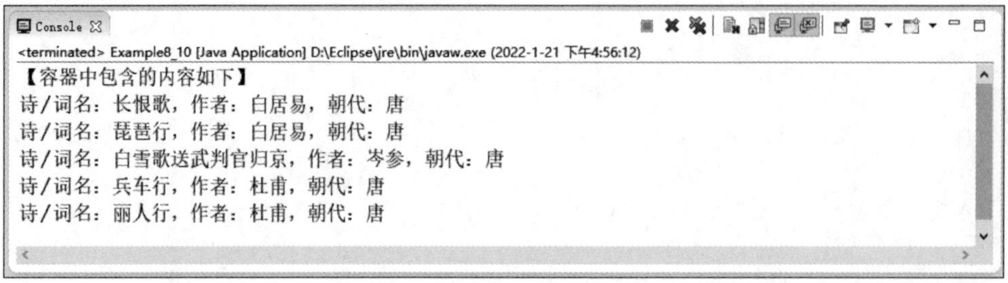

图 8.16   泛型类使用实例输出

【程序说明】

程序定义了泛型类 Container,第 1 行指定类型形参为 T;程序第 3 行定义 T 类型数组 data,用于存放数据;程序中 add()和 get()方法分别用于插入和获得元素;程序第 35 行,创建 Container 类对象时,指定泛型参数类型为 Poem。

8.6.2   泛型接口

泛型接口与泛型类的定义及使用基本相同,常被用于各种类的生成器中。泛型接口的定义格式如下。

```
修饰符 interface 接口名<代表泛型的变量>
{ }
```

【例 8-11】   泛型接口使用实例。

ex8_11

```
0001 import java.util.Random;
0002 interface Generator<T>
0003 {
0004    public T next();
0005 }
0006 class Poem
0007 {
0008    String author;
```

```
0009     String title;
0010     String dynasty;
0011     String contents;
0012     Poem(String author, String title, String dynasty, String contents)
0013     {
0014         this.author = author;
0015         this.title = title;
0016         this.dynasty = dynasty;
0017         this.contents = contents;
0018     }
0019     public String toString()
0020     {
0021         return "诗/词名: " + title + ",作者: " + author + ",朝代: " + dynasty
0022                 + "\n" + contents;
0023     }
0024 }
0025 class PoemGenerator implements Generator<Poem>
0026 {
0027     private Poem[] poems = new Poem[]{
0028             new Poem("王维", "送别", "唐",
0029                     "山中相送罢,日暮掩柴扉。春草明年绿,王孙归不归?"),
0030             new Poem("王之涣", "登鹳雀楼", "唐",
0031                     "白日依山尽,黄河入海流。欲穷千里目,更上一层楼。"),
0032             new Poem("孟浩然", "宿建德江", "唐",
0033                     "移舟泊烟渚,日暮客愁新。野旷天低树,江清月近人。"),
0034             new Poem("金昌绪", "春怨", "唐",
0035                     "打起黄莺儿,莫教枝上啼。啼时惊妾梦,不得到辽西。"),
0036             new Poem("贾岛", "寻隐者不遇", "唐",
0037                     "松下问童子,言师采药去。只在此山中,云深不知处。") };
0038     public Poem next()
0039     {
0040         Random rand = new Random();
0041         return poems[rand.nextInt(5)];
0042     }
0043 }
0044 public class Example8_11
0045 {
0046     public static void main(String[] args)
0047     {
0048         PoemGenerator gen = new PoemGenerator();
0049         System.out.println("【随机生成诗词一首】");
0050         System.out.println(gen.next());
0051     }
0052 }
```

【运行结果】

程序运行结果如图 8.17 所示。

```
Console ☒                                    ■ ✖ ⬙ ⬙ | ⬚ ⬛ ⬛ ⬚ | ⬚ ▭ ▾ ▭ ▾ ⬚ ⬚
<terminated> Example8_11 [Java Application] D:\Eclipse\jre\bin\javaw.exe (2022-1-21 下午5:13:18)
【随机生成诗词一首】
诗/词名：宿建德江，作者：孟浩然，朝代：唐
移舟泊烟渚，日暮客愁新。野旷天低树，江清月近人。
◀                                                                         ▶
```

图 8.17   泛型接口使用实例输出

【程序说明】

程序第 2～5 行定义了一个泛型接口 Generator，同时指定类型形参为 T；程序第 25～43行定了类 PoemGenerator 并实现接口 Generator，同时将接口中的泛化参数指定为 Poem 类型；程序第 48 行生成了 1 个 PoemGenerator 对象；程序第 50 行调用该对象的 next()方法随机生成一首诗词。

8.6.3   泛型方法

在 Java 中，泛型方法是指在方法定义处加一对尖括号括起来的标识符，该类型参数可用于表示方法的返回值、形式参数或方法体内变量的数据类型，其定义格式如下。

```
修饰符 <代表泛型的变量> 返回值类型 方法名(形式参数)
{ }
```

ex8_12

【例 8-12】   泛型方法使用实例。（Poem 类的定义参考例 8-11。）

```
0001 public class Example8_12
0002 {
0003    public static <T> void showArray(T[] arr)
0004    {
0005        for(int i = 0; i < arr.length; i++)
0006            System.out.println("(" + (i + 1) + ")" + arr[i]);
0007    }
0008    public static void main(String[] args)
0009    {
0010        Poem[] poems = new Poem[]{
0011                new Poem("柳宗元", "江雪", "唐",
0012                    "千山鸟飞绝,万径人踪灭。孤舟蓑笠翁,独钓寒江雪。"),
0013                new Poem("白居易", "问刘十九", "唐",
0014                    "绿蚁新醅酒,红泥小火炉。晚来天欲雪,能饮一杯无?"),
0015                new Poem("裴迪", "崔九欲往南山马上口号与别", "唐",
0016                    "归山深浅去,须尽丘壑美。莫学武陵人,暂游桃源里。"),
0017                new Poem("刘长卿", "送方外上人", "唐",
```

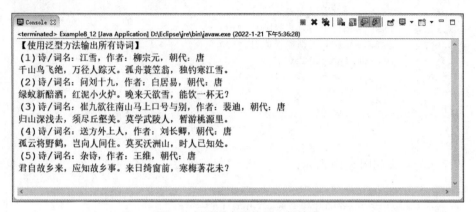

```
0018                    "孤云将野鹤,岂向人间住。莫买沃洲山,时人已知处。"),
0019            new Poem("王维", "杂诗", "唐",
0020                    "君自故乡来,应知故乡事。来日绮窗前,寒梅著花未?")};
0021        System.out.println("【使用泛型方法输出所有诗词】");
0022        showArray(poems);
0023    }
0024 }
```

【运行结果】

程序运行结果如图 8.18 所示。

图 8.18　泛型方法使用实例输出

【程序说明】

程序第 3～7 行定义了泛型方法 showArray();程序第 22 行调用 showArray()方法,指定类型参数为 Peom 类型。

◈ 8.7　集合的遍历

在程序开发中,针对集合中的元素,除了基本的增、删、改、查操作以外,经常需要进行元素遍历。对集合的遍历除了使用 while、for 等循环来实现外,还可以通过增强型 for 循环以及迭代器等更便捷的方式来遍历。

8.7.1　增强型 for 循环

从 J2SE 5.0 开始,可使用 for…each 循环对数组或集合进行遍历,它是一种更加简洁的 for 循环,通常称为增强型 for 循环。利用 for…each 循环遍历数组或集合中的元素,语法格式如下。

```
for(元素类型 临时变量:数组名或集合名)
{
    遍历语句
}
```

ex8_13

【例 8-13】 for…each 循环使用实例。

```
0001 import java.util.ArrayList;
0002 public class Example8_13
0003 {
0004    public static void main(String[] args)
0005    {
0006       ArrayList<String> list = new ArrayList<String>();
0007       list.add("元日");
0008       list.add("【北宋】王安石");
0009       list.add("爆竹声中一岁除,");
0010       list.add("春风送暖入屠苏。");
0011       list.add("千门万户曈曈日,");
0012       list.add("总把新桃换旧符。");
0013       for(String o:list)
0014          System.out.println(o);
0015    }
0016 }
```

【运行结果】

程序运行结果如图 8.19 所示。

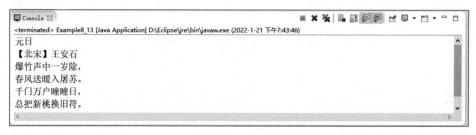

图 8.19　for…each 循环使用实例输出

【程序说明】

程序第 13～14 行使用 for…each 循环遍历 ArrayList 集合元素。与 for 循环相比，for…each 循环无须获得集合的长度，也无须根据索引来访问集合中的元素，能够自动地将集合中的每个元素遍历出来，因此该方式更加便捷。

8.7.2　迭代器(Iterator)

Iterator 接口是 Java 集合框架中的一员，但它并非集合，而是一种用于访问集合的接口，可用于迭代地访问 ArrayList 和 HashSet 等集合，其常用方法如表 8.6 所示。

表 8.6　Iterator 接口的常用方法

方 法 名 称	功 能 描 述
Object next()	返回迭代器的下一个元素，并且更新迭代器的状态
boolean hasNext()	用于检测集合中是否还有下一个元素

　　Iterator 接口位于 java.util 包中,在使用前需要导入该包,接下来通过实例介绍 Iterator 接口的使用。

　　【例 8-14】　迭代器使用实例。

ex8_14

```
0001 import java.util.ArrayList;
0002 import java.util.Iterator;
0003 public class Example8_14
0004 {
0005    public static void main(String[] args)
0006    {
0007       ArrayList list = new ArrayList();
0008       list.add("滁州西涧");
0009       list.add("【唐】韦应物");
0010       list.add("独怜幽草涧边生,");
0011       list.add("上有黄鹂深树鸣。");
0012       list.add("春潮带雨晚来急,");
0013       list.add("野渡无人舟自横。");
0014       Iterator it = list.iterator();
0015       while(it.hasNext())
0016       {
0017          Object obj = it.next();
0018          System.out.println(obj);
0019       }
0020    }
0021 }
```

【运行结果】

程序运行结果如图 8.20 所示。

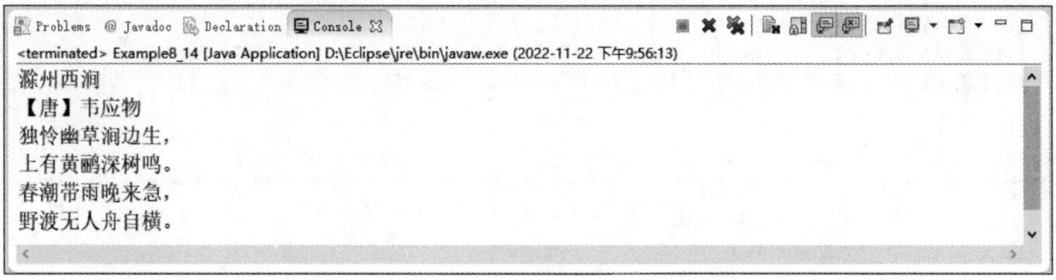

图 8.20　迭代器使用实例输出

【程序说明】

　　程序第 14 行调用 iterator()方法获得 ArrayList 集合的迭代器;程序第 17 行通过迭代器对象的 next()方法获得集合内的元素;程序第 15 行通过 hasNext()方法判断遍历是否完成。

8.8 综 合 实 验

【实验目的】

- 掌握 List、Set 等接口及其实现类的使用。
- 理解泛型的概念,掌握其使用方法。
- 掌握增强型 for 循环和迭代器的使用方法。

【实验内容】

使用面向对象程序设计和 Java 集合类完成如下设计。

- 设计类 Employee(雇员),成员变量包括姓名、性别、月薪和生日,方法包括构造方法,重写 toString()方法。
- 设计 Employee 的子类 Manager(经理),成员变量包括部门,方法包括构造方法,重写 toString()方法。
- 设计类 Company(公司),包括公司名、地址和员工列表(使用 HashSet 集合),方法包括构造方法、recruit()方法(招聘员工,当两名员工姓名和生日完全相同时,认为是同一个人,不重复招聘),重写 toString()方法。
- 在主方法中创建 Company、Employee 和 Manager 类型对象,测试相关方法。

程序运行结果如图 8.21 所示。

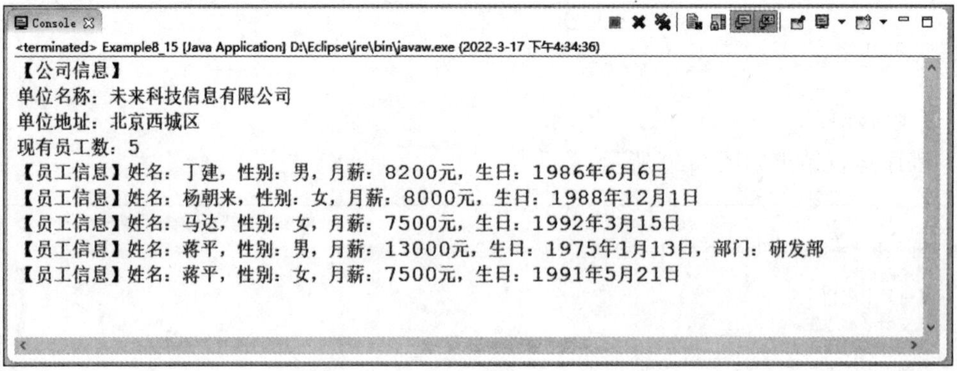

图 8.21 集合类综合实验输出

【例 8-15】 集合类综合实验。

```
0001 import java.util.HashSet;
0002 import java.util.Iterator;
0003 class Employee
0004 {
0005     String name;
0006     String sex;
```

```
0007    int salary;
0008    String birthday;
0009    Employee(String name, String sex, int salary, String birthday)
0010    {
0011        this.name = new String(name);
0012        this.sex = new String(sex);
0013        this.salary = salary;
0014        this.birthday = new String(birthday);
0015    }
0016    public String toString()
0017    {
0018        return "【员工信息】姓名: " + name + ",性别: " + sex
0019                + ",月薪: " + salary + "元,生日: " + birthday;
0020    }
0021    public int hashCode()
0022    {
0023        return name.hashCode();
0024    }
0025    public boolean equals(Object obj)
0026    {
0027        if(this == obj)
0028            return true;
0029        if(obj instanceof Employee)
0030        {
0031            Employee emp = (Employee)obj;
0032            if(name.equals(emp.name) && birthday.equals(emp.birthday))
0033                return true;
0034        }
0035        return false;
0036    }
0037 }
0038 class Manager extends Employee
0039 {
0040    String dept;
0041    Manager(String name, String sex, int salary, String birthday, String dept)
0042    {
0043        super(name, sex, salary, birthday);
0044        this.dept = new String(dept);
0045    }
0046    public String toString()
0047    {
0048        return super.toString() + ",部门: " + dept;
0049    }
0050 }
0051 class Company
```

```
0052 {
0053     String name;
0054     String address;
0055     HashSet<Employee> staffs;
0056     Company(String name, String address)
0057     {
0058         this.name = new String(name);
0059         this.address = new String(address);
0060         staffs = new HashSet<Employee>();
0061     }
0062     <T>void recruit(T e)
0063     {
0064         if(e instanceof Manager)
0065             staffs.add((Manager)e);
0066         else if(e instanceof Employee)
0067             staffs.add((Employee)e);
0068     }
0069     public String toString()
0070     {
0071         String info = "【公司信息】\n 单位名称：" + name + "\n 单位地址：" + address;
0072         int count= 0;
0073         Iterator it = staffs.iterator();
0074         String emp = "";
0075         while (it.hasNext())
0076         {
0077             count++;
0078             emp += "\n" + it.next();
0079         }
0080         info += "\n 现有员工数：" + count;
0081         info += emp;
0082         return info;
0083     }
0084 }
0085 public class Example8_15
0086 {
0087     public static void main(String[] args)
0088     {
0089         Company com = new Company("未来科技信息有限公司", "北京西城区");
0090         com.recruit(new Manager("蒋平", "男", 13000, "1975 年 1 月 13 日",
                 "研发部"));
0091         com.recruit(new Employee("杨朝来", "女", 8000, "1988 年 12 月 1 日"));
0092         com.recruit(new Employee("蒋平", "女", 7500, "1991 年 5 月 21 日"));
0093         com.recruit(new Employee("马达", "女", 7500, "1992 年 3 月 15 日"));
0094         com.recruit(new Employee("丁建", "男", 8200, "1986 年 6 月 6 日"));
0095         com.recruit(new Employee("丁建", "女", 8800, "1986 年 6 月 6 日"));
```

```
0096        System.out.println(com);
0097    }
0098 }
```

【程序说明】

程序第 16～20 行重写类 Employee 的 toString()方法,返回表示员工信息的字符串;程序第 21～24 行、第 25～36 行分别重写了 hashCode()和 equals()方法,用于判断两个 Employee 类型对象是否为同一个对象,防止插入重复元素;程序第 46～49 行重写类 Manager 的 toString()方法,其中使用 super 关键字调用父类 toString()方法,减少代码冗余;程序第 62～68 行定义了泛型方法 recruit(),使用关键字 instanceof 判断参数类型,调用相应的代码;程序第 69～83 行重写类 Company 的 toString()方法,其中使用迭代器遍历公司所有的员工;程序第 90 行、第 92 行添加了两个名为“蒋平”的员工,但其生日不同,因此均加入了员工列表;程序第 94 行、第 95 行添加的员工姓名、生日均相同, HashSet 集合中只添加第一个对象,丢弃第二个对象。

◆ 8.9　小　　结

Java 中的集合是一种容器,可用于存储和处理任意类型、长度可变的对象数组。Java 集合分为单列集合 Collection 接口和双列集合 Map 接口,前者指集合中每个元素都是单一对象,后者指集合中每个元素是一组由键值对组成的对象。

Collection 接口定义了集合中一些通用的方法,它包含 Set 和 List 两类子接口。List 接口是一个有序、可重复的集合,可通过索引访问集合中的任意元素,其实现方式包括数组 ArrayList 类和链表 LinkedList 类两种形式。Set 接口是一个包含不重复元素的集合,主要包含 HashSet 类和 TreeSet 类两种实现形式,其中前者是无序的,后者可对元素进行排序。

Map 接口是一种键值对集合,通常用于保存具有映射关系的数据。HashMap 类是实现 Map 接口的类,使用哈希算法计算元素的哈希值,进而计算其存储位置。当元素哈希码的值相同时,HashMap 类的底层采用链表或红黑树结构解决哈希冲突问题。

泛型是将类定义、接口定义和方法定义中出现的类型参数化,分别称为泛型类、泛型接口和泛型方法。为了简化集合的遍历操作,可使用增强型 for 循环(for…each 循环)和 Iterator 迭代器这两种方式。

◆ 8.10　习　　题

1. 简述 Java 集合与数组的区别,以及 Java 类框架中有哪些基本的接口。

2. List 接口和 Set 接口的主要区别是什么?

3. 什么是泛型?为什么要使用泛型?泛型有几种类型?

4. Collection 接口和 Map 接口有什么关系?

5. 分析如下程序代码的输出。

```java
import java.util.Set;
public class Exe8_5
{
    public int hashCode()
    {
        return 1;
    }
    public boolean equals(Object b)
    {
        return true;
    }
    public static void main(String args[])
    {
        Set set = new HashSet();
        set.add(new Exe8_5());
        set.add(new String("ABC"));
        set.add(new Exe8_5());
        System.out.println(set.size());
    }
}
```

6. 分析如下代码的输出。

```java
import java.util.List;
import java.util.ArrayList;
class MyClass
{
    int value;
    public MyClass()
    {
    }
    public MyClass(int value)
    {
        this.value = value;
    }
    public String toString()
    {
        return " " + value;
    }
}
public class Exe8_6
{
    public static void main(String args[])
```

```
    {
        MyClass mc1 = new MyClass(10);
        MyClass mc2 = new MyClass(20);
        MyClass mc3 = new MyClass(30);
        List list = new ArrayList();
        list.add(mc1);
        list.add(mc2);
        list.add(mc3);
        MyClass mc4 = (MyClass)list.get(1);
        mc4.value = 50;
        for(int i = 0; i < list.size(); i++)
            System.out.println(list.get(i));
    }
}
```

◆ 8.11　实　　验

实验一：使用面向对象程序设计和 Java 集合类完成如下设计。

- 设计类 Car(汽车)，成员变量包括品牌、型号、颜色和排量，方法包括构造方法，重写 toString()方法。
- 设计类 Garage(车库)，成员变量包括名称、面积和车辆列表(使用 TreeSet 集合)，方法包括构造方法、in()(车辆入库)和 out()(车辆出库)方法，重写 toString()方法。
- 要求车库中的车辆按照品牌(字典序)、型号(字典序)、排量(降序)、颜色(字典序)的顺序排列。
- 在主方法中创建 Car 和 Garage 类型对象，测试相关方法。

程序运行结果如图 8.22 所示。

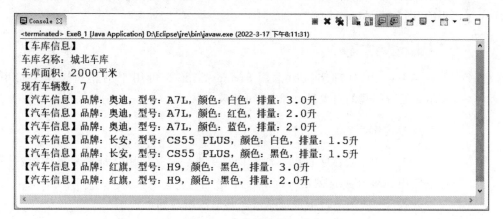

图 8.22　集合类实验一输出

Java 常用类

本章学习目标

- 掌握 Java 中常用字符串类的使用。
- 掌握 Java 中包装类的使用。
- 掌握 Java 中数学类的使用。
- 掌握 Java 中日期和时间类的使用。

为了提高程序开发的效率以及降低开发的难度,Java 中提供了丰富的基础类库。因此,对开发人员而言,了解 Java 基础类库并掌握其使用方法非常必要。本章将介绍 JDK 基础类库中的常用类,包括字符串类、数学运算类、日期和时间类、格式化类等。

◆ 9.1 字符串类

在 Java 中,字符是基本数据类型,字符串是指一连串字符组成的序列,也即由多个字符连接而成的复合数据类型。本节将详细介绍与字符串对象相关的 String 类、StringBuffer 类以及常用的字符串处理方法,然后介绍用于字符串解析的 StringTokenizer 类。

9.1.1 String 类

在 Java 中,处理字符串常用 String 类,该类可用于创建和操作字符串。String 类所创建的对象是常量,不可修改。

1. 创建字符串

在 Java 中,创建字符串一般有两种方法:一是使用字符串常量赋值,另一种是使用 new 运算符创建字符串。

方式一:使用字符串常量赋值。其语法格式如下。

```
String 变量名称 = 字符串;
```

其中,字符串的值可以为空,也可以是一个具体的字符串,示例如下。

```
String str1 = null;            //创建一个空字符串
String str2 = "";              //创建一个值为空字符串的字符串
String str3 = "hello";         //创建一个值为 hello 的字符串
```

字符串 str1 被赋值为 null,表明该引用为空,不指向任何对象;字符串 str2 是一个空字符串的引用;字符串 str3 是一个引用,其引用的对象是字符串常量"hello"。

方式二:调用 String 类的构造方法创建字符串。其语法格式如下。

```
String 变量名称 = new String(字符串);
```

或

```
String 变量名称 = new String(字符数组);
```

下面通过实例来介绍字符串的上述两种创建方式。

【例 9-1】　字符串创建实例。

ex9_1

```
0001 public class Example9_1
0002 {
0003     public static void main(String[] args)
0004     {
0005         //方式一:使用字符串常量直接赋值
0006         String str1 = "红豆生南国,春来发几枝。愿君多采撷,此物最相思。";
0007         //第二种方法:调用 String 类的构造方法创建字符串
0008         String str2 = new String();            //创建一个内容为空的字符串
0009         String str3 = new String("故国三千里,深宫二十年。一声何满子,双泪落
             君前。");
0010         char[] charArray = {'t', 'h', 'e', ' ', 's', 't', 'a', 'r', ' ', 'm', '
             a', 'y', ' ', 'd', 'i', 's', 's', 'o', 'l', 'v', 'e'};
0011         String str4 = new String(charArray); //创建一个内容为字符数组的字符串
0012         System.out.println("字符串 str1 的内容为: " + str1);
0013         System.out.println("字符串 str2 的内容为: " + str2);
0014         System.out.println("字符串 str3 的内容为: " + str3);
0015         System.out.println("字符串 str4 的内容为: " + str4);
0016     }
0017 }
```

【运行结果】

程序运行结果如图 9.1 所示。

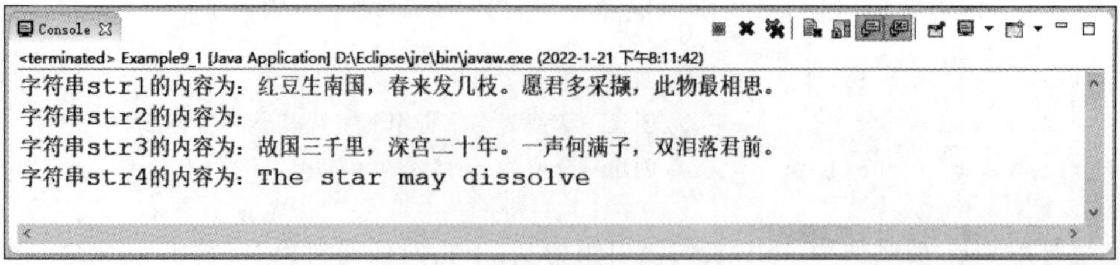

图 9.1　字符串创建实例输出

【程序说明】

程序第 6 行使用字符串常量直接赋值给 String 对象；第 8～10 行通过 String 类的构造方法创建字符串,构造方法的参数可以为空(第 8 行)、字符串常量(第 9 行),也可以为字符数组(第 11 行)。

2. 字符串操作

String 类提供了常用方法用于字符串操作,如表 9.1 所示。

表 9.1　String 类的常用方法

方 法 名 称	功 能 描 述
char charAt(int index)	返回字符串索引 index 位置处的字符
String concat(String str)	将指定字符串 str 连接到此字符串的结尾
boolean equals(Object anObject)	将此字符串与指定对象 anObject 进行比较
int indexOf(int ch)	返回指定字符 ch 在此字符串中第一次出现处的索引
int indexOf(String str)	返回指定子字符串 str 在此字符串中第一次出现处的索引
int lastIndexOf(int ch)	返回指定字符 ch 在此字符串中最后一次出现处的索引
int lastIndexOf(String str)	返回指定子字符串 str 在此字符串中最后一次出现处的索引
int length()	返回此字符串的长度
String replace(char oldChar, char newChar)	使用指定字符 newChar 替换此字符串中出现的所有字符 oldChar
String replace(CharSequence target, CharSequence replacement)	将所有与字符序列 target 匹配的子字符串替代为 replacement
String[] split(String regex)	根据给定的正则表达式 regex 拆分此字符串
String substring(int beginIndex)	返回此字符串从索引 beginIndex 处开始的子字符串
String substring(int beginIndex, int endIndex)	返回此字符串在索引为[beginIndex,indIndex-1]的子字符串
char[] toCharArray()	将此字符串转换为一个字符数组
String toLowerCase()	将此字符串中所有字符都转换为小写形式
String toUpperCase()	将此字符串中所有字符都转换为大写形式

方法名称	功能描述
String trim()	将此字符串中所有的前导空白和尾部空白删除
booleancontains(CharSequence chars)	判断此字符串中是否包含指定的字符序列 chars
booleanisEmpty()	判断此字符串是否为空

1) 字符串基本操作

字符串基本操作包括获取字符串长度、获取指定字符、获取某字符在字符串中索引以及字符串大小写转换等。

【例 9-2】　字符串基本操作实例。

```
0001 public class Example9_2
0002 {
0003    public static void main(String[] args)
0004    {
0005        String str1 = "Very quietly I take my leave as quietly as I came here.";
0006        System.out.println("字符串原文为: " + str1);
0007        int length = str1.length();
0008        System.out.println("字符串的长度为: " + length);
0009        char ch = str1.charAt(7);
0010        System.out.println("字符串中的第 8 个字符为: " + ch);
0011        int index = str1.indexOf('e');
0012        System.out.println("字符串中 e 第一次出现处的索引: " + index);
0013        int lastIndex = str1.lastIndexOf('a');
0014        System.out.println("字符串中 a 最后一次出现处的索引: " + lastIndex);
0015        String str2 = str1.toLowerCase();
0016        System.out.println("字符串的小写形式: " + str2);
0017        String str3 = str1.toUpperCase();
0018        System.out.println("字符串的小写形式: " + str3);
0019    }
0020 }
```

【运行结果】

程序运行结果如图 9.2 所示。

字符串原文为: Very quietly I take my leave as quietly as I came here.
字符串的长度为: 55
字符串中的第8个字符为: i
字符串中e第一次出现处的索引: 1
字符串中a最后一次出现处的索引: 46
字符串的小写形式: very quietly i take my leave as quietly as i came here.
字符串的小写形式: VERY QUIETLY I TAKE MY LEAVE AS QUIETLY AS I CAME HERE.

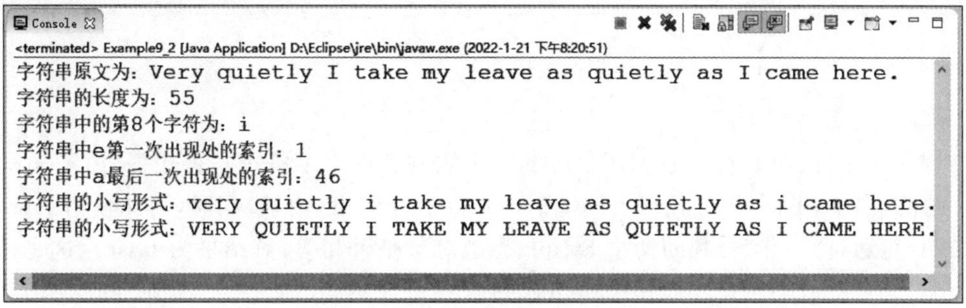

图 9.2　字符串基本操作输出

【程序说明】

上述程序调用 String 类的相关方法实现字符串基本操作,运行结果如图 9.2 所示。需要说明的是,String 类创建的对象内容不允许修改,调用 toLowerCase ( ) 或 toUpperCase()方法时,修改后的字符串赋值给新的字符串,而非对原字符串的内容进行修改。

2)字符串比较

通过调用 String 类的 equals()方法可实现两个字符串对象的比较,若两个字符串的内容相同,返回 true,否则返回 false。

【例 9-3】 字符串比较实例。

ex9_3

```
0001 public class Example9_3
0002 {
0003    public static void main(String[] args)
0004    {
0005        String str1 = new String("青山隐隐水迢迢,秋尽江南草未凋。");
0006        String str2 = new String("二十四桥明月夜,玉人何处教吹箫?");
0007        String str3 = new String("青山隐隐水迢迢,秋尽江南草未凋。");
0008        System.out.println("字符串 str1 和 str2 内容是否相同: " + str1.
                equals(str2));
0009        System.out.println("字符串 str1 和 str3 内容是否相同: " + str1.
                equals(str3));
0010        System.out.println("字符串 str1 和 str3 是否是同一个字符串: " +
                (str1 == str3));
0011    }
0012 }
```

【运行结果】

程序运行结果如图 9.3 所示。

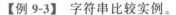

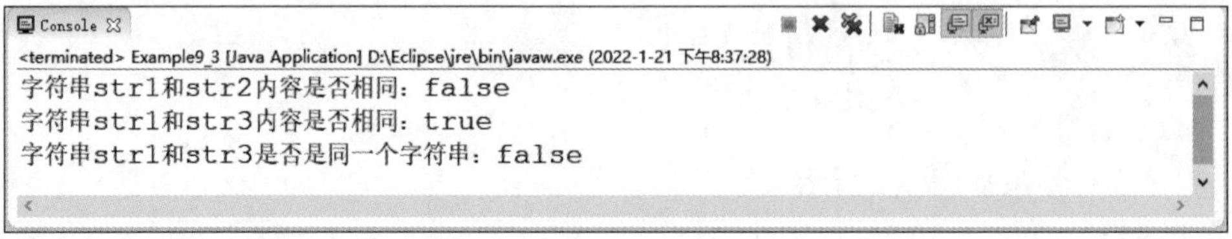

图 9.3 字符串比较的输出

【程序说明】

程序第 8 行、第 9 行分别调用 equals()方法判断两个字符串是否相等,由于 str1 和 str2 的值(内容)不同,因此输出 false,而 str1 和 str3 的值(内容)相同,因此输出 true;程序第 10 行通过"=="号判断两个 String 类型对象是否相等,其结果为 false。这是因为 equals()方法是比较两个字符串中所包含的内容是否相同,而"=="号则是比较两个引用的是否为同一个对象。因此,尽管 str1 和 str3 的内容相同,但是并非同一个对象,所以返回 false。

　　3) 字符串截取与拆分

　　String 类的 subString()方法可根据需求截取字符串中的子串,split()方法可将字符串按照正则表达式要求拆分并保存到一个字符串数组中。

　　【例 9-4】　字符串截取和拆分实例。

ex9_4

```
0001 public class Example9_4
0002 {
0003     public static void main(String args[])
0004     {
0005         String str = "Quietly I wave good-bye To the rosy clouds in the
                western sky.";
0006         System.out.println("字符串原文为: \n" + str);
0007         String firstWord = str.substring(0, 7);
0008         String secondWord = str.substring(8, 9);
0009         System.out.println("第一个单词为: " + firstWord);
0010         System.out.println("第二个单词为: " + secondWord);
0011         String stringArray[] = str.split(" ");
0012         System.out.println("拆分之后的各个单词为: ");
0013         for(int i = 0; i < stringArray.length; i++)
0014             System.out.println(stringArray[i]);
0015     }
0016 }
```

【运行结果】

程序运行结果如图 9.4 所示。

```
Console ✕                          ✕ ✖ ✖ | ▣ ▤ | ▦ ▦ ▣ | ▦ ▼ ▤ ▼ ▤ ▼
<terminated> Example9_4 [Java Application] D:\Eclipse\jre\bin\javaw.exe (2022-1-21 下午8:52:30)
字符串原文为:
Quietly I wave good-bye To the rosy clouds in the western sky.
第一个单词为: Quietly
第二个单词为: I
拆分之后的各个单词为:
Quietly
I
wave
good-bye
To
the
rosy
clouds
in
the
western
sky.
```

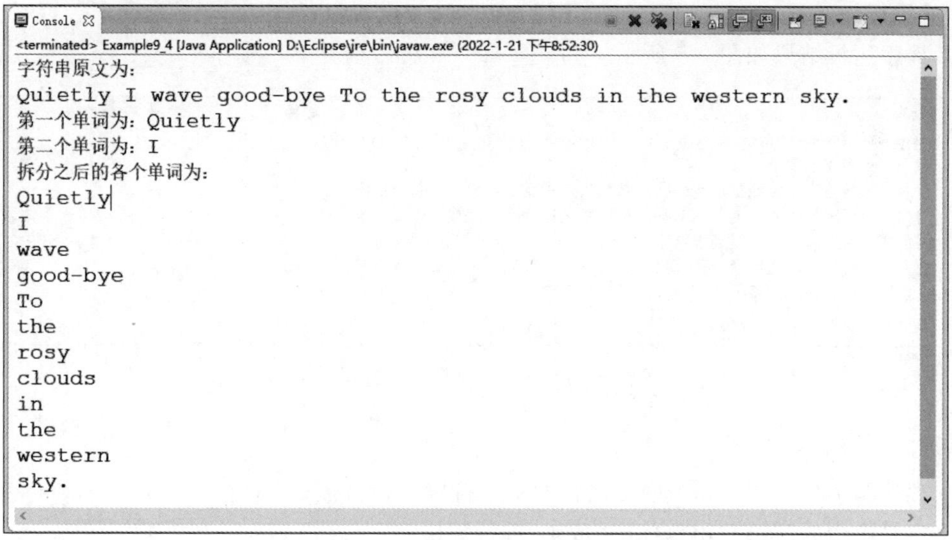

图 9.4　字符串截取和拆分实例输出

【程序说明】

程序第 7 行、第 8 行通过 subString()方法截取字符串中指定范围内的子串;程序第 11 行通过 split()方法对字符串进行分隔,分隔符为空格,分隔的各子串存入到数组 stringArray 中。

4) 字符串替换和合并

在程序开发时,有时需对原字符串中的某些子字符串进行替换合并。相应地,String 类中提供了 replace()、concat()等方法。

【例 9-5】 字符串替换和合并实例。

ex9_5

```
0001 public class Example9_5
0002 {
0003     public static void main(String[] args)
0004     {
0005         String str1 = "昔人已乘黄鹤去,此地空余黄鹤楼。\n 黄鹤一去不复返,白云千
                载空悠悠。";
0006         String str2 = "晴川历历汉阳树,芳草萋萋鹦鹉洲。\n 日暮乡关何处是? 烟波
                江上使人愁。";
0007         String str3 = str1.concat(str2);
0008         System.out.println("合并字符串 str1 和 str2 后,得到字符串: ");
0009         System.out.println(str3);
0010         String str4 = str3.replace("黄鹤", "黃鶴");
0011         System.out.println("将黄鹤替换为黃鶴后,得到字符串: ");
0012         System.out.println(str4);
0013     }
0014 }
```

【运行结果】

程序运行结果如图 9.5 所示。

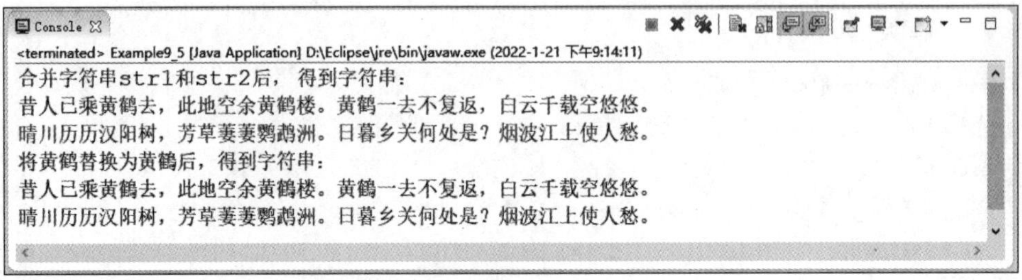

图 9.5 字符串替换和合并实例输出

【程序说明】

程序第 7 行调用 concat()方法将两个字符串进行拼接;程序第 10 行调用 replace()方法将字符串中的"黄鹤"用繁体字"黃鶴"进行替换。

9.1.2 StringBuffer 类

String 类型的字符串是不可变对象,一旦创建,其内容和长度均不可改变。为了便于对字符串的内容进行修改,Java 中提供了 StringBuffer 类,StringBuffer 类是线程安全的字符串,其内容和长度均可改变。StringBuffer 类提供的主要方法如表 9.2 所示。

表 9.2 StringBuffer 类的常用方法

方 法 名 称	功 能 描 述
StringBuffer()	创建空的 StringBuffer 对象,初始化容量为 16 个字符
StringBuffer(String str)	创建 StringBuffer 对象,以字符串 str 进行初始化
StringBuffer append(String str)	将字符串 str 追加到此字符串末尾
StringBuffer reverse()	将此字符串以其逆序形式取代
StringBuffer delete(int start, int end)	移除此字符串中索引为[start,end-1]的子串
StringBuffer insert(int offset, String str)	将字符串 str 插入此字符串的索引 offset 处
StringBuffer replace(int start, int end, String str)	使用字符串 str 替换此字符串索引为[start,end-1]的子串
int capacity()	返回此字符串的当前容量
void setCharAt(int index, char ch)	将此字符串中指定索引 index 处的字符设置为 ch
void setLength(int len)	设置此字符串的长度为 len
String toString()	将此字符串转换为 String 类型并返回

1) 字符串添加与删除

StringBuffer 类的 append()方法可将指定字符串追加到原字符串对象尾部,insert()方法可以将指定字符串插入到原字符串的任意位置,delete()方法可以删除字符串中指定范围内的子串。

【例 9-6】 字符串添加与删除实例。

ex9_6

```
0001 public class Example9_6
0002 {
0003     public static void main(String[] args)
0004     {
0005         StringBuffer sb = new StringBuffer("剑外忽传收蓟北,初闻涕泪满衣裳。\n");
0006         sb.append("却看妻子愁何在,漫卷诗书喜欲狂。\n");
0007         sb.append("白日放歌须纵酒,青春作伴好还乡。\n");
0008         sb.append("即从巴峡穿巫峡,便下襄阳向洛阳。\n");
0009         System.out.println("StringBuffer 字符串内容为: ");
0010         System.out.println(sb);
0011         sb.insert(0, "闻官军收河南河北\n【唐】杜甫\n");
0012         System.out.println("插入标题和作者信息后,StringBuffer 字符串内容为: ");
```

```
0013          System.out.println(sb);
0014          sb.delete(9, 15);
0015          System.out.println("删除作者信息后,StringBuffer 字符串内容为: ");
0016          System.out.println(sb);
0017     }
0018 }
```

【运行结果】

程序运行结果如图 9.6 所示。

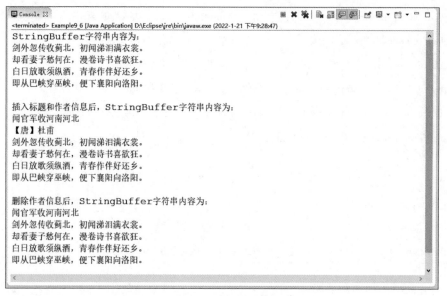

图 9.6　字符串添加与删除实例输出

【程序说明】

程序第 5 行以字符串常量为参数调用 StringBuffer 的构造方法创建 StringBuffer 对象；程序第 6～8 行通过 append()方法将字符串依次添加到字符串对象 sb 的尾部；程序第 11 行在字符串索引为 0 的位置，即开头位置，插入诗歌标题和作者信息；程序第 14 行通过 delete()方法删除了指定范围内作者的相关信息。

2）字符串获取与修改

StringBuffer 类可通过 charAt()获得指定位置处的字符，substring()方法可获取指定范围内的字符串，setCharAt()方法可设置（修改）指定位置处的字符，replace()方法可将一定范围内的字符串替换为指定字符串，reverse()方法可将字符串倒置。

【例 9-7】　字符串获取与修改实例。

ex9_7

```
0001 public class Example9_7
0002 {
0003     public static void main(String[] args)
```

```
0004    {
0005        StringBuffer sb = new StringBuffer("昨夜星辰昨夜风,画楼西畔桂堂东。\n"
0006            + "身无彩凤双飞翼,心有灵犀一点通。\n"
0007            + "隔座送钩春酒暖,分曹射覆蜡灯红。\n"
0008            + "嗟余听鼓应官去,走马兰台类转蓬。");
0009        System.out.println("StringBuffer 字符串内容为：");
0010        System.out.println(sb);
0011        System.out.println("StringBuffer 字符串的第一个字为：" + sb.
            charAt(0));
0012        System.out.println("StringBuffer 字符串的第二句为：" + sb.
            substring(17, 33));
0013        sb.setCharAt(0, '今');
0014        sb.replace(51, 67, "王师北定中原日,家祭无忘告乃翁。");
0015        System.out.println("StringBuffer 字符串修改后内容为：");
0016        System.out.println(sb);
0017        sb.reverse();
0018        System.out.println("StringBuffer 字符串倒置后内容为：");
0019        System.out.println(sb);
0020    }
0021 }
```

【运行结果】

程序运行结果如图 9.7 所示。

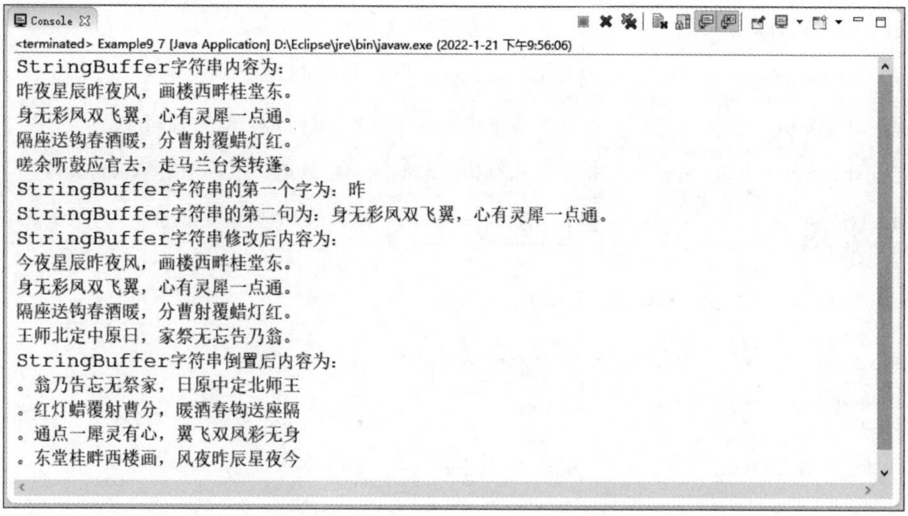

图 9.7　字符串获取与修改实例输出

【程序说明】

程序第 11 行调用 charAt()方法获取字符串第一个字符为"昨"；程序第 12 行调用 substring()方法指定下标范围,获取字符串子串；程序第 13 行调用 setCharAt()方法将字符串第一个字符（下标为 0）进行替换；程序第 14 行将指定范围内的字符串替换为另外的字符串；程序第 17 行调用 reverse()方法将字符串倒置。

以上主要介绍了字符串的一些常用操作，包括添加、删除、读取、替换等。StringBuffer 类还提供了其他的方法，读者可以自行查阅资料，在此就不再一一介绍。

9.1.3 StringTokenizer 类

StringTokenizer 类主要用于对 String 对象进行分词，其作用类似于 String 类的 split() 函数。两者的主要区别是，split()方法需要使用正则表达式设置分词规则，而 StringTokennizer 类可设置不同分隔符来分隔字符串，因此后者的使用更为简便。

StringTokenizer 是用来进行字符串词法分析的类，它包含在 java.util 包中，其常用方法如表 9.3 所示。

表 9.3　StringTokenizer 类的常用方法

方法名称	功能描述
StringTokenizer(String str)	构造一个用来解析字符串 str 的 StringTokenizer 对象，使用默认分隔符空格（' '）、制表符（'\t'）、换行符（'\n'）和回车符（'\r'）
StringTokenizer(String str,String delim)	构造一个用于解析字符串 str 的 StringTokenizer 对象，使用 delim 作为分隔符
StringTokenizer(String str,String delim,boolean delims)	构造一个用于解析字符串 str 的 StringTokenizer 对象，使用 delim 作为分隔符，使用 delims 指定是否将分隔符作为 token 返回
int countTokens()	返回 nextToken()方法被调用的次数
boolean hasMoreTokens()	返回是否还有符号（单词）
boolean hasMoreElements()	与 hasMoreTokens()方法返回同样的值
String nextToken()	返回字符串中下一个符号（单词），类型为 String
String nextToken(String delim)	指定分隔符为 delim，返回字符串中下一个符号（单词）
Object nextElement()	和 nextToken()返回一样的值，类型为 Object

【例 9-8】　StringTokenizer 类使用实例。

```
0001 import java.util.StringTokenizer;
0002 public class Example9_8
0003 {
0004     public static void main(String[] args)
0005     {
0006         String str1 = new String("Java is easy to learn");
0007         StringTokenizer st1 = new StringTokenizer(str1);
0008         System.out.println("(1)使用默认分隔符,字符串 str1 分隔得到单词数量: "
0009             + st1.countTokens());
0010         while (st1.hasMoreTokens())
```

ex9_8

```
0011                System.out.print(st1.nextToken() + " ");
0012        System.out.println();
0013        String str2 = new String("Java,is,easy,to,learn");
0014        StringTokenizer st2 = new StringTokenizer(str2, ",", true);
0015        StringTokenizer st3 = new StringTokenizer(str2, ",", false);
0016        System.out.println("(2)使用,作为分隔符,返回分隔符,字符串 str2 中包
0017            含单词数量: " + st2.countTokens());
0018        while (st2. hasMoreTokens())
0019            System.out.print(st2.nextToken() + " ");
0020        System.out.println();
0021        System.out.println("(3)使用,作为分隔符,不返回分隔符,字符串 str2 中
0022            包含单词数量: " + st3.countTokens());
0023        while (st3. hasMoreTokens())
0024            System.out.print(st3.nextToken() + " ");
0025    }
0026 }
```

【运行结果】

程序运行结果如图 9.8 所示。

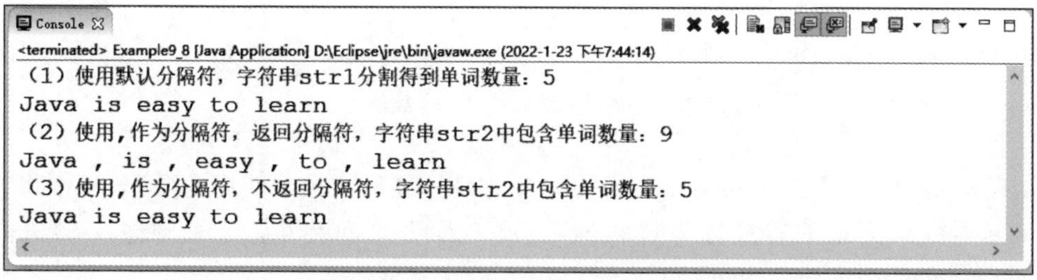

图 9.8   StringTokenizer 类使用实例输出

【程序说明】

程序第 7 行,使用默认分隔符对字符串 str1 进行分词,得到 5 个单词;程序第 14 行,使用“,”作为分隔符,对字符串 str2 进行分词,并将分隔符本身也作为单词返回,得到 9 个单词;程序第 15 行,使用“,”作为分隔符,对字符串 str2 进行分词,分隔符本身不作为单词返回,得到 5 个单词。

◆ 9.2 包　装　类

Java 是一种面向对象的编程语言,但是 Java 中的基本数据类型,如 int、float、char 等,并非对象类型,因此在实际使用中经常需要进行基本数据类型和对象类型的转换。例如,集合类中的元素只能支持对象类型,不支持基本数据类型,因此需要将基本类型数据转换成对象类型。

Java 有 8 种基本数据类型,分别为 byte、short、int、long、float、double、boolean 和

char。相应地,Java 提供了 8 种包装类,分别为 Byte、Short、Integer、Long、Float、Double、Boolean 和 Character,与 8 种基本数据类型——对应。下面以 Integer 类为例,对包装类进行介绍,其他包装类型的使用与 Integer 类大同小异。

Integer 类是基本数据类型 int 对应的对象类型,其主要方法如表 9.4 所示。

表 9.4　Integer 类的常用方法

方 法 名 称	功 能 描 述
Integer(int val)	创建整型变量 val 所对应的 Integer 类型对象
Integer(String str)	创建数字字符串 str 所对应的 Integer 类型对象
byte byteValue()	以 byte 类型返回此 Integer 类型对象的值
short shortValue()	以 short 类型返回此 Integer 类型对象的值
int intValue()	以 int 类型返回此 Integer 类型对象的值
String toString()	返回一个表示此 Integer 类型对象值的 String 对象
boolean equals(Object obj)	比较此对象与对象 obj 是否相等
int compareTo(Integer it)	比较两个 Integer 对象所对应的整型值,如相等,返回 0;如此对象的数值小于 it 的数值,则返回负值;如此对象的数值大于 it 的数值,则返回正值
Integer valueOf(String str)	返回数字字符串 str 所对应的 Integer 类型对象
int parseInt(String str)	将数字字符串 str 转换为 int 数值

基本类型变量和包装类对象之间的转换是编程过程中经常使用的操作,通常将包装类向基本数据类型的转换称为自动拆箱,反之称为自动装箱。下面通过实例来介绍 Integer 类的使用方法。

【例 9-9】　Integer 类使用实例。

ex9_9

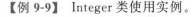

```
0001 public class Example9_9
0002 {
0003    public static void main(String[] args)
0004    {
0005        Integer it = new Integer(1024);
0006        System.out.println("整型数 1024 对应的 Integer 对象为: " + it);
0007        Integer it2 = Integer.valueOf("512");
0008        System.out.println("字符串\"512\"对应的 Integer 对象为: " + it2);
0009        int res = it2.intValue();
0010        System.out.println("将 Integer 类型对象对应的 int 型变量值为: " + res);
0011        int res2 = Integer.parseInt("1023");
0012        System.out.println("字符串\"1023\"对应的 int 型变量值为: " + res2);
0013        Integer it3 = 255;
0014        int res3 = new Integer(256);
```

```
0015        System.out.println("int型变量自动装箱,自动调用 valueOf()方法得到
0016              Integer 对象为: " + it3);
0017        System.out.println("Integer 对象自动拆箱,自动调用 intValue()方法
0018              得到 int 型变量为: " + res3);
0019    }
0020 }
```

【运行结果】

程序运行结果如图 9.9 所示。

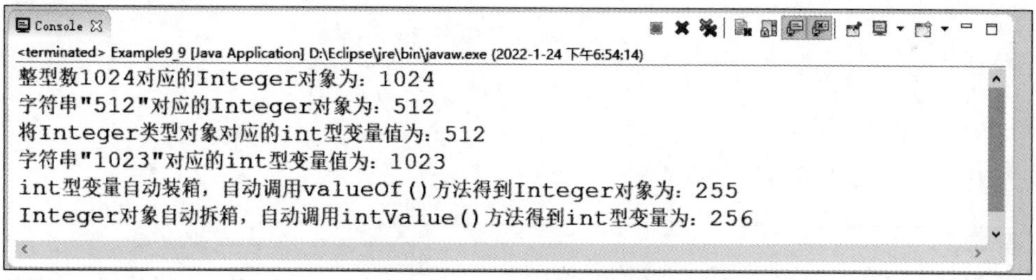

```
Console ✕                                      ■ ✖ ✖ | ■ ⬚ ⬚ ⬚ | ⬚ ▤ ▾ ▭ ▾ ▭
<terminated> Example9_9 [Java Application] D:\Eclipse\jre\bin\javaw.exe (2022-1-24 下午6:54:14)
整型数1024对应的Integer对象为: 1024
字符串"512"对应的Integer对象为: 512
将Integer类型对象对应的int型变量值为: 512
字符串"1023"对应的int型变量值为: 1023
int型变量自动装箱, 自动调用valueOf()方法得到Integer对象为: 255
Integer对象自动拆箱, 自动调用intValue()方法得到int型变量为: 256
<
```

图 9.9　Integer 类使用的输出

【程序说明】

程序第 5 行以 int 型变量调用 Integer 类的构造方法创建 Integer 类型对象;程序第 7 行以数字字符串调用 valueOf()方法创建 Integer 类型对象;程序第 9 行调用 intValue() 方法将 Integer 类型对象转换为 int 型变量;程序第 11 行调用 parseInt()方法将数字字符 串转换为 int 型变量;程序第 13 行、第 14 行分别演示了自动装箱和自动拆箱操作。

其他包装类的使用方法与 Integer 类类似,在此不一一介绍,如有需要可以自行查阅 相关资料。

◆ 9.3　数　学　类

在编程解决问题的过程中,为了解决数学计算、随机数处理等问题,Java 提供了 Math 类、Random 类等,下面将详细介绍相关的类。

9.3.1　Math 类

Java 中用于数学计算的为 Math 类,该类提供了常见的数学常量和基本的数学函数, 如指数、对数、平方根和三角函数等。此外,需特别说明的是,Math 类中包含的方法都是 静态方法,因此可直接通过类名来调用相关方法。

1. 静态常量

Math 类中包含两个静态常量: E 和 PI,其值分别对应于数学中的自然常数 e(自然 对数的底)和圆周率 π,具体用法如例 9-10 所示。

【例 9-10】 Math 类静态变量使用实例。

```
0001 public class Example9_10
0002 {
0003     public static void main(String[] args)
0004     {
0005         System.out.println("e是自然常数,由瑞士数学和物理学家莱昂纳德·欧拉
0006                 命名,其值约为" + Math.E);
0007         System.out.println("π是圆周率,我国数学家祖冲之计算得出精确到小数点
0008                 后 7 位值为" + String.format("% .7f", Math.PI));
0009     }
0010 }
```

【运行结果】

程序运行结果如图 9.10 所示。

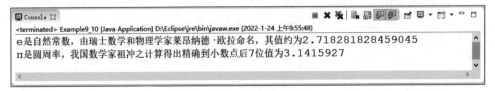

图 9.10　Math 类静态常量使用实例输出

【程序说明】

程序中第 6 行、第 8 行分别调用 Math 类的静态常量 E 和 PI。

2. Math 类常用方法

Math 类包含多个数学运算的方法,如表 9.5 所示。

表 9.5　Math 类常用方法

方 法 名 称	功 能 描 述
static int abs(int a)	返回 a 的绝对值
static int max(double x, double y)	返回 x 和 y 中的最大值
static int min(int x, int y)	返回 x 和 y 中的最小值
static double ceil(double a)	返回大于或等于 a 的最小整数
static double floor(double a)	返回小于或等于 a 的最大整数
static int round(float a)	按照四舍五入规则,返回最接近 a 的整数
static double sin(double a)	返回 a(以弧度为单位)的正弦值
static double asin(double a)	返回 a(以弧度为单位)的反正弦值
static double cos(double a)	返回 a(以弧度为单位)的余弦值

续表

方　法　名　称	功　能　描　述
static double acos(double a)	返回 a(以弧度为单位)的反余弦值
static double tan(double a)	返回 a(以弧度为单位)的正切值
static double atan(double a)	返回 a(以弧度为单位)的反正切值
static double sqrt(double a)	返回 a 的平方根
static double pow(double a, double b)	返回 a 的 b 次方的值
static double log(double a)	以自然常数 e 为底,返回 a 的对数
static double random()	产生[0.0，1.0)中的 double 型随机数

【例 9-11】　Math 类常用方法使用实例。

ex9_11

```
0001 public class Example9_11
0002 {
0003    public static void main(String[] args)
0004    {
0005        System.out.println("25 的平方根:" + Math.sqrt(25));
0006        System.out.println("2 的 4 次方:" + Math.pow(2,4));
0007        System.out.println("2.5 和 3 中的最大值:" + Math.max(2.5,3));
0008        System.out.println("2.5 和 3 中的最小值:" + Math.min(2.5,3));
0009        System.out.println("-10 的绝对值:" + Math.abs(-10));
0010        System.out.println("大于或等于 10.8 的最小整数:" + Math.ceil(10.8));
0011        System.out.println("大于或等于-10.2 的最小整数:" + Math.ceil(-10.2));
0012        System.out.println("小于或等于 10.8 的最大整数:" + Math.floor(10.8));
0013        System.out.println("小于或等于-10.2 的最大整数:" + Math.floor(-10.2));
0014        System.out.println("10.4999 四舍五入后的整数:" + Math.round(10.4999));
0015        System.out.println("π/6 的正弦值:" + Math.sin(Math.PI/6));
0016        System.out.println("0 的余弦值:" + Math.cos(0));
0017        System.out.println("π/4 的正切值:" + Math.tan(Math.PI/4));
0018        System.out.println("1 的反正切值:" + Math.atan(1));
0019        System.out.println("random()产生随机数:" + Math.random());
0020    }
0021 }
```

【运行结果】

程序运行结果如图 9.11 所示。

【程序说明】

　　程序中,通过调用表 9.5 中 Math 类的常用方法,实现各种数学运算。需要说明的是,Math 类中的三角函数的参数都以弧度为参数,并非以角度为参数,在输入时需要尤其注意这一点。程序第 15 行和第 17 行中,π/6 和 π/4 都是近似值,因此得到的正弦值和正切值也都是近似值。

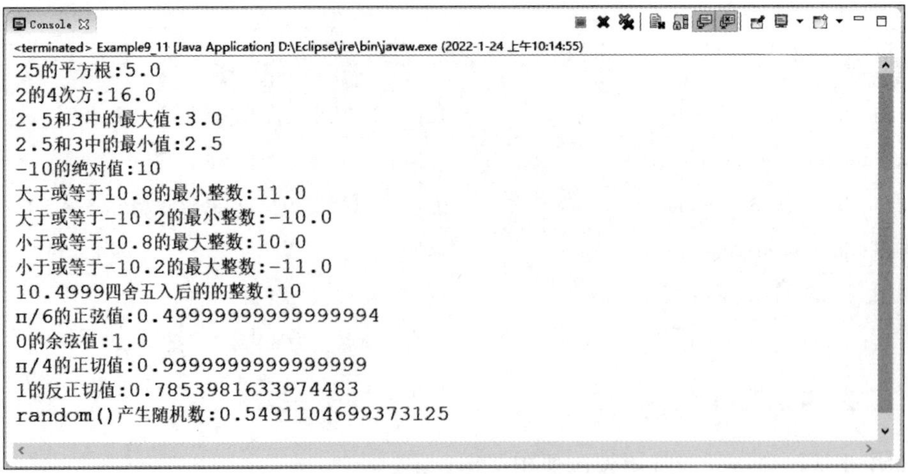

```
Console ⊠                          ⊞ ✖ ✖ | ⬛ ⬛ ⬛ | ⬛ ⬛ ⬛ | ⬛ ⬛ ⬛
<terminated> Example9_11 [Java Application] D:\Eclipse\jre\bin\javaw.exe (2022-1-24 上午10:14:55)
25的平方根:5.0
2的4次方:16.0
2.5和3中的最大值:3.0
2.5和3中的最小值:2.5
-10的绝对值:10
大于或等于10.8的最小整数:11.0
大于或等于-10.2的最小整数:-10.0
小于或等于10.8的最大整数:10.0
小于或等于-10.2的最大整数:-11.0
10.4999四舍五入后的整数:10
π/6的正弦值:0.4999999999999994
0的余弦值:1.0
π/4的正切值:0.9999999999999999
1的反正切值:0.7853981633974483
random()产生随机数:0.5491104699373125
```

图 9.11　Math 类常用方法使用实例输出

9.3.2　Random 类

在 Java 中,Random 类用于生成伪随机数,该类包含在 java.util 包中,其主要方法如表 9.6 所示。

表 9.6　Random 类的常用方法

方 法 名 称	功 能 描 述
Random()	以当前时间作为种子,创建一个新的随机数生成器
Random(long seed)	使用 seed 作为种子,创建一个新的随机数生成器
boolean nextBoolean()	随机生成一个 boolean 类型的伪随机数
double nextDouble()	随机生成一个[0.0,1.0)之间、符合均匀分布的 double 类型的伪随机数
float nextFloat()	随机生成一个[0.0,1.0)之间、符合均匀分布的 float 类型的伪随机数
int nextInt()	随机生成一个符合均匀分布的 int 类型的伪随机数
int nextInt(int n)	随机生成一个[0,n)之间、符合均匀分布的 int 类型的伪随机数
long nextLong()	随机生成一个符合均匀分布的 long 类型的伪随机数

相对于 Math 类中的 random()方法,Random 类提供了更多的方式来生成各种伪随机数,包括生成浮点类型的伪随机数、生成整数类型的伪随机数,还可以指定生成随机数的范围。

【例 9-12】　Random 类使用实例。

ex9_12

```
0001 import java.util.Random;
0002 public class Example9_12
0003 {
0004     public static void main(String[] args)
0005     {
0006         Random rand = new Random();
```

```
0007          System.out.println("生成一个bool类型的伪随机数:" + rand.
              nextBoolean());
0008          System.out.println("生成0.0-1.0之间的double类型的伪随机数:" +
              rand.nextDouble());
0009          System.out.println("生成0.0-1.0之间的float类型的伪随机数:" +
              rand.nextFloat());
0010          System.out.println("生成一个int类型的伪随机数:" + rand.nextInt());
0011          System.out.println("生成一个0-20之间的int类型的随机整数:" +
              rand.nextInt(20));
0012          System.out.println("生成一个long类型的伪随机数:" + rand.nextLong());
0013      }
0014 }
```

【运行结果】

程序运行结果如图 9.12 所示。

图 9.12　Random 类使用实例输出

【程序说明】

上述程序中,通过调用 Random 类的相关方法,生成了各种类型的随机数。

◆ 9.4　日期和时间类

Java 中与时间处理相关的类均包含在 java.util 包中,包括 Date 类与 Calendar 类。由于 Date 类所提供的方法接口不利于国际化,目前官方不推荐使用。因此,本章主要介绍 Calendar 类,并简要介绍一下 Date 类。

9.4.1　Date 类

Date 类从 JDK 1.0 开始使用,从 JDK 1.1 开始,Date 类的功能逐渐被 Calendar 类的方法所取代。在 Java SE 8.0 中,Date 类提供两个构造方法,如表 9.7 所示。

表 9.7　Date 类的构造方法

方　法　名　称	功　能　描　述
Date()	使用当前日期和时间来创建对象
Date(long millisec)	创建指定时间的 Date 对象,millisec 是从 1970 年 1 月 1 日起的毫秒数

ex9_13

【例 9-13】　Date 类使用实例。

```
0001 import java.util.Date;
0002 public class Example9_13
0003 {
0004     public static void main(String[] args)
0005     {
0006         Date date1 = new Date();
0007         System.out.println("当前日期为: " + date1);
0008         long epoch = 365L * 24L * 3600L * 1000L;
0009         Date date2 = new Date(epoch);
0010         System.out.println("以 1970 年 1 月 1 日为起点,1 年后时间为: " + date2);
0011     }
0012 }
```

【运行结果】

程序运行结果如图 9.13 所示。

```
Console ☒                              ■ ✖ 🔧 | 🔝 🔝 🔝 🔝 | 🔝 🔝 ▾ 🔝 ▾ ⬛ ▾ ⬛
<terminated> Example9_13 [Java Application] D:\Eclipse\jre\bin\javaw.exe (2022-1-24 下午9:23:33)
当前日期为: Mon Jan 24 21:23:33 CST 2022
以1970年1月1日为起点, 1年后时间为: Fri Jan 01 08:00:00 CST 1971
◄                                                                  ►
```

图 9.13　Date 类使用实例输出

【程序说明】

程序第 6 行根据当前时间创建 Date 对象；程序第 9 行调用带参数的构造方法创建指定时间的 Date 对象，该时间以格林尼治标准时间 1970 年 1 月 1 日 0 时 0 分为参照，在此基础上经过 $365 \times 24 \times 3600 \times 1000$ ms，即经过一年后，时间是中国标准时间（CST）1971年 1 月 1 日 8 时 0 分。

9.4.2　Calendar 类

Calendar 是日历类，其成员包括一个 long 类型的属性 time，表示该日历所对应的时间戳。Calendar 类通过对 time 属性的运算可计算出其对应的日历字段，包括年（YEAR）、月（MONTH）、日（DAY_OF_MONTH）、时（HOUR_OF_DAY）、分（MINUTE）、秒（SECOND）等。Calender 是抽象类，不提供构造方法，通过调用其静态方法 getInstance()创建对象，Calendar 类提供的方法如表 9.8 所示。

表 9.8　Calendar 类的常用方法

方 法 名 称	功 能 描 述
static Calendar getInstance()	使用默认的时区和区域设置获取日历对象
void set(int field, int val)	将指定的日历字段 field 设置为给定值 val

续表

方 法 名 称	功 能 描 述
void set(int year,int month,int date)	设置日历字段 YEAR、MONTH 和 DAY_OF_MONTH 的值
void set(int year,int month,int date, int hourOfDay,int minute)	设置日历字段 YEAR、MONTH、DAY_OF_MONTH、HOUR _OF_DAY 和 MINUTE 的值
void set(int year,int month,int date, int hourOfDay,int minute,int second)	设置字段 YEAR、MONTH、DAY_OF_MONTH、HOUR、MINUTE 和 SECOND 的值
int get(int field)	返回日历字段 field 的值
Date getTime()	返回此日历类对象时间值所对应的 Date 类对象

【例 9-14】　Calendar 类使用实例。

ex9_14

```
0001 import java.util.Calendar;
0002 public class Example9_14
0003 {
0004     public static void main(String[] args)
0005     {
0006         Calendar cal1 = Calendar.getInstance();
0007         cal1.set(Calendar.YEAR, 2008);
0008         cal1.set(Calendar.MONTH, Calendar.AUGUST);
0009         cal1.set(Calendar.DAY_OF_MONTH, 8);
0010         cal1.set(Calendar.HOUR_OF_DAY, 20);
0011         cal1.set(Calendar.MINUTE, 0);
0012         cal1.set(Calendar.SECOND, 0);
0013         System.out.println("北京奥运会开幕时间为: " + cal1.getTime());
0014         Calendar cal2 = Calendar.getInstance();
0015         int year = cal2.get(Calendar.YEAR);
0016         int month = cal2.get(Calendar.MONTH) + 1;
0017         int day = cal2.get(Calendar.DATE);
0018         System.out.println("今天日期是: " + year + "年" + month + "月" + day
             + "日");
0019     }
0020 }
```

【运行结果】

程序运行结果如图 9.14 所示。

```
Console ☒                                    ■ ✕ ✖ | 🔳 🔝 🗗 🖳 | 🗗 🗒 ▾ 🗂 ▾ ▾ □ □
<terminated> Example9_14 [Java Application] D:\Eclipse\jre\bin\javaw.exe (2022-1-24 下午9:40:33)
北京奥运会开幕时间为: Fri Aug 08 20:00:00 CST 2008
今天日期是: 2022年1月24日

◂                                                                              ▸
```

图 9.14　Calendar 类使用实例结果

【程序说明】

程序中第 7～12 行调用了 set()方法设置日期的各个字段；程序第 15～17 行调用了 get()方法获取日期的各个字段。

9.4.3 格式化类

1. DateFormat 类

DateFormat 类是日期/时间格式化子类的抽象类，它以与语言无关的方式格式化并解析日期或时间。它能够将 Date 对象格式化，将之转换成 String 类型的字符串格式。

由于 DateFormat 是抽象类，因此不能使用 new 关键字创建对象，而是通过调用该类的静态方法来获取 DateFormat 类的实例对象。DateFormat 类的常用方法如表 9.9 所示。

表 9.9　DateFormat 类的常用方法

方 法 名 称	功 能 描 述
String format(Date date)	将 Date 类型对象 date 转换为日期/时间格式的字符串
static DateFormat getDateInstance()	获取具有默认格式化风格和默认语言环境的日期格式
static DateFormat getDateInstance(int style)	获取具有指定格式化风格 style 和默认语言环境的日期格式
static DateFormat getDateTimeInstance()	获取具有默认格式化风格和默认语言环境的日期/时间格式
static DateFormat getDateTimeInstance(int dateStyle，int timeStyle)	获取具有指定日期格式化风格 dateStyle、时间格式化风格 timeStyle 和默认语言环境的日期/时间格式
static DateFormat getTimeInstance()	获取具有默认格式化风格和默认语言环境的时间格式
static DateFormat getTimeInstance(int style)	获取具有指定格式化风格 style 和默认语言环境的时间格式

【例 9-15】 DateFormat 类使用实例。

ex9_15

```
0001 import java.text.DateFormat;
0002 import java.util.Date;
0003 public class Example9_15
0004 {
0005    public static void main(String[] args)
0006    {
0007       Date date = new Date();
0008       DateFormat fullFmt = DateFormat.getDateInstance(DateFormat.FULL);
0009       DateFormat longFmt = DateFormat.getDateInstance(DateFormat.LONG);
0010       DateFormat medFmt = DateFormat.getDateTimeInstance(DateFormat.
0011             MEDIUM, DateFormat.MEDIUM);
```

```
0012          DateFormat shortFmt = DateFormat.getDateTimeInstance(DateFormat.
0013              SHORT, DateFormat.SHORT);
0014      System.out.println("当前日期的完整格式为: " + fullFmt.format(date));
0015      System.out.println("当前日期的长格式为: " + longFmt.format(date));
0016      System.out.println("当前日期的普通格式为: " + medFmt.format(date));
0017      System.out.println("当前日期的短格式为: " + shortFmt.format(date));
0018   }
0019 }
```

【运行结果】

程序运行结果如图 9.15 所示。

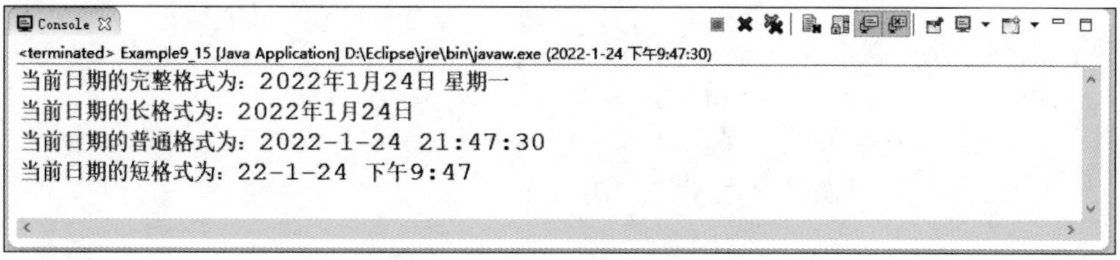

图 9.15　DateFormat 类使用实例输出

【程序说明】

程序第 8~10 行、第 12 行分别创建了一个 FULL 格式、LONG 格式、MEDIUM 格式和 SHORT 格式的 DateFormat 对象,并通过 format()方法对日期时间进行格式化。

2. SimpleDateFormat 类

SimpleDateFormat 类继承自 DateFormat 类,相较于 DateFormat 类,SimpleDateFormat 类的格式化功能更为丰富。SimpleDateFormat 类能够按照指定的格式对 Date 对象进行格式化,它以与语言环境有关的方式格式化和解析日期类,它允许进行格式化(日期格式转为文本格式)、解析(文本格式转为日期格式)和规范化,其构造方法如表 9.10 所示。

表 9.10　SimpleDateFormat 类的构造方法

方 法 名 称	功 能 描 述
SimpleDateFormat()	使用默认模式和默认语言环境的日期格式创建一个 SimpleDateFormat 对象
SimpleDateFormat(String pattern)	使用指定模式 pattern 和默认语言环境的日期格式创建一个 SimpleDateFormat 对象
SimpleDateFormat(String pattern, Locale locale)	使用指定模式 pattern 和指定语言环境 locale 的日期格式创建一个 SimpleDateFormat 对象
Date parse(String text, ParsePosition pos)	将字符串 text 解析为 Date 对象

ex9_16

【例 9-16】 SimpleDateFormat 类使用实例。

```
0001 import java.text.ParseException;
0002 import java.text.SimpleDateFormat;
0003 import java.util.Date;
0004 public class Example9_16
0005 {
0006    public static void main(String[] args) throws ParseException
0007    {
0008        SimpleDateFormat sdf1 = new SimpleDateFormat("yyyy 年 MM 月 dd 日 hh
           点 mm 分 ss 秒");
0009        String date1 = sdf1.format(new Date());
0010        System.out.println("当前时间是: " + date1);
0011        SimpleDateFormat sdf2 = new SimpleDateFormat("yyyy-MM-dd-hh-mm");
0012        Date date2 = sdf2.parse("2022-02-04-20-00");
0013        System.out.println("北京冬奥会开幕式时间为: " + sdf1.format(date2));
0014    }
0015 }
```

【运行结果】

程序运行结果如图 9.16 所示。

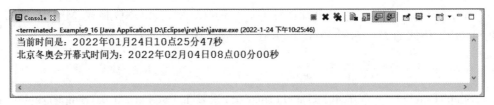

图 9.16　SimpleDateFormat 类使用实例输出

【程序说明】

程序第 8 行创建指定格式为"yyyy 年 MM 月 dd 日 HH 点 mm 分钟 ss 秒"的 SimpleDateFormat 类型对象 sdf1；程序第 9 行利用 SimpleDateFormat 对象的日期模板生成 Date 类型对象 date1；程序第 11 行创建一个指定格式为"yyyy-MM-dd-hh-mm"的 SimpleDateFormat 对象 sdf2；程序第 12 行调用 parse()方法将字符串解析成 Date 类型对象；程序第 13 行使用格式类对象 sdf1 对 date2 对象进行格式化并输出。

◆ 9.5　综合实验

【实验目的】

- 掌握字符串相关类 String、StringBuffer 及其相关方法。
- 掌握类 Math、Random 及相关方法。

【实验内容】

编写程序,实现对字符串的加密和解密功能,假设给定待加密的明文为 plain,加密规则如下。

- 加密只对英文字母进行,其余字符不做处理,英文字母首先被全部转换为大写。
- 生成关键词 key:给定整数 n,作为关键词长度,随机生成一个由全大写英文字母构成的字符串作为关键词 key。例如,n 为 5,则一个合法的关键词可能为"WHITE"。
- 生成密钥 secretKey:假定明文长度为 m。如果 m≤n,则密钥为从 key 截取长度为 m 的字符串;如果 m>n,则密钥为将 key 不断重复,直至其长度为 m。例如,明文为"DOG",关键词为"WHITE",则密钥为"WHI";再如,明文为"HELLOKITY",关键词为"WHITE",则密钥为"WHITEWHIT"。
- 对于明文中每个字母,结合密钥对应位置的字母,将明文字母循环后移,如明文为"H",对应密钥为"B",则加密后的密文"I"(密钥为"A"循环后移 0 位、密钥为"B"循环后移 1 位、…、密钥为"Z"循环后移 25 位)。

【例 9-17】　字符串加密实例。

ex9_17

```
0001 import java.util.Random;
0002 class Encryption
0003 {
0004     int keyLen;
0005     Encryption(int len)
0006     {
0007         keyLen = len;
0008     }
0009     String genKey()
0010     {
0011         StringBuffer key = new StringBuffer("");
0012         Random random = new Random();
0013         for(int i = 0; i < keyLen; i++)
0014         {
0015             int k = random.nextInt(26);
0016             key.append((char)('A' + k));
0017         }
0018         return new String(key);
0019     }
0020     String encode(String plain, String key)
0021     {
0022         if(plain == null || plain.length() == 0)
0023             return null;
0024         if(key == null || key.length() == 0)
```

```
0025            return plain;
0026        StringBuffer cipher = new StringBuffer(plain.toUpperCase());
0027        String alignedKey = align(plain, key);
0028        for(int i = 0; i < plain.length(); i++)
0029        {
0030            if(cipher.charAt(i) < 'A' || cipher.charAt(i) > 'Z')
0031                continue;
0032            int tmp = cipher.charAt(i) + alignedKey.charAt(i) - 'A';
0033            if(tmp > 90)
0034                tmp -= 26;
0035            cipher.setCharAt(i, (char)tmp);
0036        }
0037        return new String(cipher);
0038    }
0039    String decode(String cipher, String key)
0040    {
0041        if(cipher == null || cipher.length() == 0)
0042            return null;
0043        if(key == null || key.length() == 0)
0044            return cipher;
0045        StringBuffer plain = new StringBuffer(cipher);
0046        String alignedKey = align(cipher, key);
0047        for(int i = 0; i < cipher.length(); i++)
0048        {
0049            if(plain.charAt(i) < 'A' || plain.charAt(i) > 'Z')
0050                continue;
0051            int tmp = cipher.charAt(i) - alignedKey.charAt(i) + 'A';
0052            if(tmp < 65)
0053                tmp += 26;
0054            plain.setCharAt(i, (char)tmp);
0055        }
0056        return new String(plain);
0057    }
0058    String align(String str, String key)
0059    {
0060        int m = str.length();
0061        int n = key.length();
0062        if(m <= n)
0063            return key.substring(0, m);
0064        else
0065        {
0066            StringBuffer sb = new StringBuffer("");
0067            int k = m / n;
```

```
0068            int r = m % n;
0069            for(int i = 0; i < k; i++)
0070                sb.append(key);
0071            sb.append(key.substring(0, r));
0072            return new String(sb);
0073        }
0074    }
0075 }
0076 public class Example9_17
0077 {
0078    public static void main(String[] args)
0079    {
0080        Encryption enc = new Encryption(10);
0081        String str = "Long live the People's Republic of China!";
0082        System.out.println("待加密原文为: " + str);
0083        String key = enc.genKey();
0084        System.out.println("随机生成的密钥为: " + key);
0085        String cipher = enc.encode(str, key);
0086        System.out.println("加密后的密文为: " + cipher);
0087        String plain = enc.decode(cipher, key);
0088        System.out.println("解密后的明文为: " + plain);
0089    }
0090 }
```

程序运行结果如图 9.17 所示。

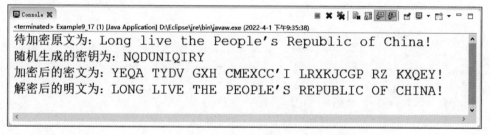

图 9.17　字符串加密实验输出

【程序说明】

程序定义了类 Encryption,其成员变量 keyLen 表示关键词的长度;程序第 9～19 行定义了 genKey()方法,用于生成关键词,其中使用 StringBuffer 类而非 String 类是为了逐个地向字符串中追加字符;程序第 58～74 行定义了 align()方法,其作用是生成与明文长度相同的密钥;程序第 20～38 行定义 encode()方法,根据明文 plain 和关键词 key 加密形成密文,其中第 26 行代码调用 toUpperCase()方法先将明文全部转换为大写字母,第 27 行代码生成密钥,第 28～36 行代码逐个字母进行加密;第 39～57 行定义 decode()方法,根据密文 cipher 和关键词 key 解密得到明文,其原理与加密算法正好相反,读者可自行考虑。

◆ 9.6 小　　结

　　字符串是 Java 中常用的数据类型,Java 提供了 String 类和 StringBuffer 类用于字符串处理,前者创建的字符串内容不允许修改,后者在创建后可以改变其内容和长度,上述两个类提供了丰富的方法便于字符串的操作。此外,Java 还提供 StringTokenizer 类便于对字符串进行拆分操作。

　　包装类提供了对基本类型数据的对象化封装手段,使得基本数据类型和对象类型可以相互转换,更好地支持面向对象编程。为了便于数学运算,Java 中提供了 Math 类,支持常见的数学运算方法调用。Random 类则为开发者提供了丰富的生成随机数的方法。

　　Java 中用于处理日期和时间的类是 Date 类和 Calendar 类,前者将系统的日期和时间信息封装到类中,后者则为日历字段的操作和二者之间的转换提供了必要手段。DateFormat 类和 SimpleDateFormat 类可将给定的时间转换为预定义的时间/日期格式。

◆ 9.7 习　　题

1. 试简述 String 类和 StringBuffer 类的异同点。
2. 何谓自动装箱和自动拆箱?
3. 在 Java 中,如何对日期类型对象进行格式化?
4. 分析下列程序运行的结果。

```java
public class Exe9_4
{
    public static void main(String[] args)
    {
        String str1 = "Java is effective.";
        String str2 = "java is Effective.";
        if(str1 == str2)
            System.out.println("str1 == str2.");
        else
            System.out.println("str1 != str2.");
        if(str1.equals(str2))
            System.out.println("str1 is equal to str2.");
        else
            System.out.println("str1 is not equal to str2.");
        if(str1.equalsIgnoreCase(str2))
            System.out.println("str1 is equal to str2, ignoring case
            considerations.");
        else
            System.out.println("str1 is not equal to str2, ignoring case
            considerations.");
    }
}
```

5. 分析下列程序的输出结果。

```java
public class Exe9_5
{
    public static void main(String[] args)
    {
        String str = "我们都喜欢使用 Java 进行编程。";
        str.replace("Java", "Python");
        System.out.println(str);
        System.out.println(str.replace("Java", "Python"));
        StringBuffer strBuf = new StringBuffer(str);
        change(strBuf);
        System.out.println(strBuf);
    }
    private static void change(StringBuffer s)
    {
        s.append("这门语言很好上手!");
    }
}
```

6. 分析下列程序运行的结果。

```java
public class Exe9_6
{
    public static void main(String[] args)
    {
        String s=new String("1972 年图灵奖获得者是 Edsger Dijkstra");
        System.out.println(s.substring(5, 8));
        System.out.println(s.toUpperCase());
        char arr[] = s.toCharArray();
        for(char o:arr)
        {
            System.out.print(o + " ");
        }
    }
}
```

◆ 9.8　实　　验

实验一：编写程序，从键盘输入两个字符串 str1 和 str2，判断后者是否为前者的子串。

【输入】字符串 str1 和 str2，每行输入一个字符串。

【输出】如果 str2 是 str1 的子串，输出 str1 中在子串 str2 之前和之后的字符串，之间以空格隔开；如果不是，输出"不是子串"。

【输入样例】Action

addActionListener

【输出样例】add Listener

实验二：编写猜数字游戏，规则如下：生成一个随机数字，通过命令行输入猜测数字，如果大于产生的随机数字，输出"您猜的数字大了"；如果小于产生的随机数字，输出"您猜的数字小了"；直到最后猜出数字，输出"您猜对了"；随机数字为 0～100，包含 0 和 100。

实验三：编写程序，输入 n 个人的信息，包括姓名、身高、电话号码，按照身高从低到高的顺序依次输出个人信息。题目保证所有人的身高生日均不相同。

【输入】第一行输入正整数 n。

随后 n 行，每行按照"姓名 身高 电话号码"的格式输入人的信息。

【输出】按照身高从低到高输出个人信息，每行按照"姓名 身高 电话号码"的格式输出。

【输入样例】5

张三 170　13855998866

李四 180　15910001111

王五 188　18901231000

朱二 168　17012803011

陈大 175　18088881040

【输出样例】朱二 168　17012803011

张三 170　13855998866

陈大 175　18088881040

李四 180　15910001111

王五 188　18901231000

实验四：编写程序，计算当前日期距离 1949 年 10 月 1 日已过去多少天，例如，今天是 2022 年 1 月 25 日，则输出"中华人民共和国已成立 26382 天。"

【输入】无。

【输出】当前日期距离 1949 年 10 月 1 日已过去的天数。

【输入样例】无。

【输出样例】中华人民共和国已成立 26382 天。

Java 数据流

本章学习目标

- 理解 Java 数据流的概念,了解其分类。
- 掌握标准字节流、文件字节流、字节缓冲流的使用。
- 掌握文件字符流、字符缓冲流、字符转换流的使用。
- 掌握 Java 文件处理相关类的使用。

大多数应用程序都离不开数据的输入和输出,例如,从键盘读取数据,从文件读取数据,向文件写数据,通过屏幕显示程序的运行结果等,在这些情况下都会涉及程序如何对输入/输出操作进行处理。Java 语言将不同类型的输入/输出源抽象表述为"流",对数据的输入/输出操作都是以"流"的方式进行的。java.io 包中定义了多种不同方式读写数据的流,为程序灵活处理各种输入/输出操作提供了方便。本章将针对各种数据流进行详细讲解。

◇ 10.1 数据流的概念

数据流(Data Stream)是通过一定的传播路径从源传递到目的地的数据序列。当程序需要从数据源接收数据或者向目的地发送数据时,都可以用数据流来完成。

按流动方向,数据流可以分为输入流和输出流两种。程序在执行输入/输出操作时,判断该数据流是输入流还是输出流是以运行的程序为参照物,当运行的程序需要从数据源中(如文件、键盘、硬盘等)读入数据的时候就会开启一个输入流;相反,将数据从程序传输到某个数据源目的地(如打印机、屏幕、硬盘等)时会开启一个输出流。简言之,使用输入流只能从外设读数据,不能向其写数据;使用输出流向外设写数据,不能从其读数据。

按流动内容,数据流可以分为字节流和字符流。字节流处理数据的基本单位是字节,每次读写一个或多个字节数据;字符流处理数据的基本单位是字符,每次读写一个或多个字符数据。字节流主要用于处理图像或声音等二进制文件,字符流主要用于处理文本文件。

　　按流的功能,数据流可以分为节点流和过滤流。节点流是指能直接连接数据源并进行读写操作的流,又称为低级流;过滤流不能直接连接数据源,主要用于对已存在的节点流进行连接和封装,通过封装后的流来实现流的读写能力,也称为高级流。

　　包 java.io 中定义了多个数据流类,每个类用于处理特定的输入/输出操作,使得读写文件和处理数据变得非常容易。其中,有 4 个类为顶级类,这 4 个类是所有流类型的父类,分别是 InputStream 字节输入流类,OutputStream 字节输出流类,Reader 字符输入流类和 Writer 字符输出流类。数据流类的层次图如图 10.1 所示。

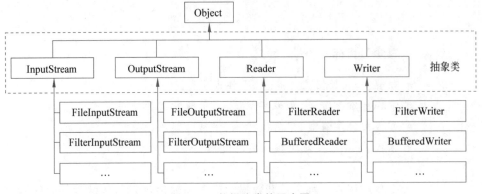

图 10.1　数据流类的层次图

　　图 10.1 中,InputStream、OutputStream、Reader 及 Writer 这 4 个类都是抽象类,不能够直接实例化对象,需要借助于这 4 个类的派生类完成数据的输入/输出操作。

◇ 10.2　字节数据流

　　计算机中的所有文件,如图片、音频、视频、文本等都是使用 0、1 二进制符号表示,并以字节的方式进行存储,数据流中针对字节的输入/输出操作提供了多个字节流类来处理。

10.2.1　字节流概述

　　包 java.io 内定义了 InputStream 类和 OutputStream 类及其子类,用于完成字节流的输入与输出操作。其中,InputStream 类是所有字节输入流的父类,OutputStream 类是所有字节输出流的父类。如图 10.2 所示,可将 InputStream 类和 OutputStream 类比作水管的"管道",InputStream 类可以看作进水管,可将数据从数据源输入到程序中;OutputStream 类可以看作出水管,可将数据输出到数据终端。

　　InputStream 类定义了多个处理数据输入的方法,如表 10.1 所示。

　　InputStream 类是抽象类,不能被实例化,它是所有字节输入流的父类。当程序需要处理字节输入操作时,可以创建基于 InputStream 类的某个子类对象,调用该子类对象的相关方法完成数据的读取。InputStream 类体系结构如图 10.3 所示。

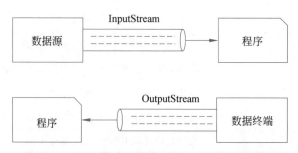

图 10.2　InputStream 和 OutputStream 的读写原理

表 10.1　InputStream 类的常用方法

方 法 名 称	功 能 描 述
int read()	从此输入流读取数据的下一个字节,返回[0,255]范围内的 int 型字节值。如果已到达流末尾且无可用的字节,则返回值－1
int read(byte[] b)	从输入流中读取一定数量的字节,将其存储在缓冲区数组 b 中,返回读取的字节数
int read(byte[] b, int off, int len)	将此输入流中从偏移量 off 处开始、最多 len 个数据字节读入 b 数组,返回实际读取的字节数
long skip(long n)	跳过和丢弃此输入流中数据的 n 个字节,返回跳过的实际字节数
void close()	关闭此输入流并释放与该流关联的所有系统资源

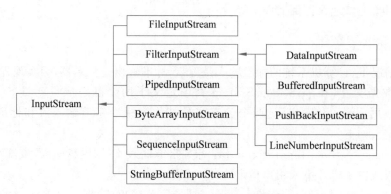

图 10.3　InputStream 类体系结构图

图 10.3 列出了从 InputStream 类继承的常用的直接或间接子类,每个类都有特殊的输入功能,如使用 FilterInputStream 类可以读取文件中的数据,使用 DataInputStream 类读取基本 Java 数据类型,使用 ObjectInputStream 类读取文件中保存的对象等。

同样地,OutputStream 类定义了多个处理数据输出的方法,实现从程序向输出流写数据的功能。OutputStream 类的常用方法如表 10.2 所示。

OutputStream 类是所有字节输出流的父类,它是抽象类不能被实例化。当程序需要向数据终端写字节时,可以创建基于 OutputStream 类的某个子类对象,调用该子类对象的相关方法完成数据的输出。OutputStream 类体系结构如图 10.4 所示。

表 10.2　OutputStream 类的常用方法

方 法 名 称	功 能 描 述
void flush()	刷新此输出流并强制写出所有缓冲的输出字节
void write(byte[] b)	将数组 b 的内容写入此输出流
void write(byte[] b, int off, int len)	将数组 b 中从偏移量 off 开始的 len 个字节写入输出流
void close()	关闭此输出流并释放与此流有关的所有系统资源

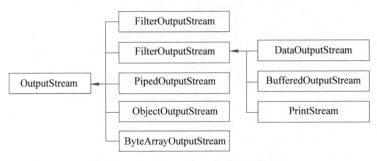

图 10.4　OutputStream 类体系结构图

图 10.4 列出了从 OutputStream 类继承的直接或间接子类,每个类都有特殊的输出功能,如使用 FilterOutputStream 类可以将程序中的数据输出到文件中,使用 BufferedOutputStream 类实现数据的缓冲输出功能,使用 ObjectOutputStream 类可以将程序中的对象完整地保存到文件中等。

10.2.2　标准字节流

通常情况下,计算机系统的标准输入是键盘,标准输出是显示器,为实现程序与键盘、显示器的数据交互,在 java.lang.System 类中定义了两个静态成员变量 System.in 和 System.out 用于输入和输出,这两个静态成员被称为标准字节输入流和标准字节输出流。具体定义如下。

- public static final InputStream in:标准字节输入流,即键盘输入,该流对应于键盘输入或由主机环境或用户指定的另一个输入源。
- public static final PrintStream out:标准字节输出流,即键盘输出,此流对应于显示输出或由主机环境或用户指定的另一个输出目标。

【例 10-1】　标准输入/输出流实例。

ex10_1

```
0001 import java.io.IOException;
0002 public class Example10_1
0003 {
0004    public static void main(String[] args)
0005    {
0006        byte a[] = new byte[100];
0007        System.out.println("请输入字符：");
```

```
0008        try
0009        {
0010            int count = System.in.read(a);
0011            System.out.println("输入的字符对应的 ASCII 码是: ");
0012            for(int i = 0; i < count; i++)
0013                System.out.print(a[i] + " ");
0014            System.out.println();
0015            System.out.println("输入的字符是: ");
0016            for(int i = 0; i < count; i++)
0017                System.out.print((char)a[i] + " ");
0018        }
0019        catch(IOException e)
0020        {
0021            System.out.println(e.toString());
0022        }
0023    }
0024 }
```

【运行结果】

程序运行结果如图 10.5 所示。

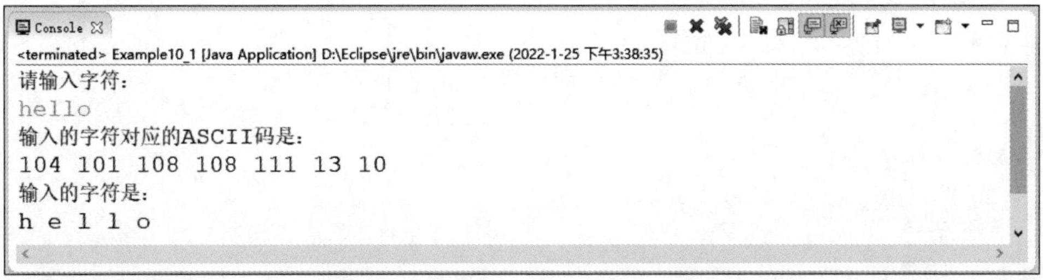

图 10.5　标准输入/输出流实例输出

【程序说明】

程序第 6 行声明了一维字节数组 a；程序第 10 行调用 System.in.read()语句将控制台下输入的字符读取到程序并存放在数组 a 中；程序第 12～13 行使用循环语句输出数据。由于在读取字符到程序中时，字符被转换成整数保存在数组中，因此屏幕显示的是每个字符对应的 ASCII 码。另外，Java 语言将回车符 Enter 当作两个字符，分别是回车符'\r'和换行符'\n'，所以除了显示"hello"五个字符编码外，还显示了回车换行符的编码 13 和 10。为了显示字符，程序第 16～17 行循环语句输出数据时将输出的数据强制转换为字符型数据输出。

10.2.3　文件字节流

FileInputStream 类和 FileOutputStream 类分别是 InputStream 类和 OutputStream 类的子类，用于实现对文件的读写操作，其数据源和目标都是文件。使用 FileInputStream 类

对文件进行读取数据的操作主要包含以下三个步骤。

第一步：创建与数据源相关联的 FileInputStream 对象。

第二步：使用该对象的 read()方法从输入流中读取数据。

第三步：调用 close()方法关闭流。

【例 10-2】 FileInputStream 类读取文件实例。

ex10_2

```
0001 import java.io.FileInputStream;
0002 import java.io.IOException;
0003 public class Example10_2
0004 {
0005    public static void main(String[] arguments)
0006    {
0007       try
0008       {
0009          FileInputStream in = new FileInputStream("testin.txt");
0010          int b = 0;
0011          while((b=in.read()) != -1)
0012             System.out.print((char)b);
0013          in.close();
0014       }
0015       catch(IOException e)
0016       {
0017          System.out.println(e.toString());
0018       }
0019    }
0020 }
```

【运行结果】

程序运行结果如图 10.6 所示。

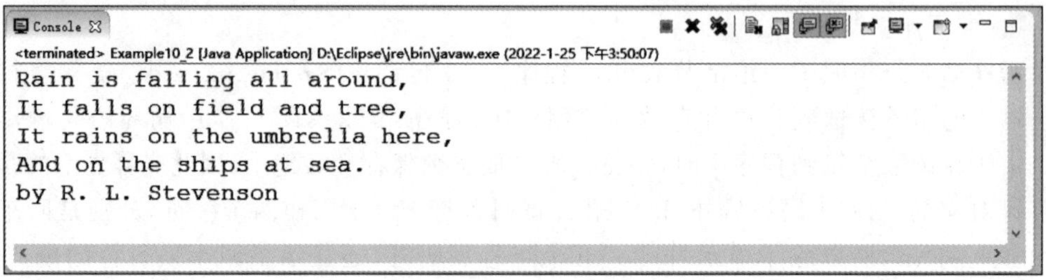

```
Console ✕                                    ■ ✕ 💥 | 🔳 🔠 🖵 🖵 | 🖆 🔲 ▾ 🖆 ▾ ▾ □ □
<terminated> Example10_2 [Java Application] D:\Eclipse\jre\bin\javaw.exe (2022-1-25 下午3:50:07)
Rain is falling all around,
It falls on field and tree,
It rains on the umbrella here,
And on the ships at sea.
by R. L. Stevenson
◀
```

图 10.6   FileInputStream 类读取文件实例输出

【程序说明】

程序中第 9 行首先创建了一个连接文件"testin.txt"的 FileInputStream 文件输入流对象 in；程序第 11 行调用该对象的 read()方法读取文件中的字节数据，由于 read()方法每次只能读取一个字节，程序通过 while 循环持续地执行读取操作。

使用 FileOutputStream 类创建的对象为一个文件字节输出流,该类用于将数据写入文件,具体的操作主要包含以下几个步骤。

第一步:创建与数据终端关联的 FileOutputStream 对象。

第二步:使用该对象的 write()方法将内容写入到终端。

第三步:调用 close()方法关闭流。

【例 10-3】　FileOutputStream 类写入文件实例。

ex10_3

```
0001 import java.io.FileOutputStream;
0002 import java.io.IOException;
0003 public class Example10_3
0004 {
0005     public static void main(String[] arguments)
0006     {
0007         try
0008         {
0009             FileOutputStream out = new FileOutputStream("testout.txt");
0010             String str = "咏怀古迹五首·其三\n" + "【唐】杜甫\n"
0011                 + "群山万壑赴荆门,生长明妃尚有村。\n" + "一去紫台连朔漠,独留青冢向黄昏。\n"
0012                 + "画图省识春风面,环珮空归夜月魂。\n" + "千载琵琶作胡语,分明怨恨曲中论。\n";
0013             out.write(str.getBytes());
0014             out.close();
0015         }
0016         catch(IOException e)
0017         {
0018             System.out.println(e.toString());
0019         }
0020     }
0021 }
```

【运行结果】

程序运行结果如图 10.7 所示。

```
Console  testout.txt
1 咏怀古迹五首·其三
2 【唐】杜甫
3 群山万壑赴荆门,生长明妃尚有村。
4 一去紫台连朔漠,独留青冢向黄昏。
5 画图省识春风面,环珮空归夜月魂。
6 千载琵琶作胡语,分明怨恨曲中论。
```

图 10.7　FileOutputStream 类写入文件实例输出

【程序说明】

程序第 9 行创建了一个连接"testout.txt"文件的 FileOutputStream 文件输出流对象 out；程序第 13 行调用 out 对象的 write()方法将字符串 str 写入到文件中；程序第 14 行调用 out 对象的 close()方法关闭此输出流。与文件输入流不同的是，作为输出流的文件可以不存在，此时，程序会自动创建一个新的文件。

例 10-2 及例 10-3 分别演示了如何使用文件输入流 FileInputStream 及文件输出流 FileOutputStream 对文件进行读写操作。在实际应用中，这两个类经常一起使用，例如，文件的复制就需要通过输入流来读取源文件中的数据，并通过输出流将数据写入新文件。

【例 10-4】 使用字节流复制文件实例。

ex10_4

```
0001 import java.io.FileInputStream;
0002 import java.io.FileOutputStream;
0003 import java.io.IOException;
0004 public class Example10_4
0005 {
0006    public static void main(String[] args)
0007    {
0008       try
0009       {
0010          FileInputStream in = new FileInputStream("panda.jpg");
0011          FileOutputStream out = new FileOutputStream("copy.jpg");
0012          int a = 0;
0013          System.out.println("开始复制文件……");
0014          long beginTime = System.currentTimeMillis();
0015          while ((a = in.read()) != -1)
0016             out.write(a);
0017          long endTime = System.currentTimeMillis();
0018          System.out.println("文件复制结束……");
0019          System.out.println("共花费时间为: " + (endTime-beginTime)+"毫秒");
0020          in.close();
0021          out.close();
0022       }
0023       catch(IOException e)
0024       {
0025          System.out.println(e.toString());
0026       }
0027    }
0028 }
```

【运行结果】

程序运行结果如图 10.8 所示。

```
Console ⬚  testout.txt                                          ■ ✖ ✖ | ■ ■ ⬚ ⬚ | ⬚ ■ ▾ ⬚ ▾ ▭ □ ▭
<terminated> Example10_4 [Java Application] D:\Eclipse\jre\bin\javaw.exe (2022-1-25 下午4:08:54)
开始复制文件 . . . . . .
文件复制结束 . . . . . .
共花费时间为：23688毫秒
```

图 10.8 使用字节流复制文件实例输出

【程序说明】

程序第 10 行创建了一个连接图片文件"panda.jpg"的 FileInputStream 文件输入流对象 in；程序第 11 行创建了一个连接文件"copy.jpg"的 FileOutputStream 文件输出流对象 out；程序第 15～16 行通过 while 循环将输入流对象 in 读取的字节通过输出流对象 out 写入到文件"copy.jpg"中；程序第 20 行、第 21 行，分别调用 in 及 out 对象的 close( ) 方法关闭输入流和输出流。如图 10.8 所示，复制文件花费了 23688 毫秒。

10.2.4 字节缓冲流

如前所述，数据流按其功能分，可以分为节点流和过滤流。节点流是指直接与数据源或数据终端相关联的流，如 FileInputStream 类与 FileOutputStream 类就是节点流；而过滤流不直接与数据源或数据终端相关联，它是对已存在的节点流进行封装，其作用是提高数据的读写效率，如用于缓冲输入/输出的 BufferedInputStream 类和 BufferedOutputStream 类。

BufferedInputStream 类和 BufferedOutputStream 类是实现了带缓冲的过滤流，提供带缓冲的读写，允许每次读写多个字节，从而提高程序读写性能。BufferedInputStream 类与 FileInputStream 类有相同的读操作方法，不同的是，每次读取数据时，数据先从节点流读入到缓冲区，其后的读操作直接访问缓冲区。BufferedOutputStream 类与 FileOutputStream 类有相同的写操作方法，不同之处在于，每次写数据时，数据并非直接写到数据终端而是先写入到缓冲区，当缓冲区满了或关闭输出流时，一次性将之前缓冲的数据输出到节点流。

【例 10-5】 使用缓冲流复制文件实例。

ex10_5

```
0001 import java.io.BufferedInputStream;
0002 import java.io.BufferedOutputStream;
0003 import java.io.FileInputStream;
0004 import java.io.FileOutputStream;
0005 import java.io.IOException;
0006 public class Example10_5
0007 {
0008     public static void main(String[] args)
0009     {
0010         try
0011         {
```

```
0012            FileInputStream in = new FileInputStream("panda.jpg");
0013            BufferedInputStream bin = new BufferedInputStream(in);
0014            FileOutputStream out = new FileOutputStream("copy.jpg");
0015            BufferedOutputStream bout = new BufferedOutputStream(out);
0016            byte[] c= new byte[in.available()];
0017            System.out.println("开始复制文件……");
0018            long beginTime = System.currentTimeMillis();
0019            bin.read(c);
0020            bout.write(c);
0021            System.out.println("文件复制结束……");
0022            bout.flush();
0023            long endTime = System.currentTimeMillis();
0024            System.out.println("共花费时间为: " +(endTime-beginTime) +"毫秒");
0025            in.close();
0026            bin.close();
0027            out.close();
0028            bout.close();
0029        }
0030     catch(IOException e)
0031     {
0032            System.out.println(e.toString());
0033        }
0034   }
0035 }
```

【运行结果】

程序运行结果如图 10.9 所示。

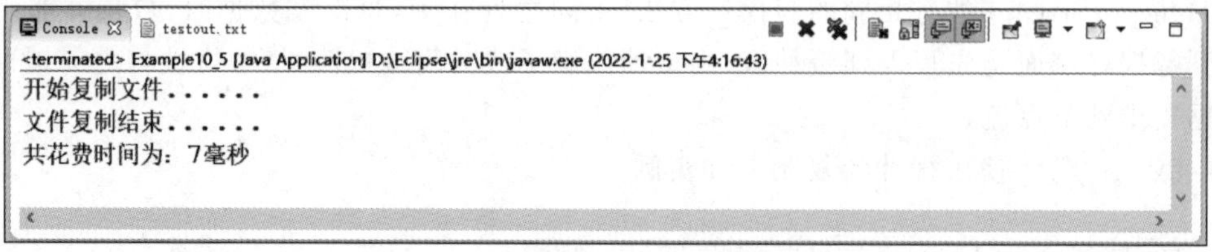

图 10.9　使用缓冲流复制文件实例输出

【程序说明】

程序第 12 行创建了一个连接图片文件"panda.jpg"的文件输入流对象 in；程序第 13 行以 in 为参数创建了输入缓冲流对象 bin；程序第 14 行创建了连接图片文件"copy.jpg"的文件输出流对象 out；程序第 15 行以对象 out 为参数创建了输入缓冲流对象 bout；程序第 16 行定义了与输入流文件大小一致的字节数组 c；程序第 19 行调用 bin 对象的 read()方法将输入流文件数据读入到字节数组 c 中；程序第 20 行调用 bout 对象的 write()方法将字节数组 c 中的数据写入到输出流文件；程序第 22 行调用 bout 对象的 flush()方法强制

清空缓冲区数据；程序第 25～28 行分别调用流的 close()方法关闭流。如图 10.9 所示，复制文件花费 7 毫秒。

对比图 10.8 和图 10.9 结果可知，虽然例 10-4 及例 10-5 都可以实现文件的复制，但使用缓冲流对节点流进行封装后，其复制文件的时间大幅度减少，效率提升显著。

10.2.5　对象序列化

程序在运行过程时，创建的对象暂存于内存中，一旦长时间不使用这些对象，往往被垃圾收集器回收。但有时希望这些对象能永久保存到用户计算机上，在需要时随时调用，对象序列化是对象永久保存的一种机制，可以实现上述需求。Java 中的对象序列化机制可以将对象的内容进行流化，即将对象转换成与平台无关的二进制流，永久保存在磁盘上，需要使用时用程序将其恢复成原来的 Java 对象，并能够保证对象的完整性和安全性。

为了让需要保存的对象支持序列化机制，必须要确保该对象所属类可序列化，即必须使该类实现 Serializable 或 Externalizable 两个接口之一。此外，为了能完整地将对象保存到文件，除了使用文件输出流 FileOutputStream 类外，还需要借助于对象输出流 ObjectOutputStream 类输出对象，该类也属于过滤流。当需要使用文件中保存的对象时，可以将其恢复到程序中，这一过程称为对象反序列化。同对象序列化过程一样，对象反序列化除了使用文件输入流 FileIuputStream 类外，还需要借助于对象输入流 ObjectInputStream 类读取对象。

【例 10-6】　对象序列化实例。

ex10_6

```
0001 import java.io.Serializable;
0002 import java.io.FileInputStream;
0003 import java.io.FileOutputStream;
0004 import java.io.ObjectInputStream;
0005 import java.io.ObjectOutputStream;
0006 class Poem implements Serializable
0007 {
0008     String author;
0009     String title;
0010     String dynasty;
0011     String contents;
0012     Poem(String author, String title, String dynasty, String contents)
0013     {
0014         this.author = author;
0015         this.title = title;
0016         this.dynasty = dynasty;
0017         this.contents = contents;
0018     }
0019     public String toString()
0020     {
0021         return "诗/词名: " + title + ",作者: " + author + ",朝代: " + dynasty
```

```
0022                    + "\n" + contents;
0023    }
0024 }
0025 public class Example10_6
0026 {
0027    public static void main(String[] args)
0028    {
0029        Poem p = new Poem("白居易", "望月有感", "唐", "时难年荒世业空,
0030            弟兄羁旅各西东。\n 田园寥落干戈后,骨肉流离道路中。\n"
0031            + "吊影分为千里雁,辞根散作九秋蓬。\n 共看明月应垂泪,一夜乡心五
0032            处同。");
0032        try
0033        {
0034            FileOutputStream fout = new FileOutputStream("poem.dat");
0035            ObjectOutputStream objout = new ObjectOutputStream(fout);
0036            System.out.println("开始将对象写入到文件……");
0037            objout.writeObject(p);
0038            FileInputStream fin = new FileInputStream("poem.dat");
0039            ObjectInputStream objin = new ObjectInputStream(fin);
0040            Poem p2 = (Poem)objin.readObject();
0041            System.out.println("对象读取完毕……");
0042            System.out.println("读取的对象信息为: " + p2.toString());
0043            fout.close();
0044            objout.close();
0045            fin.close();
0046            objin.close();
0047        }
0048        catch(Exception e)
0049        {
0050            System.out.println(e.toString());
0051        }
0052    }
0053 }
```

【运行结果】

程序运行结果如图 10.10 所示。

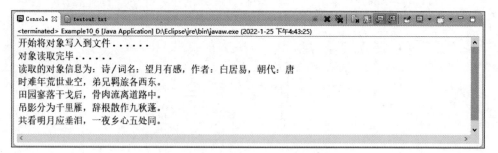

图 10.10 对象序列化实例输出

【程序说明】

程序第 6~24 行定义了类 Poem,该类实现了 Serializable 接口;程序第 29~31 行创建 Poem 类型对象 p;程序第 34 行创建文件输出流对象 fout,该对象关联到"poem.dat"文件;程序第 35 行以对象 fout 为参数创建对象输出流;程序第 37 行调用 objout 对象的 writeObject()方法将对象写入到"poem.dat"文件中;程序第 38 行创建文件输入流对象 fin;程序第 39 行以对象 fin 为参数创建对象输入流;程序第 40 行调用 objin 对象的 readObject()方法读取对象信息。

【注意】

- 如父类实现序列化,子类自动实现序列化,不需要显式实现 Serializable 接口。
- 如果被序列化的类有父类,而父类未实现序列化接口,则该类继承其父类的成员变量不会被序列化。
- 当对象的成员变量引用其他对象,序列化该对象时需将引用对象进行序列化。
- 声明为 static 和 transient 类型的成员数据不能被序列化。

◆ 10.3　字符数据流

为了方便对字符数据进行读写处理,从 JDK 1.1 开始,java.io 包中加入了专门用于对字符数据流处理类,它们均继承自 Reader 和 Writer 这两个抽象类。

10.3.1　字符流概述

字符流是专门用于处理字符型数据的流的总称。包 java.io 中定义了 Reader 类、Writer 类及其子类用于完成字符型数据的输入与输出操作。其中,Reader 类是所有字符输入流的父类,Writer 类是所有字符输出流的父类。

Reader 类定义了多个处理字符数据输入的方法,实现从输入流读取字符数据的功能。Reader 类的常用方法如表 10.3 所示。

表 10.3　Reader 类的常用方法

方 法 名 称	功 能 描 述
int read()	从此输入流中读取下一个字符,返回作为整数读取的字符,范围为 [0,65 535]。如果已到达流的末尾,则返回 −1
int read(char[] cbuf)	从此输入流中读取多个字符,存储在字符数组 cbuf 中,返回读取的字符数
int read(char[] cbuf, int off, int len)	将输入流中从偏移量 off 开始的最多 len 个字符读入 cbuf 数组,返回实际读取的字符数
long skip(long n)	跳过和丢弃此输入流中数据的 n 个字符,返回跳过的实际字符数
void close()	关闭此输入流并释放与该流关联的所有系统资源

Reader 类是抽象类,不能被实例化。当程序需要处理字符输入操作时,可以创建基于 Reader 类的某个子类对象,调用该子类对象的相关方法完成数据的读取。Reader 类

体系结构如图 10.11 所示。

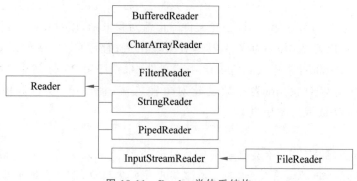

图 10.11　Reader 类体系结构

同样地,Writer 类定义了多个处理数据输出的方法,实现程序向输出流写字符或字符数组的功能。Writer 类的常用方法如表 10.4 所示。

表 10.4　Writer 类的常用方法

方 法 名 称	功 能 描 述
Writer append(char c)	将指定字符 c 添加到此输出流
Writer append (CharSequence cs)	将指定字符序列 cs 添加到此输出流
void write(String str)	将字符串 str 写入到此输出流
void write(String str,int off,int len)	将字符串 str 从偏移量 off 位置开始最多 len 个字符写入到此输出流
void flush()	刷新此输出流并强制写出缓冲区所有的数据
void close()	关闭此输出流并释放与该流关联的所有系统资源

Writer 类是所有字节输出流的父类,不能被实例化。当程序需要向数据终端输出字符时,可以创建基于 Writer 类的某个子类对象,调用该子类对象的相关方法完成字符数据的输出。Writer 类体系结构如图 10.12 所示。

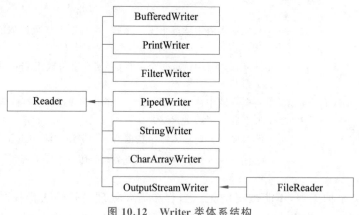

图 10.12　Writer 类体系结构

10.3.2　文件字符流

FileReader 类和 FileWriter 类分别是 Reader 类和 Writer 类的子类,实现从文件中读取字符数据的功能。与 FileInputStream 类、FileOutputStream 类类似,可以调用 FileReader 类的 read()方法从文件读取字符数据,调用 FileWriter 类的 write()方法将字符数据写入到文件。

【例 10-7】　使用文件字符流复制文本文件实例。

ex10_7

```
0001 import java.io.FileReader;
0002 import java.io.FileWriter;
0003 import java.io.IOException;
0004 public class Example10_7
0005 {
0006     public static void main(String[] args)
0007     {
0008         try
0009         {
0010             FileReader fr = new FileReader("testin.txt");
0011             FileWriter fw = new FileWriter("testout.txt");
0012             int b = 0;
0013             while((b = fr.read()) != -1)
0014                 fw.write(b);
0015             fr.close();
0016             fw.close();
0017         }
0018         catch(IOException e)
0019         {
0020             System.out.println(e.toString());
0021         }
0022     }
0023 }
0024
```

【运行结果】

程序运行结果如图 10.13 所示。

```
Console  testout.txt ⊠
1 Who has seen the wind?
2 Neither you nor I.
3 But when the trees bow down their heads,
4 The wind is passing by.
5 by C. G. Rossetti
```

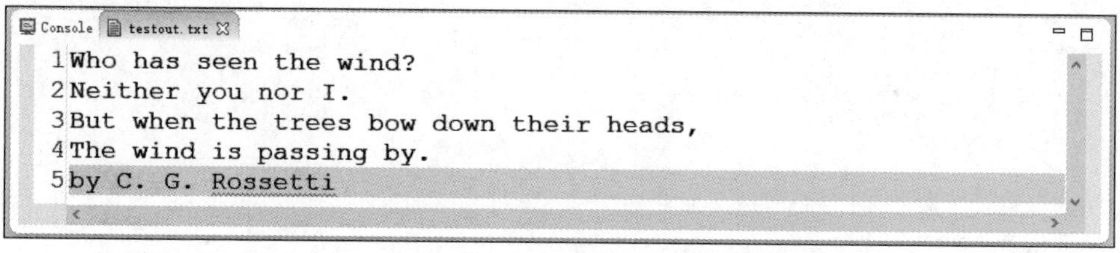

图 10.13　使用文件字符流复制文本文件实例输出

【程序说明】

程序第 10 行使用 FileReader 类创建了一个连接文本文件"testin.txt"的输入流对象 fr；程序第 11 行使用 FileWriter 类创建了一个连接"testout.txt"文件的输出流对象 fw；程序第 13～14 行通过 while 循环将输入流对象 fr 读取的字符通过输出流对象 fw 写入到文件"testout.txt"中。

10.3.3 字符缓冲流

使用字符流逐字符地读写文件需要频繁地操作文件，效率较低。为此，同字节缓冲流操作文件一样，也可以使用字符缓冲流(类似于字节缓冲流)进行读写操作，来提高读写效率。字符缓冲流需要使用 BufferedReader 类和 BufferedWriter 类来创建，它们都是过滤流，其中前者是用于进行字符输入的缓冲流，后者是用于对字符进行输出的缓冲流。

【例 10-8】 使用字符缓冲流复制文本文件实例。

ex10_8

```
0001 import java.io.BufferedReader;
0002 import java.io.BufferedWriter;
0003 import java.io.FileReader;
0004 import java.io.FileWriter;
0005 import java.io.IOException;
0006 public class Example10_8
0007 {
0008    public static void main(String[] args)
0009    {
0010       try
0011       {
0012          BufferedReader br = new BufferedReader (new FileReader ("
                 testin.txt "));
0013          BufferedWriter bw = new BufferedWriter (new FileWriter ("
                 testout.txt"));
0014         String str = null;
0015         while ((str = br.readLine()) != null)
0016         {
0017             bw.write(str);
0018             bw.newLine();
0019         }
0020         bw.flush();
0021         br.close();
0022         bw.close();
0023       }
0024       catch(IOException e)
0025       {
0026          System.out.println(e.toString());
0027       }
0028    }
0029 }
```

【程序说明】

　　程序第 12 行、第 13 行分别以 FileReader 对象及 FileWriter 对象为参数创建字符输入缓冲流对象 br 及字符输出缓冲流对象 bw；程序第 15～19 行通过循环将 br 读取的字符通过 bw 写入到文件"testout.txt"中。与例 10-7 只能一次读写一个字符不同的是，调用字符输入缓冲流的 readLine() 方法可以一次读取整行数据，同时可以调用字符输出缓冲流对象 write() 将包含多个字符的字符串一次性写入到文件中；程序第 20 行，调用 flush() 方法强制清空缓冲区数据。

10.3.4　字符转换流

　　java.io 包中提供了两个转换流，分别是 InputStreamReader 类和 OutputStreamWriter 类，用于将字节流转换成字符流。与 BufferedReader 和 BufferedWriter 类似，这两个流也不直接与数据源或数据终端关联，而是对已存在的节点流进行封装。其中，InputStreamReader 可将字节输入流转换成字符输入流，方便读取字符；OutputStreamWriter 可将字节输出流转换成字符输出流，方便写入字符。

　　【例 10-9】　字符转换流使用实例。

ex10_9

```
0001 import java.io.FileOutputStream;
0002 import java.io.IOException;
0003 import java.io.InputStreamReader;
0004 import java.io.OutputStreamWriter;
0005 public class Example10_9
0006 {
0007     public static void main(String[] args)
0008     {
0009         try
0010         {
0011             InputStreamReader isr = new InputStreamReader(System.in);
0012             FileOutputStream fos = new FileOutputStream("滁州西涧.txt");
0013             OutputStreamWriter osw = new OutputStreamWriter(fos);
0014             char[] c = new char[128];
0015             int n = 0;
0016             System.out.println("请输入唐诗滁州西涧: ");
0017             outer: while ((n = isr.read(c)) != -1)
0018             {
0019                 for(int i = 0; i < n; i++)
0020                 {
0021                     if(c[i] == '#')
0022                     {
0023                         break outer;
0024                     }
0025                     osw.write(c[i]);
```

```
0026                    }
0027               }
0028           isr.close();
0029           osw.close();
0030           fos.close();
0031           System.out.println("保存成功");
0032       }
0033       catch(IOException e)
0034       {
0035           System.out.println(e.toString());
0036       }
0037   }
0038 }
```

【运行结果】

程序运行结果如图 10.14 所示。

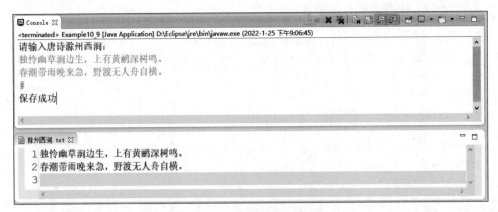

图 10.14　字符转换流使用实例输出

【程序说明】

程序第 11 行实例化 InputStreamReader 对象 isr 并指定标准输入流作为其节点流；程序第 12 行创建了连接"滁州西涧.txt"文件的 FileOutputStream 文件输出流对象 fos；程序第 13 行实例化 OutputStreamWriter 对象 osw，并指定 fos 作为其节点流；程序第 14 行声明字符数组 c 用于保存控制台下输入的数据；程序第 17~27 行循环读取控制台输入的数据，设定'♯'为结束字符，当输入'♯'时程序结束。

◆ 10.4　文件处理

使用输入/输出流可对文件内容进行读写，但如果需要删除文件、复制文件、重命名文件或处理其他任务，就需要使用包 java.io 中的 File 等类进行处理。

10.4.1　File 类

File 类是操作系统中文件或目录路径名的抽象表示,File 类的对象通常称为抽象路径名。File 类用于管理文件和目录,如创建文件和目录、查找文件、删除文件等。File 类提供的常用方法如表 10.5 所示。

表 10.5　File 类的常用方法

方 法 名 称	功 能 描 述
File(File parent,String child)	根据父抽象路径名 parent 和子路径名字符串 child 创建一个新的 File 实例
File(String pathname)	将给定的路径名字符串 pathname 转换为抽象路径名创建一个新的 File 实例
File(String parent,String child)	根据父路径名字符串 parent 和子路径名字符串 child 创建一个新的 File 实例
File(URI uri)	根据给定的 URI 创建一个新的 File 实例
boolean createNewFile()	当此抽象路径名不存在时,创建一个新的空文件
boolean mkdir()	根据此抽象路径名创建目录
boolean mkdirs()	根据此抽象路径名创建目录,包含任何必须且不存在的父目录
boolean delete()	根据此抽象路径名删除文件或文件夹
boolean canExecute()	判断此抽象路径名所表示的文件是否可执行
boolean canRead()	判断此抽象路径名所表示的文件是否可读
boolean canWrite()	判断此抽象路径名所表示的文件是否可写
boolean exists()	判断此抽象路径名所表示的文件或目录是否存在
boolean isDirectory()	判断此抽象路径名所表示的文件是否为一个目录
boolean isFile()	判断此抽象路径名所表示的文件是否是一个普通文件
boolean isHidden()	判断此抽象路径名所表示的文件是否为隐藏文件
boolean isAbsolute()	判断此抽象路径名是否是绝对路径
String getName()	获取此抽象路径名表示的文件或目录名称
String getPath()	将此抽象路径名转换为一个路径字符串
String getAbsolutePath()	根据此抽象路径名获取绝对路径字符串
File getAbsoluteFile()	根据此抽象路径名获取一个 File 对象
long lastModified()	以毫秒值返回抽象路径名所表示的文件的最后修改时间
long length()	返回抽象路径名所表示的文件的字节数
boolean renameTo(File dst)	将此抽象路径名所表示的文件进行重命名
String[] list()	将此抽象路径名所表示的目录下的文件和目录以字符串数组形式返回
File[] listFile	将此抽象路径名所表示的目录下的文件和目录以 File 数组的形式返回
Static File[] listRoots()	获取计算机中的所有文件系统的根目录

ex10_10

【例 10-10】　File 类使用实例。

```
0001 import java.io.File;
0002 public class Example10_10
0003 {
0004    public static void main(String[] args)
0005    {
0006        File userFile = new File("Filetest.txt");
0007        System.out.println("文件 file 对象的全名: " + userFile);
0008        System.out.println("判断文件是否存在: " + userFile.exists());
0009        System.out.println("文件名称: " + userFile.getName());
0010        System.out.println("文件所在路径: " + userFile.getPath());
0011        System.out.println("文件所在的绝对路径: " + userFile.
            getAbsolutePath());
0012        System.out.println("文件的父路径名称: " + userFile.getParent());
0013        System.out.println("判断文件对象是否对应的是普通文件: " +
            userFile.isFile());
0014        System.out.println("判断文件对象是否对应的是目录: " + userFile.
            isDirectory());
0015        System.out.println("文件的字节数: " + userFile.length());
0016        System.out.println("文件是否能读: " + userFile.canRead());
0017        System.out.println("文件是否可写: " + userFile.canWrite());
0018        System.out.println("文件的上次修改时间: " + userFile.lastModified());
0019    }
0020 }
```

【运行结果】

程序运行结果如图 10.15 和图 10.16 所示。

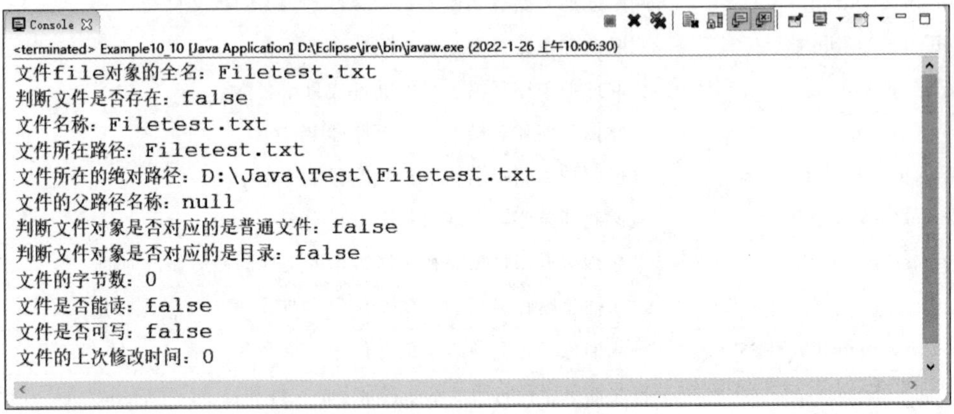

```
■ Console ✕                                          ■ ✕ ✦ │ ▣ ▣ ▣ ▣ │ ▣ ▣ ▾ ▣ ▾ ▾ ▭
<terminated> Example10_10 [Java Application] D:\Eclipse\jre\bin\javaw.exe (2022-1-26 上午10:06:30)
文件file对象的全名: Filetest.txt
判断文件是否存在: false
文件名称: Filetest.txt
文件所在路径: Filetest.txt
文件所在的绝对路径: D:\Java\Test\Filetest.txt
文件的父路径名称: null
判断文件对象是否对应的是普通文件: false
判断文件对象是否对应的是目录: false
文件的字节数: 0
文件是否能读: false
文件是否可写: false
文件的上次修改时间: 0
```

图 10.15　文件不存在时实例运行结果

图 10.16　文件存在时实例运行结果

【程序说明】

程序第 6 行以字符串"Filetest.txt"创建一个 File 对象 userFile；程序第 7～18 行调用 userFile 对象相关方法返回该文件和目录相关信息。

10.4.2　随机存储文件类

前面介绍的数据流，如 FileInputStream、FileOutputStream、FileReader 和 FileWriter，它们的共同特点是：在对文件进行读写时均为顺序读写方式，只能按照文件中数据的先后顺序进行读写，如果想读取文件中指定位置的数据则不太方便。

在包 java.io 中定义了随机文件访问类 RandomAccessFile，该类支持"随机访问"的方式，可以直接跳转到文件的任意位置来读写数据。因此，如果需要访问文件中指定位置的数据，或向已存在的文件后追加内容，使用 RandomAccessFile 类将是更好的选择。

RandomAccessFile 对象包含一个记录指针，用以标识当前读写处的位置，当程序创建一个新的 RandomAccessFile 对象时，该对象的文件记录指针位于文件开始位置，当读写 n 个字节后，该指针将会向后移动 n 个字节。除此之外，RandomAccessFile 类可以自由移动该记录指针，既可向前移动，也可向后移动。RandomAccessFile 包含的常用方法如表 10.6 所示。

表 10.6　RandomAccessFile 类的常用方法

方 法 名 称	功 能 描 述
RandomAccessFile(File file, String mode)	创建一个随机访问文件流，用于读写文件。参数 file 用于指定文件，mode 用于指定读写模式
RandomAccessFile(String filename, String mode)	创建一个随机访问文件流，用于读写文件。参数 filename 用于指定文件，mode 用于指定读写模式
long getFilePointer()	返回文件记录指针的当前位置
void seek(long pos)	将文件记录指针定位到 pos 位置

续表

方　法　名　称	功　能　描　述
int skipBytes(int n)	使文件记录指针从当前位置开始，跳过 n 个字节
void write(byte[] b)	从当前文件指针开始将 b.length 个字节从指定 byte 数组写入到此文件
long length()	返回此文件的长度
String readLine()	从此文件读取下一行文本内容
void close()	关闭文件并释放资源

使用上述构造方法创建 RandomAccessFile 对象时需要指定参数 mode 来设定访问模式，其具体可选值和含义如表 10.7 所示。

表 10.7　RandomAccessFile 构造方法 mode 参数及含义

参数取值	参　数　含　义
r	以只读方式来打开指定文件，如试图写入文件，将抛出 IOException 异常
rw	以读写方式打开指定文件，如该文件不存在，将试图创建该文件
rws	以读写方式打开指定文件，并要求对文件内容或元数据的每个更新都同步写入到底层存储设备
rwd	以读写方式打开指定文件，并要求对文件内容的每个更新都同步写入到底层存储设备

【例 10-11】　RandomAccessFile 类使用实例。

ex10_11

```
0001 import java.io.FileNotFoundException;
0002 import java.io.IOException;
0003 import java.io.RandomAccessFile;
0004 public class Example10_11
0005 {
0006    public static void main(String[] args)
0007    {
0008       try
0009       {
0010          RandomAccessFile raf= new RandomAccessFile("望岳.txt", "rw");
0011          System.out.println("文件原内容为: ");
0012          String str = null;
0013          while ((str = raf.readLine()) != null)
0014             System.out.println(new String(str.getBytes("8859_1"), "GBK"));
0015          String[] addStrs = new String[]{"荡胸生曾云，决眦入归鸟。",
0016                "会当凌绝顶，一览众山小"};
0017          System.out.println("文件原长度为:" + raf.length() + "字节");
0018          raf.seek(raf.length());
0019          for(int i = 0; i < addStrs.length; i++)
```

```
0020            raf.write((addStrs[i] + "\n").getBytes());
0021            System.out.println("文件追加后内容为: ");
0022            raf.seek(0);
0023            while ((str = raf.readLine()) != null)
0024                System.out.println(new String(str.getBytes("8859_1"), "GBK"));
0025            System.out.println("文件追加后长度为:" + raf.length() + "字节");
0026            raf.close();
0027        }
0028        catch(FileNotFoundException e)
0029        {
0030            System.out.println(e.toString());
0031        }
0032        catch(IOException e)
0033        {
0034            System.out.println(e.toString());
0035        }
0036    }
0037 }
```

【运行结果】

程序运行结果如图 10.17 所示。

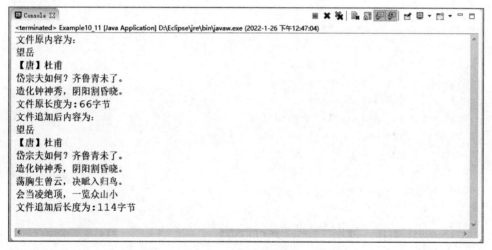

图 10.17　RandomAccessFile 类使用实例输出

【程序说明】

程序第 10 行以读写的方式创建一个 RandomAccessFile 对象 raf；文件第 13 行、第 14 行以循环方式每次从 raf 读取一行内容并输出，其中，new String(str.getBytes("8859_1"), "GBK")的作用是对字符串编码格式进行转换，便于输出中文；程序第 17 行调用 length() 方法输出原文件大小；程序第 18 行将文件指针定位到文件末尾；程序第 19～20 行循环调用 write() 方法将需要追加的内容追加到文件末尾；程序第 22 行通过 seek(0)方法将文件指针定位到文件起始处，便于程序第 23～24 行输出追加后的文件内容。

◆ 10.5 综合实验

【实验目的】

- 掌握字节流、字符流的使用方法。
- 掌握使用缓冲流提升读写效率的方法。
- 掌握对集合进行排序的方法。

【实验内容】

编写程序，从"分数信息.txt"读入广西壮族自治区 2021 年普通高校招生本科第一批最低投档分数线信息（理科、部分信息），文件中包括院校代号、院校名称、最低投档分数，将之按照最低投档分数的非升序进行排序后（最低投档分数同分时，按照院校代号的升序排序），写入"排序信息.txt"。

【例 10-12】 输入/输出流综合实例。

ex10_12

```
0001 import java.io.BufferedReader;
0002 import java.io.BufferedWriter;
0003 import java.io.FileNotFoundException;
0004 import java.io.FileReader;
0005 import java.io.FileWriter;
0006 import java.io.IOException;
0007 import java.util.Collections;
0008 import java.util.LinkedList;
0009 import java.util.List;
0010 import java.util.StringTokenizer;
0011 class Info implements Comparable<Info>
0012 {
0013    int no;
0014    String university;
0015    int score;
0016    Info(int no, String university, int score)
0017    {
0018        this.no = no;
0019        this.university = university;
0020        this.score = score;
0021    }
0022    public int compareTo(Info obj)
0023    {
0024        if(score > obj.score)
0025            return -1;
```

```
0026        else if(score < obj.score)
0027            return 1;
0028        else
0029        {
0030            if(no < obj.no)
0031                return -1;
0032            else if(no > obj.no)
0033                return 1;
0034            return 0;
0035        }
0036    }
0037    public String toString()
0038    {
0039        return no + "\t" + university + "\t" + score;
0040    }
0041 }
0042 public class Example10_12
0043 {
0044    public static void main(String[] args)
0045    {
0046        try
0047        {
0048            FileReader fr = new FileReader("分数信息.txt");
0049            BufferedReader br = new BufferedReader(fr);
0050            List<Info> list = new LinkedList<Info>();
0051            String tmp = null;
0052            while ((tmp = br.readLine()) != null)
0053            {
0054                StringTokenizer st = new StringTokenizer(tmp);
0055                while (st.hasMoreTokens())
0056                {
0057                    int no = Integer.parseInt(st.nextToken());
0058                    String university = st.nextToken();
0059                    int score = Integer.parseInt(st.nextToken());
0060                    list.add(new Info(no, university, score));
0061                }
0062            }
0063            Collections.sort(list);
0064            FileWriter fw = new FileWriter("排序信息.txt");
0065            BufferedWriter bw = new BufferedWriter(fw);
0066            for(Info obj : list)
0067            {
0068                bw.write(obj.toString() + "\n");
```

```
0069            }
0070            bw.flush();
0071            bw.close();
0072            fw.close();
0073            br.close();
0074            fr.close();
0075        }
0076        catch(FileNotFoundException e)
0077        {
0078            System.out.println(e);
0079        }
0080        catch(IOException e)
0081        {
0082            System.out.println(e);
0083        }
0084    }
0085 }
```

程序运行结果如图 10.18 所示。

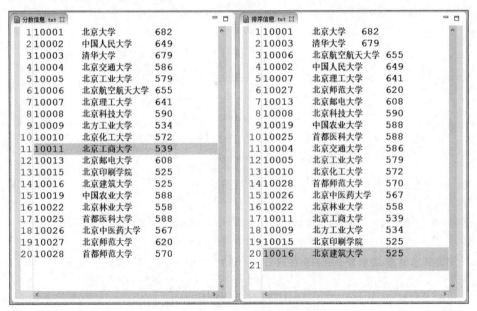

图 10.18   输入/输出流综合实例输出

【程序说明】

程序第 11~41 行定义了 Info 类，将每个高校的信息保存为一个 Info 类型对象，该类实现了 Comparable 接口，便于对象的比较和排序；程序第 22~36 行重写 compareTo() 方法，将比较对象按照先最低投档分数非升序、再院校代号非降序的顺序排序；程序第 37~40 行重写 toString() 方法，方便对象信息的输出；程序第 48 行、第 49 行分别创建文件字符输入流和缓冲字符输入流对象;程序第 50 行创建 Info 类型的列表,保存读取的院校分数信息;程序第 52 ~ 62 行的循环从文件中逐行读入院校分数信息,并使用 StringTokenizer 类进行分词,提取信息的各个字段;程序第 63 行调用 Collections 类的 sort()方法,根据 Info 类中 compareTo()方法定义的比较规则对对象进行排序;程序第 64 行、第 65 行分别创建文件字符输出流和缓冲字符输出流对象;程序第 66~69 行,将排序后的 Info 对象逐个写入到文件。

◆ 10.6　小　　　结

　　数据流是通过一定路径从数据源传输到数据目的地的数据序列。按照流动方向,数据流可分为输入流和输出流,前者用于读数据,后者用于写数据。按照流动内容,数据流可分为字节流和字符流,前者每次读写一个或多个字节,后者每次读写一个或多个字符。按照流的功能,数据流可分为节点流和过滤流,前者与数据源直接连接进行数据读写,后者与已存在的节点流连接,通过缓冲进行数据读写。

　　字节数据流以字节为单位进行输入/输出操作,适用于文件的读写。标准字节流 System.in 和 System.out 用于控制台输入/输出;文件字节流 FileInputStream 类和 FileOutputStream 类用于文件的读写;字节缓冲流 BufferedInputStream 类和 BufferedOutputStream 类用于封装字节流,提升读写效率;对象序列化是指将类的对象保存到计算机磁盘上,需要时使用反序列化将之读入到程序中,序列化和反序列化使用 ObjectOutputStream 和 FileIutputStream。

　　字符数据流以字符为单位进行输入/输出操作,多用于处理文本文件。文件字符流 FileReader 和 FileWriter 分别用于从文件中读字符和向文件写入字符;BufferedReader 类和 BufferedWriter 类用于封装字符流,提升读写效率;InputStreamReader 类和 OutputStreamWriter 类是转换流,用于将字节流转换成字符流。

　　File 类是用于表示文件或目录路径名的类,能够实现管理操作系统中文件和目录的功能。RandomAccessFile 是随机文件访问类,该类通过记录指针可以直接跳转到文件中的任意位置进行数据读写,适用于频繁访问文件中指定位置数据或向文件追加内容等操作。

◆ 10.7　习　　　题

　　1.什么叫数据流? 它是如何分类的?

　　2.如果要利用 read()方法获得输入流中的下一个字节数据,并希望可以将取得的数据转换成字符数据类型,应该怎么做?

　　3.列举几个常用的 InputStream 及 OutputStream 的派生类,简要描述它们的作用。

　　4.Java 语言有哪些过滤流? 它们有什么作用?

　　5.什么叫对象的序列化? Java 中如何实现对象序列化?

　　6.Java 中随机存储文件类是哪个类? 具体实现了哪些功能?

7. 如果在当前目录下不存在"test.txt"文件，编译和运行如下代码，分析其输出。

```java
import java.io.FileInputStream;
import java.io.FileNotFoundException;
import java.io.IOException;
public class Exe10_7
{
    public static void main(String[] args)
    {
        System.out.println(Exe10_7.method());
    }
    public static int method()
    {
        try
        {
            FileInputStream dis = new FileInputStream("test.txt");
        }
        catch(FileNotFoundException e)
        {
            System.out.println("捕获 FileNotFoundException 异常");
        }
        catch(IOException e)
        {
            System.out.println("捕获 IOException 异常");
        }
        finally
        {
            System.out.println("执行 finally 语句块");
        }
        return 0;
    }
}
```

8. 运行如下程序，输入"我们都喜欢 Java 编程"，分析其输出。

```java
import java.io.BufferedReader;
import java.io.IOException;
import java.io.InputStreamReader;
import java.util.StringTokenizer;
public class Exe10_8
{
    public static void main(String[] args) throws IOException
    {
        BufferedReader br= new BufferedReader(new InputStreamReader(System.in));
```

```java
        String s = br.readLine();
        StringTokenizer st = new StringTokenizer(s);
        String result = "";
        while(st.hasMoreTokens())
        {
            StringBuffer sb1 = new StringBuffer(st.nextToken());
            sb1.reverse();
            result = result+sb1.toString() + " ";
        }
        System.out.print(result);
    }
}
```

9. 分析如下程序代码的输出。

```java
import java.io.FileNotFoundException;
import java.io.IOException;
import java.io.RandomAccessFile;
public class Exe10_9 {
    public static void main(String[] args) {
        try
        {
            RandomAccessFile raf = new RandomAccessFile("raftest.txt", "rw");
            int arr[]={55, 56, 87, 67, 95, 25, 4, 60};
            for(int i = 0; i < arr.length; i++)
                raf.writeInt(arr[i]);
            raf.writeUTF("林暗草惊风,将军夜引弓。平明寻白羽,没在石棱中。");
            for(int j = arr.length - 1; j >= 0; j = j - 2)
            {
                raf.seek(j * 4);
                System.out.print(" " + raf.readInt());
            }
            raf.seek(32);
            System.out.print(" " + raf.readUTF());
            raf.close();
        }
        catch(FileNotFoundException e)
        {
            System.out.println(e.toString());
        }
        catch(IOException e)          {
            System.out.println(e.toString());
        }
    }
}
```

◆ 10.8 实   验

实验一：编程实现从"in.dat"文件中读入一组字符串，字符串之间以半角逗号隔开，将字符串按照字典序排列后，写入文件"out.dat"中。

- "in.dat"中需要排序的字符串为：China，USA，Brazil，Italy，Korea，Canada，Thailand。
- 排序后写入"out.data"中的字符串为：Brazil，Canada，China，Italy，Korea，Thailand，USA。

实验二：按照要求设计并编写如下程序，要求如下。

- 设计雇员类 Employee，包含成员变量姓名、性别、年龄、基本工资等属性，方法包括构造方法、print()方法（用于将雇员的信息连接成字符串并输出）。
- 从键盘中读入多个员工信息，当输入"exit"时表示输入结束。程序每读取一名员工信息就实例化一个 Employee 对象，并将其保存到"emp.dat"文件。
- 读取"emp.dat"文件中每名员工的信息并显示在屏幕上。

图形用户界面编程

本章学习目标

- 了解 Java 图形用户编程相关的类库。
- 掌握容器的分类及常用容器的使用。
- 掌握布局管理器的使用。
- 掌握组件的分类及常用组件的使用。
- 理解 Java 事件处理模型,掌握事件处理编程。

在前面章节的学习中,几乎所有的程序交互都是在控制台或命令行下完成,界面不友好,用户体验差。图形用户界面(Graphics User Interface,GUI)是用户与程序交互的窗口,比命令行的界面更加直观,并且易于操作。Java 中针对 GUI 编程提供了一些基本的图形用户界面开发工具,如 java.awt 和 javax. swing 这两个工具包。这两个包中定义了多种创建图形用户界面的组件类,通过这些组件类可以实现包括输入框、按钮、窗口、工具栏等各种图形界面元素,从而方便用户操作。本章将主要针对图形用户界面编程进行详细讲解。

◆ 11.1　Java 图形用户界面概述

在早期的 JDK 1.0 版本中提供了 Java 抽象窗口工具集(Abstract Window Toolkit,AWT),其最初的设计目标是帮助程序员编写在所有平台上都能正常运行的 GUI 程序。但遗憾的是,AWT 依赖本机操作系统平台,利用操作系统所提供的图形库,通过调用本地方法来实现功能的,称为"重量级控件"。在后来的 JDK 版本中,Sun 公司推出了功能更强大的 Swing 库。Swing 库完全采用 Java 编写,在提供 AWT 所有功能的基础上,还扩充了大量功能。更为重要的是,Swing 库不依赖于操作系统提供的本地方法,在各类平台均可通用,故也称为"轻量级控件"。虽然 AWT 和 Swing 库都提供了一些图形用户界面开发工具类,但由于 AWT 的局限性,一般都是用 Swing 来编写用户界面,因此在本章中主要以 Swing 来讲解如何进行图形用户界面编程。

Swing 为实现图形用户界面提供了基础类库,多数位于 javax.swing 包及其子包下,该包包括近 100 个类和 25 个接口,提供了实现图形用户界面的主要类。在 Swing 中不但用轻量级的组件替代了 AWT 中的重量级的组件,而且 Swing 的替代组件中都包含一些其他的特性。例如,Swing 的按钮和标签可显示图标和文本,而 AWT 的按钮和标签只能显示文本。Swing 中的大多数组件都是 AWT 组件名前面加了一个"J",其继承关系如图 11.1 所示。

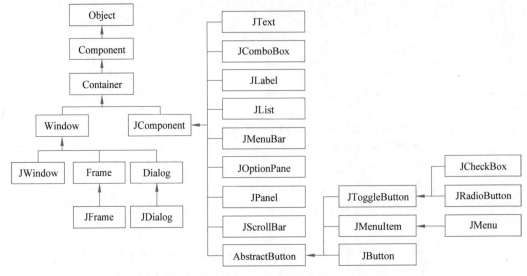

图 11.1　Swing 组件继承关系

从图 11.1 可看出,Swing 中的所有类都继承自 Container 类,并扩展了两个主要分支:容器(Window)和组件(JComponent)。容器是为了实现图形用户界面窗口而设计的,组件则是为了实现向容器中填充数据、元素以及人机交互组件等功能。

Swing 组件都继承于 JComponent 类,JComponent 类提供了所有组件都需要的功能,如支持可更换的视觉效果等。JComponent 类继承自 AWT 的 Component 类及其子类 Container。常见的组件包括标签 JLabel、按键 JButton、文本输入框 JTextField、复选框 JCheckBox 等。

在 Swing 中,容器是一种可包含组件的特殊组件。Swing 中的容器包括两类:重量级容器和轻量级容器。重量级容器也称为顶层容器(Top-Level Container),包括 JFrame、JApplet、JWindow 和 JDialog 等,其特点是不能被其他容器包含,只能作为界面程序的最顶层容器来使用。轻量级容器也称为中间层容器,它们继承自 JComponent 类,包括 JPanel,JScrollPane 等类,用于将多个相关联的组件组织在一起。同时,轻量级容器本身也是组件,因此必须包含在其他容器中。

◈ 11.2　容　　器

如前所述,容器分为顶级容器及中间层容器:顶级容器一般指的是一个顶层窗口(框架),如用于框架窗口的 JFrame,用于对话框的 JDialog 等;中间层容器指的是需要包含在顶层容器中使用的容器,如面板 JPanel、滚动条 JScrollPane、选项卡面板 JTabbedPane 以及工具栏 JToolBar。本节将对部分容器的基本使用进行详细讲解。

11.2.1　JFrame

通常最常见的容器就是 JFrame,该类继承了 AWT 的 Frame 类,属于顶层容器,因此不能放置在其他容器之中。JFrame 支持通用窗口所有的基本功能,例如,窗口最小化、设定窗口大小等。除构造方法外,JFrame 还有设置窗口大小、位置、可见性、伸缩性等一系列成员方法。其常用方法如表 11.1 所示。

表 11.1　JFrame 类的常用方法

方 法 名 称	功 能 描 述
void setSize(int width, int height)	设置组件的大小,使其宽度为 width,高度为 height
void setLocation(int x,int y)	将组件移到新位置。参数 x 和 y 为此组件相对于父级坐标空间中左上角的位置
void setBounds(int x,int y,int width, int height)	移动组件并调整其大小。参数 x 和 y 为此组件相对于父级坐标空间中左上角的位置,参数 width 和 height 指定组件大小
void setVisible(boolean b)	设置组件隐藏属性,当 b 为 true 时组件可见,b 为 false 时组件隐藏
void setTitle(String title)	设置窗体的标题为指定的字符串 title
void pack()	调整窗口的大小,以适合其子组件的首选大小和布局
Component add(Component comp)	将指定组件 comp 添加到容器的尾部
Container getContentPane()	返回窗体的 contentPane 对象
void setContentPane(Containercp)	设置窗体的 contentPane 对象为 cp
void setResizable(boolean b)	设置窗体是否可由用户调整大小,当 b 为 true 时组件大小可调,b 为 false 时组件大小不可调整
void setDefaultCloseOperation(int op)	设置用户在窗体上发起"close"操作时默认执行的操作
void setLayout(LayoutManagerlayout)	设置窗体的布局管理器

在实际使用中可以通过如下两种方法创建 JFrame 窗体对象。

方式一:调用 JFrame 的构造方法实例化窗体对象。

方式二:自定义类,并让该类继承自 JFrame 类。

【例 11-1】　创建 JFrame 窗体实例。

ex11_1

```
0001 import javax.swing.JFrame;
0002 public class Example11_1
0003 {
0004    public static void main(String[] args)
0005    {
```

```
0006        JFrame f = new JFrame();
0007        f.setTitle("窗体一");
0008        f.setSize(300, 200);
0009        f.setLocation(100, 100);
0010        f.setVisible(true);
0011    }
0012 }
```

【运行结果】

程序运行结果如图 11.2 所示。

【程序说明】

程序第 6 行调用 JFrame 构造方法创建窗体
对象 f；程序第 7 行调用 setTitle()方法设置窗体
标题；程序第 8 行调用 setSize()方法设置窗体宽
为 300，高为 200；程序第 9 行调用 setLocation()
方法设置窗体左上角坐标是（x＝100，y＝100），
需要注意的是，此坐标是以显示器左上角坐标为
参照物；程序第 10 行调用对象 f 的 setVisible()
方法设置窗体可见。

图 11.2　创建 JFrame 窗体实例运行结果

ex11_2

【例 11-2】　通过继承 JFrame 类创建窗体实例。

```
0001 import javax.swing.JFrame;
0002 class FirstWindow extends JFrame
0003 {
0004    public FirstWindow(String title)
0005    {
0006        this.setTitle(title);
0007        this.setSize(300, 200);
0008        this.setLocation(100, 100);
0009        this.setVisible(true);
0010    }
0011 }
0012 public class Example11_2
0013 {
0014    public static void main(String[] args)
0015    {
0016        FirstWindow fw = new FirstWindow("窗体二");
0017    }
0018 }
```

【运行结果】

程序运行结果如图 11.3 所示。

图 11.3 通过继承 JFrame 类创建窗体实例运行结果

【程序说明】

程序第 2~11 行自定义类 FirstWindow,该类继承 JFrame 类,在 FirstWindow 构造方法中,调用其继承自 JFrame 的 setTitle()、setSize()、setLocation()及 setVisible()方法设置窗体的标题、大小、位置及可见性;程序第 16 行,创建 FirstWindow 类型的窗口实例。

虽然例 11-1 与例 11-2 都可以创建窗体,但在实际使用时推荐采用后一种方式,因为这种方式可以增加代码的重用性,当其他地方需要创建窗体时,程序员不用重复写代码,直接调用即可,减少重复工作,提高开发效率。

11.2.2 JDialog

JDialog 窗体是对话框,它继承了 AWT 组件中的 java.awt.Dialog 类。JDialog 窗体的功能是从一个窗体中弹出另一个窗体,就像是在使用 IE 浏览器时弹出的确定对话框一样,主要用于显示提示信息或接受用户输入。与 JFrame 窗体类似,JDialog 窗体也是 Swing 中的顶级容器,不能被别的容器所包含。

JDialog 对话框可分为两种:模态对话框和非模态对话框。模态对话框是指用户需要等到处理完对话框后才能和其他窗口继续交流,而非模态对话框允许用户在处理对话框的同时与其他对话框进行交流。对话框是模态或非模态可以在创建 JDialog 对象时设置,也可以在创建对象之后通过 setModal()方法进行设置。JDialog 常用的构造方法如表 11.2 所示。

表 11.2 JDialog 类的构造方法

构 造 方 法	功 能 描 述
JDialog()	创建一个无标题、未指定 Frame 所有者的非模态对话框
JDialog(Frame owner)	创建一个无标题、所有者为 owner 的非模态对话框
JDialog(Frame owner,boolean modal)	创建一个无标题、所有者为 owner、模态为 modal 的对话框
JDialog(Frame owner,String title,boolean modal)	创建一个标题为 title、所有者为 owner、模态为 modal 的对话框

在创建 JDialog 对象时,可以通过参数 modal 指定对话框是模态还是非模态的,如果值设置为 true,该对话框就是模态对话框,否则为非模态对话框。JDialog 的其他常用方法与 JFrame 类似,在此不一一赘述。

ex11_3

【例 11-3】 创建对话框实例。

```
0001 import javax.swing.JDialog;
0002 import javax.swing.JFrame;
0003 public class Example11_3
0004 {
0005     public static void main(String[] args)
0006     {
0007         JFrame f=new JFrame();
0008         f.setTitle("对话框小程序");
0009         f.setSize(300, 200);
0010         f.setLocation(100, 100);
0011         f.setVisible(true);
0012         JDialog dl = new JDialog(f, "对话框", true);
0013         dl.setSize(200, 100);
0014         dl.setLocation(100, 150);
0015         dl.setVisible(true);
0016     }
0017 }
```

【运行结果】

程序运行结果如图 11.4 所示。

【程序说明】

程序第 7～11 行创建了一个窗体对象 f,并调用
setTitle()、setSize()、setLocation()及 setVisible()方
法设置窗体的标题、大小、位置及可见性;程序第 12 行
创建了一个模态对话框对象 dl,并指定其为窗体 f 所
有;程序第 13～15 行调用对话框对象的 setTitle()、
setSize()、setLocation()及 setVisible()方法设置窗体
的标题、大小、位置及可见性。

图 11.4 创建对话框实例运行结果

从例 11-3 可以看出,顶级容器的创建方式及方法调用基本相同,不同的是显示效果
的差别。窗体的右上角有放大缩小按钮,而对话框没有。此外,由于创建的对话框是模态
对话框,因此在操作时必须要先关闭对话框后才能关闭窗体。

11.2.3 JPanel

JPanel 面板是一种中间容器,必须要添加到其他容器,不可单独使用。同 JFrame 窗
体一样,该容器也有构造方法以及设置背景、窗口大小、位置等一系列成员方法。需要特
别指出的是,面板可以嵌套使用,由此可以设计出功能丰富的图形用户界面。

【例 11-4】 JPanel 面板使用实例。

ex11_4

```
0001 import java.awt.Color;
0002 import javax.swing.JFrame;
```

```
0003 import javax.swing.JPanel;
0004 public class Example11_4
0005 {
0006    public static void main(String[] args)
0007    {
0008        JFrame f = new JFrame("在窗体中添加面板");
0009        f.setSize(300,200);
0010        f.setDefaultCloseOperation(JFrame.EXIT_ON_CLOSE);
0011        f.setVisible(true);
0012        JPanel p = new JPanel();
0013        p.setBackground(Color.RED);
0014        p.setSize(100, 100);
0015        f.setLayout(null);
0016        f.getContentPane().add(p);
0017    }
0018 }
```

【运行结果】

程序运行结果如图 11.5 所示。

【程序说明】

程序第 8～11 行创建一个窗体对象 f,并调用相关方法设置窗体大小、窗体是否可见等;程序第 12 行创建了一个面板对象 p,并调用 p 的 setBackground()方法与 setSize()方法设置背景颜色及面板大小;程序第 15 行调用对象 f 的 setLayout()方法设置窗体布局为 null 布局(如果不设置,面板将占据整个窗体);程序第 16 行调用

图 11.5　JPanel 面板使用实例运行结果

窗体 f 的 getContentPane()获得窗体 f 的 contentPane 对象后,再调用 contentPane 对象的 add()方法将面板 p 添加到窗体中。

例 11-4 演示了如何在窗体中添加一个面板,在实际开发时,由于面板是中间容器,可对其嵌套使用,完成更为复杂的界面布局与功能设计。

【例 11-5】　面板的嵌套实例。

ex11_5

```
0001 import java.awt.Color;
0002 import javax.swing.JFrame;
0003 import javax.swing.JPanel;
0004 public class Example11_5
0005 {
0006    public static void main(String[] args)
0007    {
0008        JFrame f = new JFrame("在窗体中添加面板");
```

```
0009        JPanel p1 = new JPanel();
0010        JPanel p2 = new JPanel();
0011        f.setLayout(null);
0012        f.getContentPane().setBackground(Color.green);
0013        f.setSize(300,300);
0014        p1.setLayout(null);
0015        p1.setBackground(Color.red);
0016        p1.setSize(200,200);
0017        p2.setBackground(Color.yellow);
0018        p2.setSize(100,100);
0019        p1.add(p2);
0020        f.getContentPane().add(p1);
0021        f.setVisible(true);
0022        f.setDefaultCloseOperation(JFrame.EXIT_ON_CLOSE);
0023    }
0024 }
```

【运行结果】

程序运行结果如图 11.6 所示。

【程序说明】

程序第 8～10 行创建窗体对象 f、面板对象 p1 及 p2；程序第 11 行设置对象 f 布局为 null 布局；程序第 12 行设置窗体 f 背景颜色为绿色；程序第 14 行将面板对象 p1 的布局方式设置为 null 布局；程序第 15～18 行设置面板 p1 与 p2 的背景颜色及大小；程序第 19 行调用对象 p1 的 add()方法将 p2 添加到 p1 中；程序第 20 行将 p1 对象添加到对象 f 中；程序第 21 行调用对象 f 的 setVisible()方法设置可见性；程序第 22 行调用 setDefaultCloseOperation()方法设置单击窗口的"关闭"按钮时程序所执行的操作。

图 11.6   面板的嵌套实例运行结果

◈ 11.3　布　　局

Swing 组件不能单独存在，需要添加到容器中使用，如果往容器中添加组件时，希望控制组件的位置和尺寸时，就需要对组件进行布局。组件的布局由布局管理器来完成，它们可以对组件统一管理，这样开发人员就无须考虑组件是否会重叠等问题。

Java 平台提供了多种布局管理器，例如 FlowLayout（流式布局管理器）、BorderLayout（边界布局管理器）、GridLayout（网格布局管理器）、BoxLayout（箱式布局管理器）、CardLayout（卡片布局管理器）、null（绝对布局管理器）等，本节将对比较常用的布局管理器进行介绍。

11.3.1 FlowLayout 布局管理器

FlowLayout 布局管理器,即流式布局管理器,是 JPanel 类的默认布局管理器。该布局管理器将组件按照从左到右、从上到下的顺序依次排列到容器中,一行不能放完则到下一行继续放置。流式布局可以以左对齐、居中对齐、右对齐的方式排列组件。FlowLayout类的构造方法如表 11.3 所示。

表 11.3　FlowLayout 类的构造方法

构 造 方 法	功 能 描 述
FlowLayout()	创建一个流式布局管理器,使用默认的居中对齐方式,默认 5px 的水平和垂直间隔
FlowLayout(int align)	创建一个对齐方式为 align 的流式布局管理器,使用默认 5px 的水平和垂直间隔。参数 align 的值必须是 FlowLayout.LEFT、FlowLayout.RIGHT 和 FlowLayout.CENTER 三个常量之一,分别表示居左对齐、居右对齐或居中对齐
FlowLayout(int align, int hgap, int vgap)	创建一个对齐方式为 align 的流式布局管理器,其中,hgap 表示组件之间的横向间隔,vgap 表示组件之间的纵向间隔,单位是 px

FlowLayout 布局管理器不限制它所管理组件的大小,而是允许它们有自己的最佳大小。下面通过一个简单例子学习如何使用 FlowLayout 布局管理器对容器进行布局。

【例 11-6】　FlowLayout 布局管理器使用实例。

ex11_6

```
0001 import java.awt.FlowLayout;
0002 import javax.swing.JButton;
0003 import javax.swing.JFrame;
0004 public class Example11_6
0005 {
0006     public static void main(String[] args)
0007     {
0008         JFrame jf = new JFrame("FlowLayout 举例");
0009         FlowLayout fl = new FlowLayout(FlowLayout.CENTER, 2, 3);
0010         jf.setLayout(fl);
0011         JButton btn1 = new JButton("按钮 1");
0012         JButton btn2 = new JButton("按钮 2");
0013         JButton btn3 = new JButton("按钮 3");
0014         jf.add(btn1);
0015         jf.add(btn2);
0016         jf.add(btn3);
0017         jf.setBounds(100, 200, 350, 100);
0018         jf.setVisible(true);
0019         jf.setDefaultCloseOperation(JFrame.EXIT_ON_CLOSE);
```

```
0020    }
0021 }
```

【运行结果】

程序运行结果如图 11.7 所示。

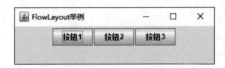

图 11.7 FlowLayout 布局管理器使用实例运行结果

【程序说明】

程序第 8 行创建窗体对象 jf;程序第 9 行创建 FlowLayout 布局管理器对象 fl,并设置组件在容器中是居中对齐,组件之间的横向间距是 2px,纵向间距是 3px;程序第 10 行将窗体 jf 的布局管理器设置为 fl;程序第 11~16 行创建三个按钮对象 btn1、btn2 和 btn3,并将这三个按钮从左往右依次添加到容器中;最后,调用 jf 的相关方法设置窗体大小、位置、可见性等。

11.3.2 BorderLayout 布局管理器

BorderLayout,即边界布局管理器,是 Window 型容器的默认布局,如果一个容器使用这种布局,那么容器空间可划分为东(EAST)、西(WEST)、南(SOUTH)、北(NORTH)、中(CENTER)5个区域,这 5 个区域可以用该类中的 5 个常量表示,分别是:BorderLayout.EAST、BorderLayout.WEST、BorderLayout.SOUTH、BorderLayout.NORTH 和 BorderLayout.CENTER。这 5 个区域中,每个区域内可添加一个组件,中间区域面积最大。其布局方式如图 11.8 所示。

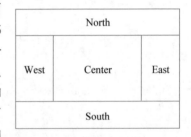

图 11.8 BorderLayout 布局管理器区域划分示意图

需要注意的是,BorderLayout 布局并不要求所有区域都必须有组件,如果四周的区域(North、South、East 和 West 区域)没有组件,则由 Center 区域去补充。如果单个区域中添加的不止一个组件,那么后添加的组件将覆盖原先的组件,区域中只显示最后添加的组件。BorderLayout 布局管理器的构造方法如表 11.4 所示。

表 11.4 BorderLayout 类的构造方法

构造方法	功能描述
BorderLayout()	创建一个边界布局管理器,组件之间没有间隙
BorderLayout(int hgap, int vgap)	创建一个边界布局管理器,其中,hgap 表示组件之间的横向间隔,vgap 表示组件之间的纵向间隔,单位是 px

【例 11-7】　BorderLayout 布局管理器使用实例。

```
0001 import java.awt.BorderLayout;
0002 import javax.swing.JButton;
0003 import javax.swing.JFrame;
0004 public class Example11_7
0005 {
0006     public static void main(String[] args)
0007     {
0008         JFrame jf = new JFrame("BorderLayout 举例");
0009         BorderLayout bl = new BorderLayout(5, 10);
0010         jf.setLayout(bl);
0011         JButton bSouth = new JButton("南");
0012         JButton bNorth = new JButton("北");
0013         JButton bEast = new JButton("东");
0014         JButton bWest = new JButton("西");
0015         JButton bCenter = new JButton("中");
0016         jf.add(bNorth, BorderLayout.NORTH);
0017         jf.add(bSouth, BorderLayout.SOUTH);
0018         jf.add(bEast, BorderLayout.EAST);
0019         jf.add(bWest, BorderLayout.WEST);
0020         jf.add(bCenter, BorderLayout.CENTER);
0021         jf.setBounds(100, 100, 600, 300);
0022         jf.setVisible(true);
0023         jf.setDefaultCloseOperation(JFrame.EXIT_ON_CLOSE);
0024     }
0025 }
```

【运行结果】

程序运行结果如图 11.9 所示。

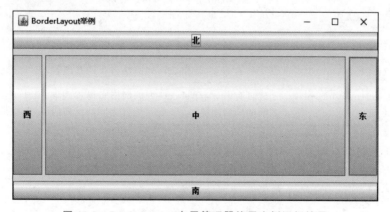

图 11.9　BorderLayout 布局管理器使用实例运行结果

【程序说明】

程序第 8 行创建窗体对象 jf；程序第 9 行创建了 BorderLayout 布局管理器 bl，设置组件之间横向间隔为 5px，纵向间隔为 10px；程序第 10 行将 bl 设置为窗体的布局管理器；程序第 11～15 行创建了一个窗体对象 jf 和 5 个按钮对象 bSouth、bNorth、bEast、bWest 和 bCenter；程序第 16～20 行分别调用 jf 的 add()方法将 5 个按钮添加到对应的区域。

此外，如果程序中未向某一区域添加组件，如将例 11-7 代码第 17 行、第 18 行注释掉，则与之紧邻的 WEST、CENTER 和 NORTH 区域将会填充 SOUTH 和 EAST 区域，如图 11.10 所示。

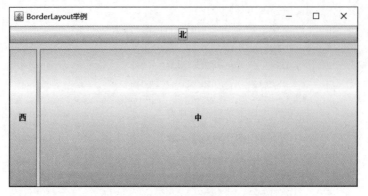

图 11.10　缺少 SOUTH 和 EAST 区域的效果

11.3.3　GridLayout 布局管理器

GridLayout 布局管理器将容器划分成若干行乘若干列的网格区域，组件按照由左至右、由上而下的次序排列填充到各个单元格中，它为组件的放置位置提供了更大的灵活性。GridLayout 布局管理器的构造方法如表 11.5 所示。

表 11.5　GridLayout 类的构造方法

构 造 方 法	功 能 描 述
GridLayout()	创建一个默认的网格布局管理器，所有控件在一行里，每个控件一列
GridLayout(int rows, int cols)	创建具有 rows 行和 cols 列的网格布局管理器，组件之间没有间隔
GridLayout(int rows, int cols, int hgap, int vgap)	创建具有 rows 行和 cols 列的网格布局管理器，其中 hgap 表示组件之间的横向间隔，vgap 表示组件之间的纵向间隔，单位是 px

需要注意的是，GridLayout 布局管理器总是忽略组件的最佳大小，而是根据提供的行和列进行平分，该布局管理器中所有单元格的宽度和高度都是一样的。

【例 11-8】 GridLayout 布局管理器使用实例。

```
0001 import java.awt.GridLayout;
0002 import javax.swing.JButton;
```

ex11_8

```
0003 import javax.swing.JFrame;
0004 public class Example11_8
0005 {
0006    public static void main(String[] args)
0007    {
0008        JFrame jf = new JFrame("简易计算器");
0009        GridLayout gl = new GridLayout(4, 4, 5, 5);
0010        jf.setLayout(gl);
0011        JButton[] btn = new JButton[16];
0012        String names[] = {"7", "8", "9", "+", "4", "5","6" , "-", "1", "2", "
              3", " * ", "0", ".", "=", "/"};
0013        for(int i=0;i<names.length;i++)
0014        {
0015            btn[i] = new JButton(names[i]);
0016            jf.add(btn[i]);
0017        }
0018        jf.setBounds(100, 100, 250, 250);
0019        jf.setVisible(true);
0020    }
0021 }
```

【运行结果】

程序运行结果如图 11.11 所示。

【程序说明】

程序第 8 行先通过 JFrame 类构造窗体对象；程序
第 9 行使用 GridLayout 布局管理器将窗体划分为 4 行
4 列的布局；程序第 11 行创建 JButton 类型的按钮数
组，数组包含显示界面的所有按钮；程序第 12 行定义一
个字符串数组包含按钮显示的文本；程序第13~17行通
过循环生成按钮并将按钮添加到对应的格子中。

使用 GridLayout 布局将容器划分为 m 行 n 列时，
容器中最多可添加 m×n 个组件。另外，GridLayout 布
局和其他布局经常结合使用来满足用户的设计需求。

图 11.11　GridLayout 布局管理器
使用实例运行结果

11.3.4　BoxLayout 布局管理器

BoxLayout 布局管理器也称为箱式布局管理器，它将若干组件按水平或垂直方向依
次排列放置。当组件按水平排列布局时，组件的排列顺序是从左到右，每个组件可以有不
同的宽度；当组件按垂直方向排列布局时，组件的排列顺序是从上到下。BoxLayout 布局
管理器的构造方法如表 11.6 所示。

表 11.6　BoxLayout 类的构造方法

构 造 方 法	功 能 描 述
BoxLayout(Container c,int axis)	创建一个 BoxLayout 布局管理器。其中,参数 c 是一个容器对象,即该布局管理器在哪个容器中使用;第二个参数 axis 用来决定容器内的组件水平(BoxLayout. X _ AXIS)或垂直(BoxLayout.Y_AXIS)放置

ex11_9

【例 11-9】　BoxLayout 布局管理器使用实例。

```
0001 import javax.swing.BoxLayout;
0002 import javax.swing.JButton;
0003 import javax.swing.JFrame;
0004 import javax.swing.JPanel;
0005 public class Example11_9
0006 {
0007     public static void main(String[] args)
0008     {
0009         JFrame jf = new JFrame("BoxLayout 举例");
0010         JPanel jp = new JPanel();
0011         BoxLayout bl = new BoxLayout(jp, BoxLayout.X_AXIS);
0012         jp.setLayout(bl);
0013         JButton btn1 = new JButton("按钮 1");
0014         JButton btn2 = new JButton("按钮 2");
0015         JButton btn3 = new JButton("按钮 3");
0016         JButton btn4 = new JButton("按钮 4");
0017         jp.add(btn1);
0018         jp.add(btn2);
0019         jp.add(btn3);
0020         jp.add(btn4);
0021         jf.getContentPane().add(jp);
0022         jf.pack();
0023         jf.setLocation(300, 400);
0024         jf.setVisible(true);
0025     }
0026 }
```

【运行结果】

程序运行结果如图 11.12 所示。

图 11.12　BoxLayout 布局管理器使用实例运行结果

【程序说明】

程序第 9 行、第 10 行分别创建了窗体对象 jf 和面板对象 jp;程序第 11 行、第 12 行创建了水平布局的 BoxLayout 对象 bl 并将其设置为 jp 的布局管理器;程序第 13～20 行创建了 4 个按钮并依次添加到 jp 上;程序第 21～24 行首先将 jp 添加到 jf 的内容面板中,然后调用 jf 的相关方法设置窗体的大小、位置、可见性。

除了可以显式地将容器布局设置为 BoxLayout 布局外,Swing 还提供了一个默认使用 BoxLayout 布局的容器组件 Box 类,其提供的方法如表 11.7 所示。

表 11.7　Box 类的常用方法

方 法 名 称	功 能 描 述
static Box createHorizontalBox( )	创建一个从左到右显示其组件的 Box 对象
static Box createVerticalBox( )	创建一个从上到下显示其组件的 Box 对象
static Component createHorizontalGlue( )	创建一个不可见的、可水平拉伸和收缩的组件
static Component createVerticalGlue( )	创建一个不可见的、可垂直拉伸和收缩的组件
static Component createHorizontalStrut(int width)	创建一个不可见的、固定宽度的组件
static Component createVerticalStrut(int height)	创建一个不可见的、固定高度的组件
static Component createRigidArea(Dimension d)	创建一个不可见的、具有指定大小的组件

【例 11-10】　Box 类使用实例。

ex11_10

```
0001 import javax.swing.Box;
0002 import javax.swing.JButton;
0003 import javax.swing.JFrame;
0004 public class Example11_10
0005 {
0006     public static void main(String[] args)
0007     {
0008         JFrame jf = new JFrame("BoxLayout 举例");
0009         JButton btn1 = new JButton("第一行按钮 1");
0010         JButton btn2 = new JButton("第一行按钮 2");
0011         JButton btn3 = new JButton("第一行按钮 3");
0012         JButton btn4 = new JButton("第二行按钮 1");
0013         JButton btn5 = new JButton("第二行按钮 2");
0014         Box hbox1 = Box.createHorizontalBox();
0015         hbox1.add(btn1);
0016         hbox1.add(btn2);
0017         hbox1.add(btn3);
0018         Box hbox2 = Box.createHorizontalBox();
0019         hbox2.add(btn4);
0020         hbox2.add(Box.createHorizontalGlue());
```

```
0021        hbox2.add(btn5);
0022        Box vbox1 = Box.createVerticalBox();
0023        vbox1.add(hbox1);
0024        vbox1.add(hbox2);
0025        jf.getContentPane().add(vbox1);
0026        jf.pack();
0027        jf.setLocation(300, 400);
0028        jf.setVisible(true);
0029    }
0030 }
```

【运行结果】

程序运行结果如图 11.13 所示。

【程序说明】

程序第 8~13 行创建了一个窗体对象 jf 和 5 个按钮对象;程序第 14~17 行创建了一个水平箱容器对象 hbox1,然后将 btn1、btn2、btn3 这 3 个按钮添加到 hbox1 中;程序第 18 行、第 19 行创建了一个水平箱容器对象 hbox2,然后将 btn4

图 11.13 Box 类使用实例运行结果

按钮添加到 hbox2 中;程序第 20 行创建了一个水平方向的不可见组件并添加到 hbox2 中;程序第 21 行将 btn5 添加到 hbox2 后;程序第 22~24 行创建垂直箱容器对象 vbox1,并把水平箱容器对象 hbox1 及 hbox2 添加进去;程序第 25~28 行首先将 vbox1 添加到 jf 的内容面板中,然后调用 jf 的相关方法设置窗体的大小、位置、可见性。

例 11-10 中使用多个 Box 对象的嵌套来完成界面的布局与设计,将复杂的设计变得简单明了,在项目开发中应用比较广泛。

11.3.5 null 布局管理器

在 Swing 布局中,有一种布局比较特殊,名为 null 布局,也称为空布局或绝对布局。它可以通过设置组件的宽度、高度和坐标精确指定各个组件在容器中的大小和位置。绝对布局需要明确指定每一个组件的宽、高和坐标,否则不显示。与其他布局管理器类似,使用 null 布局时,主要有以下两个关键步骤。

第一步:利用 setLayout(null)将容器的布局设置为 null 布局。

第二步:调用组件的 setBounds()设置组件在容器中的大小和位置。

【例 11-11】 null 布局管理器使用实例。

ex11_11

```
0001 import javax.swing.JButton;
0002 import javax.swing.JFrame;
0003 public class Example11_11
0004 {
0005    public static void main(String[] args)
```

```
0006    {
0007        JFrame jf = new JFrame("null 布局举例");
0008        JButton btn1 = new JButton("按钮 1");
0009        JButton btn2 = new JButton("按钮 2");
0010        jf.setLayout(null);
0011        btn1.setBounds(100, 30, 80, 50);
0012        btn2.setBounds(100, 100, 80, 50);
0013        jf.add(btn1);
0014        jf.add(btn2);
0015        jf.setSize(300, 250);
0016        jf.setVisible(true);
0017        jf.setDefaultCloseOperation(JFrame.EXIT_ON_CLOSE);
0018    }
0019 }
```

【运行结果】

程序运行结果如图 11.14 所示。

【程序说明】

程序第 7～10 行创建了窗体对象 jf 和按钮对象 btn1、btn2,并设置窗体为 null 布局;程序第 11 行调用 btn1 的 setBounds()方法设置按钮的位置和大小,该按钮距离窗体左上角横向为 100px、纵向为 30px,宽度为 50px,高度为 30px;同样地,程序第 12 行调用 btn2 的 setBounds()方法设置按钮的位置和大小;程序第 13～17 行将按钮添加到窗体中并设置窗体大小、可见性等。

从例 11-11 可以看出,如果能够获知每个组件在容器中的精确定位,使用 null 布局可以将组件精确地布局到容器中,在容器中组件较少时使用比较方便。但

图 11.14　null 布局管理器使用实例运行结果

是一旦容器组件较多,布局比较复杂时,组件位置的计算就比较复杂,使用起来就比较烦琐。且当窗口大小变化后,窗口中的组件的位置和大小不会发生变化,因此使用 null 布局时需注意。

◇ 11.4　组　　件

通过前面几节课的学习,了解了 Swing 容器和布局管理器,前面的知识主要是为接下来要学习的组件做铺垫,只有向容器中添加各种可以人机交互的组件,才能构建较为完整的 GUI 界面。本节将讨论常用的组件。

11.4.1　标签

标签是用户只能查看不能修改的文本/图像显示区域,在 Swing 组件中用 JLabel 类

表示。JLabel 类可对标签的标题、图像、对齐方式等进行设置,其常用方法如表 11.8 所示。

表 11.8　JLabel 类的常用方法

方 法 名 称	功 能 描 述
JLabel()	创建一个无图像、无标题的 JLabel 对象
JLabel(String text)	创建一个具有指定文本的 JLabel 对象
JLabel(Icon image)	创建一个具有指定图像的 JLabel 对象
JLabel(String text,int alignment)	创建一个具有指定文本和水平对齐方式的 JLabel 对象。其中,alignment 的取值有 3 个,为 JLabel.LEFT、JLabel.RIGHT 和 JLabel.CENTER,分别表示左对齐、右对齐和居中
JLabel(Icon image,int alignment)	创建一个具有指定图像和水平对齐方式的 JLabel 对象
JLabel(String text,Icon icon,int alignment)	创建一个具有指定文本、图像和水平对齐方式的 JLabel
void setText(String text)	设置 JLabel 显示的单行文本
void setIcon(Icon image)	设置 JLabel 显示的图标
void setHorizontalAlignment(int alignment)	设置 JLabel 内容的水平对齐方式
int getText()	返回 JLabel 所显示的文本字符串
Icon getIcon()	返回 JLabel 显示的图形图像
int getHorizontalAlignment()	返回 JLabel 的水平对齐方式

【例 11-12】 标签使用实例。

ex11_12

```
0001 import java.awt.FlowLayout;
0002 import javax.swing.ImageIcon;
0003 import javax.swing.JFrame;
0004 import javax.swing.JLabel;
0005 public class Example11_12
0006 {
0007     public static void main(String[] args)
0008     {
0009         JFrame jf = new JFrame("Java 标签组件示例");
0010         FlowLayout fl = new FlowLayout();
0011         jf.setLayout(fl);
0012         JLabel label1 = new JLabel("这是一个普通标签");
0013         JLabel label2 = new JLabel("这是一个带图标的标签");
0014         ImageIcon img = new ImageIcon("陆游.jpg");
0015         label2.setIcon(img);
0016         label2.setHorizontalAlignment(JLabel.CENTER);
0017         jf.add(label1);
```

```
0018        jf.add(label2);
0019        jf.setBounds(300, 200, 300, 200);
0020        jf.setVisible(true);
0021    }
0022 }
```

【运行结果】

程序运行结果如图 11.15 所示。

【程序说明】

程序第 9~11 行创建了一个窗体对象 jf 并设置窗体布局为 FlowLayout 布局；程序第 12 行创建了一个普通文本标签；程序第 13~16 行先创建了一个普通文本标签，接着创建了一个 ImageIcon 对象，调用 setIcon()方法设置了标签的图标，调用 setHorizontalAlignment()方法设置标签水平居中；程序第 17~18 行将上述两个标签添加到窗体中。

图 11.15　标签使用实例运行结果

11.4.2　文本框

文本框组件可用于输入信息和显示信息。在 Swing 中提供了三个用于输入文本的组件，分别是 JTextField（单行文本输入框）、JPasswordField（单行密码输入框）及 JTextArea（多行文本输入框）。这三个文本框类都有共同的父类 JTextComponent，JTextComponent 类中提供了文本组件常用的方法，如表 11.9 所示。

表 11.9　JTextComponent 类的常用方法

方 法 名 称	功 能 描 述
String getSelectedText()	返回文本框组件中包含的选定文本
String getText()	返回文本框组件中包含的文本
void selectAll()	选择文本框组件中的所有文本
void setEditable(boolean b)	设置文本框组件是否可编辑
void setText(String text)	将文本框组件文本设置为指定文本
void copy()	复制选中的文本到剪切板
void cut()	剪切选中的文本到剪贴板
void paste()	将剪贴板中的文本粘贴到当前位置

使用 JTextField 与 JPasswordField 都可以构建单行的文本框，区别在于 JTextField 组件的信息在用户输入时是可见的，而 JPasswordField 组件的信息在用户输入时是不可见的，除此之外，这两类组件创建及使用几乎一样，此处只介绍 JTextField 组件，其常用方法如表 11.10 所示。

表 11.10 JTextField 类的常用方法

方法名称	功能描述
JTextField()	创建一个默认的文本框
JTextField(String text)	创建一个指定初始化文本信息的文本框
JTextField(int cols)	创建一个指定列数的文本框
JTextField(String text,int cols)	创建一个指定初始化文本信息和列数的文本框
Dimension getPreferredSize()	获得文本框的首选大小
void scrollRectToVisible(Rectangle r)	返回文本框组件中包含的文本
void setColumns(int cols)	设置文本框最多可显示内容的列数
void setEditable(boolean b)	设置文本框组件是否可编辑
void setScrollOffset(int scrollOffset)	设置文本框的滚动偏移量,单位为 px
void setHorizontalAlignment(int alignment)	设置文本框内容的水平对齐方式

由于 JTextField 与 JPasswordField 只提供单行文本输入的功能,如果需要输入多行文本需要借助于 JTextArea 类,其常用方法如表 11.11 所示。

表 11.11 JTextArea 类的常用方法

方法名称	功能描述
JTextArea()	创建一个默认的文本域
JTextArea(int rows,int cols)	创建一个具有指定行数和列数的文本域
JTextArea(String text)	创建一个包含指定文本的文本域
JTextArea(String text,int rows,int cols)	创建一个包含指定文本、指定行数和列数的多行文本域
void append(Stringtext)	将字符串 str 添加到文本框的最后位置
int getRows()	获取文本框的行数
int getColumns()	获取文本框的列数
void insert(Stringtext,int pos)	插入指定的字符串到文本框的指定位置
void setColumns(int cols)	设置文本框的行数
void setRows(int rows)	设置文本框的列数
void setLineWrap(boolean wrap)	设置文本框的换行策略
void replaceRange(Stringtext,int start,int end)	将指定的开始位 start 与结束位 end 之间的字符串用指定的字符串 text 取代

【例 11-13】 文本框使用实例。

```
0001 import javax.swing.JFrame;
0002 import javax.swing.JLabel;
```

```
0003 import javax.swing.JPasswordField;
0004 import javax.swing.JScrollPane;
0005 import javax.swing.JTextArea;
0006 import javax.swing.JTextField;
0007 public class Example11_13
0008 {
0009     public static void main(String[] args)
0010     {
0011         JFrame jf = new JFrame("Java 文本框组件示例");
0012         jf.setLayout(null);
0013         JLabel label1 = new JLabel("诗名: ");
0014         JLabel label2 = new JLabel("作者: ");
0015         JLabel label3 = new JLabel("内容: ");
0016         JTextField jtf = new JTextField("酬乐天扬州初逢席上见赠",30);
0017         JPasswordField jpf = new JPasswordField("刘禹锡",30);
0018         JTextArea jta = new JTextArea("巴山楚水凄凉地,二十三年弃置身。\n"
0019                 + "怀旧空吟闻笛赋,到乡翻似烂柯人。\n"
0020                 + "沉舟侧畔千帆过,病树前头万木春。\n"
0021                 + "今日听君歌一曲,暂凭杯酒长精神。", 20, 40);
0022         jta.setLineWrap(true);
0023         JScrollPane jsp = new JScrollPane(jta);
0024         label1.setBounds(30, 10, 220, 20);
0025         jtf.setBounds(120, 10, 220, 20);
0026         label2.setBounds(30, 40, 220, 20);
0027         jpf.setBounds(120, 40, 220, 20);
0028         label3.setBounds(30, 70, 100, 20);
0029         jsp.setBounds(120, 70, 220, 120);
0030         jf.add(label1);
0031         jf.add(jtf);
0032         jf.add(label2);
0033         jf.add(jpf);
0034         jf.add(label3);
0035         jf.add(jsp);
0036         jf.setBounds(300, 200, 400, 250);
0037         jf.setVisible(true);
0038     }
0039 }
```

【运行结果】

程序运行结果如图 11.16 所示。

【程序说明】

　　程序第 11 行、第 12 行创建了窗体对象 jf 并设置窗体布局为 null 布局;程序第 13~
21 行创建 3 个标签对象 label1、label2 和 label3,单行文本输入框对象 jtf,密码框对象 jpf

以及多行文本输入框对象 jta；程序第 22 行将多行文本输入框设置为自动换行；程序第 23
行用 JScrollPane 类创建滚动条面板对象 jsp，并设置显示内容为 jta；程序第 24～35 行分
别设置各个组件在窗体的位置及大小，并按顺序添加到窗体中；程序第 36～37 行设置窗
体大小、可见性。

需要注意的是，如果创建的 JTextArea 对象列数较多，窗体的宽度又有限，此时需要
为 JTextArea 对象添加滚动条。如图 11.15 所示，可以通过 JScrollPane 对象来实现滚动
条，只需要将 JScrollPane 对象的显示内容指定为该 JTextArea 对象即可。

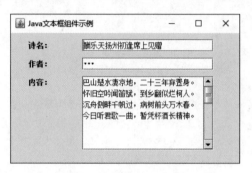

图 11.16　文本框使用实例运行结果

11.4.3　按钮

按钮是图形界面上常见的元素，在前面学习布局时多次使用过 JButton 创建按钮。
在 Swing 中，常见的按钮有 JButton、JCheckBox、JRadioButton 等，这些按钮类均是抽象
类 AbstractButton 的直接或间接子类，在 AbstractButton 类中定义了各种按钮共有的一
些方法，如表 11.12 所示。

表 11.12　AbstractButton 类的常用方法

方 法 名 称	功 能 描 述
void addActionListener(ActionListener l)	将一个 ActionListener 监听器对象添加到按钮中
Icon getIcon()	获取按钮的图标
String getText()	获取按钮的文本
boolean isSelected()	返回按钮的状态。如果选定按钮，则返回 true，否则返回 false
void setIcon(Iconicon)	设置按钮的图标
void setText(String text)	设置按钮的文本
void setSelected(boolean b)	设置按钮的状态

下面以 JButton、JCheckBox、JRadioButton 三种常用的按钮为例来讲解按钮组件的
创建与使用。

首先学习下 JButton 按钮，JButton 按钮是 Swing 组件中应用最多的按钮，如在设计
管理系统的登录界面时，需要使用 JButton 按钮提交输入框的数据完成用户身份的校验。

JButton 类的常用构造方法如表 11.13 所示。

表 11.13　JButton 类的构造方法

构 造 方 法	功 能 描 述
JButton()	创建一个无标签文本、无图标的按钮
JButton(Icon icon)	创建一个无标签文本、有图标的按钮
JButton(String text)	创建一个有标签文本、无图标的按钮
JButton(String text,Icon icon)	创建一个有标签文本、有图标的按钮

在 Swing 中,JCheckBox 被称为复选框按钮,它有选中和未选中两种状态,在实际应用中,复选框经常会有多个,用户可以同时选定多个复选框。JCheckBox 类的常用构造方法如表 11.14 所示。

表 11.14　JCheckBox 类的构造方法

构 造 方 法	功 能 描 述
JCheckBox()	创建一个无文本、无图标、初始化为未被选择的复选框
JCheckBox(String text)	创建一个指定文本、无图标、初始化为未被选择的复选框
JCheckBox(String text,boolean selected)	创建一个指定文本、指定选择状态的复选框

与复选框按钮对应的是单选框按钮,一组复选框按钮一次可以选定多个,而一组单选框按钮一次只能选择一个,当选定其中一个单选框按钮时,其他的单选框按钮自动取消选定。在 Swing 中,JRadioButton 类是单选框按钮,它与 JCheckBox 一样都是从 JToggleButton 类派生出来的。

JRadioButton 本身并不具备实现同组按钮选择互斥的功能,需借助于 ButtonGroup 来实现。在同一个 ButtonGroup 按钮组中管理的多个单选框按钮,只能有一个单选框按钮被选中。如果创建的多个单选框按钮其初始状态都是选中状态,则最先加入 ButtonGroup 按钮组的单选框按钮的选中状态被保留,其后加入到 ButtonGroup 按钮组中的其他单选框按钮的选中状态被取消。JRadioButton 类的常用构造方法如表 11.15 所示。

表 11.15　JRadioButton 类的构造方法

构 造 方 法	功 能 描 述
JRadioButton()	创建一个无文本、无图标、初始化未被选择的单选按钮
JRadioButton(Icon icon)	创建一个无文本、有图标、初始化未被选择的单选按钮
JRadioButton(Icon icon,boolean selected)	创建一个无文本、有图标、指定选择状态的单选按钮
JRadioButton(String text)	创建一个有文本、无图标、初始化未被选择的单选按钮
JRadioButton(String text,boolean selected)	创建一个有文本、无图标、指定选择状态的单选按钮

续表

构 造 方 法	功 能 描 述
JRadioButton(String text,Icon icon)	创建一个有文本、有图标、初始化未被选择的单选按钮
JRadioButton(String text,Icon icon,boolean selected)	创建一个有文本、有图标、指定选择状态的单选按钮

ex11_14

【例 11-14】 按钮使用实例。

```
0001 import java.awt.BorderLayout;
0002 import javax.swing.ButtonGroup;
0003 import javax.swing.ImageIcon;
0004 import javax.swing.JButton;
0005 import javax.swing.JCheckBox;
0006 import javax.swing.JFrame;
0007 import javax.swing.JLabel;
0008 import javax.swing.JPanel;
0009 import javax.swing.JRadioButton;
0010 import javax.swing.JTextArea;
0011 public class Example11_14
0012 {
0013     public static void main(String[] args)
0014     {
0015         JFrame jf = new JFrame("Java 按钮组件示例");
0016         jf.setLayout(new BorderLayout());
0017         JPanel jp1 = new JPanel();
0018         String str = "莫听穿林打叶声,何妨吟啸且徐行。\n"
0019                 + "竹杖芒鞋轻胜马,谁怕? 一蓑烟雨任平生。\n"
0020                 + "料峭春风吹酒醒,微冷,山头斜照却相迎。\n"
0021                 + "回首向来萧瑟处,归去,也无风雨也无晴。";
0022         ImageIcon img = new ImageIcon("定风波.jpg");
0023         JLabel label1 = new JLabel(img, JLabel.CENTER);
0024         JTextArea jta = new JTextArea(str, 6, 20);
0025         jta.setEditable(false);
0026         jp1.add(label1);
0027         jp1.add(jta);
0028         JPanel jp2 = new JPanel();
0029         JLabel label2 = new JLabel("以上文学作品属于: ");
0030         ButtonGroup group = new ButtonGroup();
0031         JRadioButton rbtn1 = new JRadioButton("唐诗");
0032         JRadioButton rbtn2 = new JRadioButton("宋词");
0033         JRadioButton rbtn3 = new JRadioButton("元曲");
0034         JRadioButton rbtn4 = new JRadioButton("骈文");
0035         group.add(rbtn1);
```

```
0036            group.add(rbtn2);
0037            group.add(rbtn3);
0038            group.add(rbtn4);
0039            jp2.add(label2);
0040            jp2.add(rbtn1);
0041            jp2.add(rbtn2);
0042            jp2.add(rbtn3);
0043            jp2.add(rbtn4);
0044            JCheckBox cbox1 = new JCheckBox("诗人");
0045            JCheckBox cbox2 = new JCheckBox("词人");
0046            JCheckBox cbox3 = new JCheckBox("书法家");
0047            JCheckBox cbox4 = new JCheckBox("散文家");
0048            JCheckBox cbox5 = new JCheckBox("哲学家");
0049            JLabel label3 = new JLabel("该作品的作者是：");
0050            jp2.add(label3);
0051            jp2.add(cbox1);
0052            jp2.add(cbox2);
0053            jp2.add(cbox3);
0054            jp2.add(cbox4);
0055            jp2.add(cbox5);
0056            JPanel jp3 = new JPanel();
0057            JButton btn = new JButton("提交");
0058            jp3.add(btn);
0059            jf.add(jp1, BorderLayout.NORTH);
0060            jf.add(jp2, BorderLayout.CENTER);
0061            jf.add(jp3, BorderLayout.SOUTH);
0062            jf.setBounds(100, 100, 450, 300);
0063            jf.setVisible(true);
0064     }
0065 }
```

【运行结果】

程序运行结果如图 11.17 所示。

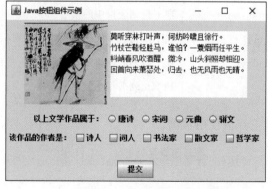

图 11.17　按钮使用实例运行结果

【程序说明】

程序第 15 行创建了一个窗体对象 jf;程序第 16 行设置窗体对象 jf 采用边界布局管理器;程序第 17 行、第 28 行和第 56 行创建了 3 个 JPanel 对象 jp1、jp2 和 jp3,分别放置于窗体对象的北、中、南方位;程序第 18~23 行创建了一个带图标的标签;程序第 24 行创建了一个多行文本框;程序第 26~27 行将上述标签和多行文本框都添加到 jp1 中;程序第 31~34 行创建了 4 个单选框按钮,程序第 35~38 行将之添加到一个 ButtonGroup 中,使之互斥;程序第 44~48 行创建了 5 个复选框按钮;上述单选框按钮和复选框按钮都添加到 jp2 对象中;jp3 对象中添加了一个 JButton 对象;程序第 62~63 行,设置窗体的位置、大小、可见性等。

11.4.4 下拉选择框

Swing 中的 JComboBox 组件表示下拉选择框或组合框,它的特点是将多个选项折叠在一起,只显示最前面的或被选中的一项。选择时需单击下拉选择框右边的下三角按钮,这时候会弹出包含所有选项的列表。用户可以在列表中进行选择,也可根据需求直接输入所要的选项,还可以输入选项中没有的内容。JComboBox 类提供的常用方法如表 11.16 所示。

表 11.16　JComboBox 类的常用方法

方 法 名 称	功 能 描 述
JComboBox()	创建一个空的 JComboBox 对象
JComboBox(Vector<?> items)	创建一个 JComboBox 对象,内容由 Vector 中元素 items 指定
JComboBox(Object[] items)	创建一个 JComboBox 对象,内容由数组 items 指定
void addItem(Objectobj)	将对象 obj 作为选项添加到下拉列表框中
int getItemCount()	返回下拉列表框中的项数
Object getItemAt(int index)	获取下拉列表框中索引 index 处的列表项
int getSelectedIndex()	获取下拉列表框中当前选项的索引
Object getSelectedItem()	获取下拉列表框中当前选项对象
void insertItemAt(Objectobj,int index)	在下拉列表框中的索引 index 处插入对象 obj
void removeItem(Object obj)	在下拉列表框中删除包含对象 obj 的项
void removeItemAt(int index)	在下拉列表框中删除索引 index 处的对象项
void removeAllItems()	从下拉列表框中删除所有项

【例 11-15】 下拉选择框使用实例。

ex11_15

```
0001 import javax.swing.JComboBox;
0002 import javax.swing.JFrame;
0003 import javax.swing.JLabel;
```

```
0004 import javax.swing.JPanel;
0005 public class Example11_15
0006 {
0007    public static void main(String[] args)
0008    {
0009        JFrame jf = new JFrame("Java 下拉选择框组件示例");
0010        JPanel jp = new JPanel();
0011        JLabel label1 = new JLabel("证件类型: ");
0012        JComboBox jcb = new JComboBox();
0013        jcb.addItem("--请选择--");
0014        jcb.addItem("身份证");
0015        jcb.addItem("学生证");
0016        jcb.addItem("驾驶证");
0017        jcb.addItem("士官证");
0018        jp.add(label1);
0019        jp.add(jcb);
0020        jf.add(jp);
0021        jf.setBounds(300,300,350,200);
0022        jf.setVisible(true);
0023    }
0024 }
```

【运行结果】

程序运行结果如图 11.18 所示。

【程序说明】

程序第 9～11 行创建了窗体对象 jf、面板对象 jp 和标签对象 label1;程序第 12～17 行创建了下拉选择框对象 jcb,并调用 addItem()方法向选择框中添加选择项;程序第 18～20 行将 label1 及 jcb 添加到面板,将面板添加到窗体中;程序第 21～22 行设置窗体的位置、大小和可见性等。

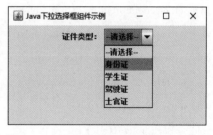

图 11.18　下拉选择框使用实例运行结果

11.4.5　表格

表格的主要功能是将数据以二维表格的形式显示出来,并且允许用户对表格中的数据进行编辑。在 Swing 中使用 JTable 类实现表格,Java 中的表格组件与 Excel 工作表类似,具有许多共同的特征,如单元格、行、列、移动列、隐藏列等。表格组件是较复杂的组件之一,它的表格模型功能非常强大、灵活而易于使用。

JTable 表格是 Swing 组件中最复杂的组件之一,它有多个选项设置,因此常用方法也较多,如表 11.17 所示。

表 11.17　JTable 类的常用方法

方 法 名 称	功 能 描 述
JTable()	创建一个 JTable 对象,使用默认数据模型、列模型和选择模型
JTable(int rows,intcols)	创建一个具有 rows 行、cols 列个空单元格的 JTable 对象
JTable(Object[][] data,Object[] names)	创建一个 JTable 对象,列名称由 names 数组指定,显示二维数组 data 中的值
int getColumnCount()	返回表格的列数
String getColumnName(int index)	返回表格指定列的列名称
int getRowCount()	返回表格可以显示的行数
Object getValueAt(int row,int col)	获取表格第 row 行、第 col 列位置处的单元格
int getRowHeight(int row)	返回表格第 row 行单元格的高度
int getRowMargin()	获取表格中单元格之间的间距
int getSelectedColumn()	返回表格第一个选定列的索引
int getSelectedRow()	返回表格第一个选定行的索引
void setRowHeight(intheight)	设置表格单元格的高度为 height
void setRowMargin(intmargin)	设置表格相邻行单元格之间的间距为 margin
void setRowSelectionAllowed(booleanb)	设置表格是否可以选择此模型中的行
void setSelectionBackground(Color color)	设置表格选定单元格的背景色
void setSelectionForeground(Colorcolor)	设置表格选定单元格的前景色
void setShowHorizontalLines(booleanb)	设置表格是否绘制单元格之间的水平线
void setShowVerticalLines(booleanb)	设置表格是否绘制单元格之间的垂直线
void setValueAt(Object obj,int row,int col)	设置表格第 row 行、第 col 列位置处的单元格值
void setGridColor(Colorcolor)	设置表格用于绘制网格线的颜色并重新显示
void setBackground(Color color)	设置表格组件的背景色

【例 11-16】　表格使用实例。

ex11_16

```
0001 import java.awt.Color;
0002 import javax.swing.JFrame;
0003 import javax.swing.JScrollPane;
0004 import javax.swing.JTable;
0005 import javax.swing.SwingConstants;
0006 import javax.swing.table.DefaultTableCellRenderer;
0007 public class Example11_16
```

```
0008 {
0009     public static void main(String[] args)
0010     {
0011         JFrame jf = new JFrame("Java 表格组件示例");
0012         Object[] names = {"题目", "作者", "朝代", "类别", "内容"};
0013         Object[][] data={
0014         {"杂诗", "王维", "唐", "诗", "君自故乡来,应知故乡事。来日绮窗前,寒梅著
             花未?"},
0015         {"登乐游原", "李商隐", "唐", "诗", "向晚意不适,驱车登古原。夕阳无限好,只
             是近黄昏。"},
0016         {"八阵图", "杜甫", "唐", "诗", "功盖三分国,名成八阵图。江流石不转,遗恨失
             吞吴。"},
0017         {"梅花", "王安石", "宋", "诗", "墙角数枝梅,凌寒独自开。遥知不是雪,为有暗
             香来。"},
0018         {"望江南·多少恨", "李煜", "宋", "词", "多少恨,昨夜梦魂中。还似旧时游上
             苑,车如流水马如龙。花月正春风。"},
0019         {"天净沙·秋思", "马致远", "元", "曲", "枯藤老树昏鸦,小桥流水人家,古道西
             风瘦马。夕阳西下,断肠人在天涯。"}};
0020         JTable jta = new JTable(data, names);
0021         jta.setRowHeight(30);
0022         jta.setRowMargin(5);
0023         jta.setRowSelectionAllowed(true);
0024         jta.setSelectionBackground(Color.GREEN);
0025         jta.setSelectionForeground(Color.BLUE);
0026         jta.getColumn("题目").setPreferredWidth(100);
0027         jta.getColumn("作者").setPreferredWidth(50);
0028         jta.getColumn("朝代").setPreferredWidth(50);
0029         jta.getColumn("类别").setPreferredWidth(50);
0030         jta.getColumn("内容").setPreferredWidth(500);
0031         DefaultTableCellRenderer render = new DefaultTableCellRenderer();
0032         render.setHorizontalAlignment(SwingConstants.CENTER);
0033         jta.getColumn("题目").setCellRenderer(render);
0034         jta.getColumn("作者").setCellRenderer(render);
0035         jta.getColumn("朝代").setCellRenderer(render);
0036         jta.getColumn("类别").setCellRenderer(render);
0037         JScrollPane jsp = new JScrollPane(jta);
0038         jf.setContentPane(jsp);
0039         jf.setBounds(200, 300, 700, 250);
0040         jf.setVisible(true);
0041     }
0042 }
```

【运行结果】

程序运行结果如图 11.19 所示。

题目	作者	朝代	类别	内容
杂诗	王维	唐	诗	君自故乡来，应知故乡事。来日绮窗前，寒梅著花未？
登乐游原	李商隐	唐	诗	向晚意不适，驱车登古原。夕阳无限好，只是近黄昏。
八阵图	杜甫	唐	诗	功盖三分国，名成八阵图。江流石不转，遗恨失吞吴。
梅花	王安石	宋	诗	墙角数枝梅，凌寒独自开。遥知不是雪，为有暗香来。
望江南·多少恨	李煜	宋	词	多少恨，昨夜梦魂中。还似旧时游上苑，车如流水马如龙。花月正春风。
天净沙·秋思	马致远	元	曲	枯藤老树昏鸦，小桥流水人家，古道西风瘦马。夕阳西下，断肠人在天涯。

图 11.19　表格使用实例运行结果

【程序说明】

程序第 11 行创建了一个窗体对象 jf；程序第 12 行、第 13～19 行分别创建了两个 Object 类型的数组 names 及 data，分别用于存放表格的列名及填充数据；程序第 20 行以数组 names 及 data 为参数创建了表格对象 jta；程序第 21～25 行设置表格行的高度、相邻单元格的距离、可否被选择、所选择行的背景色、所选择行的前景色等；程序第 26～30 行设置了表格每列的列宽；程序第 31～36 行设置表格前 4 列文字对齐方式为居中；程序第 37～38 行以表格对象 jta 为显示内容创建了一个滚动面板 jsp 对象，并将该面板设置为窗体的内容面板；程序第 39～40 行设置窗体的位置、大小、可见性等。

11.4.6　菜单

菜单也是 GUI 编程中使用比较多的组件，Swing 提供多种样式风格的菜单。菜单分为下拉式菜单和弹出式菜单，这里以下拉式菜单为例介绍菜单组件的创建与使用。在 Swing 编程中，创建下拉式菜单需要使用三个组件：JMenubar（菜单栏）、JMenu（菜单）及 JMenuItem（菜单项）。各组件在容器中的添加顺序是：先创建菜单栏，然后在菜单栏上添加菜单，最后在菜单上添加菜单项。

【例 11-17】　菜单使用实例。

ex11_17

```
0001 import javax.swing.JFrame;
0002 import javax.swing.JMenu;
0003 import javax.swing.JMenuBar;
0004 import javax.swing.JMenuItem;
0005 public class Example11_17
0006 {
0007     public static void main(String[] args)
0008     {
0009         JFrame jf = new JFrame("Java 下拉菜单组件示例");
0010         JMenuBar bar = new JMenuBar();
0011         jf.setJMenuBar(bar);
```

```
0012            JMenu menu = new JMenu("文件");
0013            bar.add(menu);
0014            JMenuItem item1 = new JMenuItem("保存");
0015            menu.add(item1);
0016            JMenuItem item2 = new JMenuItem("另存");
0017            menu.add(item2);
0018            JMenuItem item3 = new JMenuItem("打开");
0019            menu.add(item3);
0020            menu.addSeparator();
0021            JMenuItem item4 = new JMenuItem("退出");
0022            menu.add(item4);
0023            jf.setBounds(300, 300, 400, 300);
0024            jf.setVisible(true);
0025        }
0026 }
```

【运行结果】

程序运行结果如图 11.20 所示。

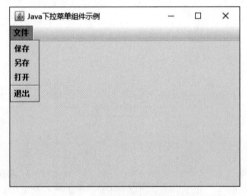

图 11.20　菜单使用实例运行结果

【程序说明】

程序第 9 行创建了窗体对象 jf;程序第 10 行、第 11 行创建了菜单栏 bar 并将其设置为窗体的菜单栏;程序第 12 行、第 13 行创建了菜单 menu 并将其添加到菜单栏 bar 上;程序第 14～22 行创建了 4 个菜单项,并添加到菜单 menu,其中第 20 行调用 addSeparator()方法在菜单中添加分隔符;程序第 23～24 行调用窗体的相关方法设置窗体的位置、大小、可见性等。

◆ 11.5　事 件 处 理

在前面章节中学习了如何创建容器、向容器中添加组件以及对组件进行布局管理,由此可以设计出丰富多彩的界面,但仅有静态的界面仍然实现不了人机交互的功能。如果要实现动态的人机交互功能，让程序能够接收用户的动作或命令，则需要进行事件处理。

11.5.1 事件处理模型

当用户在图形界面对组件进行操作时会发生事件。例如，在文本框中输入，在列表框或组合框中选择，选中复选框和单选框，单击按钮等，都会产生事件。每发生一个事件，程序都需要做出相应的响应，这称为事件处理。在事件处理的过程中，主要涉及三类对象。

- 事件（Event）：用户对组件的一次操作称为一个事件，事件以类的形式出现，例如，键盘操作对应的事件类是 KeyEvent。
- 事件源（Event Source）：事件发生的场所，通常就是各个组件，例如，按钮 JButton。
- 事件监听器（Listener）：负责监听指定组件所发生的特定事件，并对相应事件做出响应处理。

在 Java 语言中，事件处理机制是一种委托式的事件处理方式，即普通组件将事件处理委托给特定的事件监听器，当事件源发生指定的事件时，则通知所委托的事件监听器，由事件监听器来处理这个事件。例如，按钮是事件源，当鼠标单击了该按钮对象，则会生成 ActionEvent 事件对象。之后，事件监听器对象将接收此事件对象 ActionEvent，并进行相应的处理。Java 事件处理模型如图 11.21 所示。

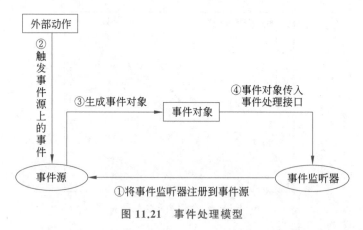

图 11.21 事件处理模型

从图 11.21 事件处理模型中可以看出，事件源、事件对象、事件监听器这三类对象在整个事件处理过程中起着非常重要的作用，它们相互联系，相互作用，缺一不可。

11.5.2 事件类型

前面以单击按钮对象生成 ActionEvent 事件为例，描述了事件处理的流程，介绍了图形用户界面中事件处理的一般机制。实际上，在 java.awt.event 包和 javax.swing.event 包中定义了诸多事件类型，例如，MouseEvent（鼠标事件）、KeyEvent（键盘事件）以及 WindowEvent（窗体事件）、FocusEvent（焦点事件）等。

在 Java 中，每一种事件类型都对应一个事件监听器接口，该接口中声明了一个或多个抽象的事件处理方法。因此，当需要处理某类事件对象，就必须要实现其对应的事件监听器接口，为组件注册对应的事件监听器。当组件触发该类事件时，事件监听器就会自动回调事件处理程序处理组件的相关事件。常用的事件对象类型、事件监听器接口以及监听器中的方法对应关系如表 11.18 所示。

表 11.18　常用事件类型、监听器接口以及监听器中的方法

常用事件类型	相应监听器接口	监听器接口中的抽象方法
ActionEvent	ActionListener	void actionPerformed(ActionEvent e)
WindowEvent	WindowListener	void windowActivated(WindowEvent e)
		void windowClosed(WindowEvent e)
		void windowClosing(WindowEvent e)
		void windowDeactivated(WindowEvent e)
		void windowDeiconified(WindowEvent e)
		void windowIconified(WindowEvent e)
		void windowOpened(WindowEvent e)
KeyEvent	KeyListener	void keyPressed(KeyEvent e)
		void keyReleased(KeyEvent e)
		void keyTyped(KeyEvent e)
MouseEvent	MouseListener	void mouseClicked(MouseEvent e)
		void mouseEntered(MouseEvent e)
		void mouseExited(MouseEvent e)
		void mousePressed(MouseEvent e)
		void mouseReleased(MouseEvent e)
	MouseMotionListener	void mouseDragged(MouseEvent e)
		void mouseMoved(MouseEvent e)
FocusEvent	FocusListener	void focusGained(FocusEvent e)
		void focusLost(FocusEvent e)
AdjustmentEvent	AdjustmentListener	void adjustmentValueChanged(AdjustmentEvent e)
ContainerEvent	ContainerListener	void componentAdded(ContainerEvent e)
		void componentRemoved(ContainerEvent e)
ItemEvent	ItemListener	void itemStateChanged(ItemEvent e)

　　Java 中的事件类型有数十种,表 11.18 中只列出了部分常用的事件类型及相应监听器接口。从表中看出,监听器的命名与事件类型是对应的,如 WindowEvent 对应的监听器为 WindowListener,FocusEvent 对应的监听器为 FocusListener,ActionEvent 对应的监听器为 ActionListener 等。此外,几乎所有的事件类型与事件监听器接口都是一一对应的关系,除了鼠标事件外。鼠标监听器有两种,分别为 MouseListener 和 MouseMotionListener。

其中，MouseListener 负责处理鼠标的按下、抬起和经过某一区域时的动作，而 MouseMotionListener 主要负责处理鼠标的拖动动作。

11.5.3 常用事件处理

前面学习了事件处理模型及事件类型，本节将对其中常用的 ActionEvent（动作事件）、WindowEvent（窗体事件）、KeyEvent（键盘事件）及 MouseEvent（鼠标事件）进行详细讲解。实现 Swing 事件处理的主要步骤如下。

第一步：创建事件源。事件源可以是一些常用的按钮、文本框等组件，也可以是窗体、对话框等容器。

第二步：自定义事件监听器。Java 中为指定事件提供了事件监听器接口，由于直接通过接口无法创建对象，因此需要自己定义相关类去实现 xxxListener 接口。例如，若要对窗体事件进行处理，需要定义类去实现 WindowListener 接口。

第三步：为事件源注册监听器。使用 addXxxListener() 方法为指定事件源添加相对应的事件监听器。当事件源上发生了监听的事件，就会触发所绑定的事件监听器，并回调相关方法去处理。

1. 动作事件

动作事件是 Swing 中比较常用的事件，很多组件的动作都会触发动作事件，如按钮被单击、列表框中选择某一项等。动作事件用 ActionEvent 类表示，处理动作事件的监听器对象需要实现 ActionListener 接口。

【例 11-18】 动作事件处理实例。

ex11_18

```
0001 import java.awt.event.ActionEvent;
0002 import java.awt.event.ActionListener;
0003 import javax.swing.JButton;
0004 import javax.swing.JFrame;
0005 import javax.swing.JLabel;
0006 import javax.swing.JTextField;
0007 class TriangleFrame extends JFrame
0008 {
0009     JLabel label1 = new JLabel("三角形的底: ");
0010     JLabel label2 = new JLabel("三角形的高: ");
0011     JLabel label3 = new JLabel("三角形面积: ");
0012     JTextField jtf1 = new JTextField("请输入底的值");
0013     JTextField jtf2 = new JTextField("请输入高的值");
0014     JTextField jtf3 = new JTextField();
0015     JButton btn = new JButton("计算");
0016     public TriangleFrame(String title)
0017     {
0018         this.setTitle(title);
0019         this.setLayout(null);
```

```
0020        jtf3.setEditable(false);
0021        label1.setBounds(50, 20, 80, 30);
0022        label2.setBounds(50, 60, 80, 30);
0023        label3.setBounds(50, 100, 80, 30);
0024        jtf1.setBounds(140, 20, 100, 30);
0025        jtf2.setBounds(140, 60, 100, 30);
0026        jtf3.setBounds(140, 100, 100, 30);
0027        btn.setBounds(120, 150, 60, 30);
0028        this.add(label1);
0029        this.add(label2);
0030        this.add(label3);
0031        this.add(jtf1);
0032        this.add(jtf2);
0033        this.add(jtf3);
0034        this.add(btn);
0035        btn.addActionListener(new ActionListener()
0036        {
0037            public void actionPerformed(ActionEvent arg0)
0038            {
0039                String s1 = jtf1.getText();
0040                String s2 = jtf2.getText();
0041                double area = Double.valueOf(s1) * Double.valueOf(s2) * 0.5;
0042                jtf3.setText(area + "");
0043            }
0044        });
0045        this.setSize(300, 250);
0046        this.setLocation(300, 300);
0047        this.setVisible(true);
0048    }
0049 }
0050 public class Example11_18
0051 {
0052    public static void main(String[] args)
0053    {
0054        TriangleFrame tf = new TriangleFrame("动作事件的处理");
0055    }
0056 }
```

【运行结果】

程序运行结果如图 11.22 所示。

【程序说明】

程序第 7～49 行定义了 TriangleFrame 类,该类继承自 JFrame 类,包含 3 个标签组件、3 个单行文本输入框组件、1 个按钮组件作为其成员;程序第 35～44 行通过匿名内部类的形式创建一个处理按钮 ActionEvent 的监听器对象，并为按钮注册绑定该监听器对象；程序第 54 行，对 TriangleFrame 类进行实例化。

执行程序后，在输入框中输入底和高的值，单击"计算"按钮后，绑定在按钮上的 ActionListener 监听器会监测到动作事件的发生，然后回调 actionPerformed() 方法中事件处理程序计算三角形的面积，运行结果如图 11.23 所示。

图 11.22　输入数据之前的界面图

图 11.23　输入数据后单击"计算"按钮的效果

例 11-18 在为按钮注册事件监听器是通过匿名内部类来实现的，另一种通用的方法是让自定义类实现事件监听器接口，如本例中可以让 TriangleFrame 类实现 ActionListener 接口，这样 TriangleFrame 类除了具体窗体的属性之外还具有事件监听器的功能。

【例 11-19】　使用自定义类实现事件监听器实例。

ex11_19

```
0001 import java.awt.event.ActionEvent;
0002 import java.awt.event.ActionListener;
0003 import javax.swing.JButton;
0004 import javax.swing.JFrame;
0005 import javax.swing.JLabel;
0006 import javax.swing.JTextField;
0007 class TriangleFrame extends JFrame implements ActionListener
0008 {
0009     JLabel label1 = new JLabel("三角形的底: ");
0010     JLabel label2 = new JLabel("三角形的高: ");
0011     JLabel label3 = new JLabel("三角形面积: ");
0012     JTextField jtf1 = new JTextField("请输入底的值");
0013     JTextField jtf2 = new JTextField("请输入高的值");
0014     JTextField jtf3 = new JTextField();
0015     JButton btn = new JButton("计算");
0016     public TriangleFrame(String title)
0017     {
0018         this.setTitle(title);
0019         this.setLayout(null);
0020         jtf3.setEditable(false);
```

```
0021        label1.setBounds(50, 20, 80, 30);
0022        label2.setBounds(50, 60, 80, 30);
0023        label3.setBounds(50, 100, 80, 30);
0024        jtf1.setBounds(140, 20, 100, 30);
0025        jtf2.setBounds(140, 60, 100, 30);
0026        jtf3.setBounds(140, 100, 100, 30);
0027        btn.setBounds(120, 150, 60, 30);
0028        this.add(label1);
0029        this.add(label2);
0030        this.add(label3);
0031        this.add(jtf1);
0032        this.add(jtf2);
0033        this.add(jtf3);
0034        this.add(btn);
0035        btn.addActionListener(this);
0036        this.setSize(300, 250);
0037        this.setLocation(300, 300);
0038        this.setVisible(true);
0039    }
0040    public void actionPerformed(ActionEvent arg0)
0041    {
0042        String s1 = jtf1.getText();
0043        String s2 = jtf2.getText();
0044        double area = Double.valueOf(s1) * Double.valueOf(s2) * 0.5;
0045        jtf3.setText(area+"");
0046    }
0047 }
0048 public class Example11_19
0049 {
0050    public static void main(String[] args)
0051    {
0052        TriangleFrame tf = new TriangleFrame("动作事件的处理");
0053    }
0054 }
```

【程序说明】

程序第 7 行,在定义 TriangleFrame 类的同时,实现了 ActionListener 接口,并在程序第 40~46 行重写了接口中的 actionPerformed()方法;程序第 35 行通过 addActionListener()方法为按钮注册事件监听器。程序其他部分以及运行结果与例 11-18 相同,此处不再赘述。

综上,为组件注册监听器主要有以下两种方式。

方式一:通过创建匿名内部类并实现相关方法来注册事件监听器。

方式二:在定义窗体时让其实现事件监听器接口并实现相关方法。

2. 窗体事件

当操作者对窗体进行操作时,如打开窗体、关闭窗体、激活窗体等操作,都会触发 WindowEvent 事件。当对窗体事件进行处理时,首先需要定义一个实现了 WindowListener 接口的类作为窗体监听器,然后通过调用窗体的 addWindowListener()方法将窗体对象与监听器进行绑定。

【例 11-20】 窗体事件处理实例。

ex11_20

```
0001 import java.awt.event.WindowEvent;
0002 import java.awt.event.WindowListener;
0003 import javax.swing.JFrame;
0004 class WindowEventTest extends JFrame
0005 {
0006    public WindowEventTest(String title)
0007    {
0008        this.setTitle(title);
0009        this.addWindowListener(new WindowListener()
0010        {
0011            public void windowActivated(WindowEvent e)
0012            {
0013                System.out.println("windowActivated---窗体变成活动状态");
0014            }
0015            public void windowClosed(WindowEvent e)
0016            {
0017                System.out.println("windowClosed---窗体关闭了");
0018            }
0019            public void windowClosing(WindowEvent e)
0020            {
0021                System.out.println("windowClosing---窗体正在关闭");
0022            }
0023            public void windowDeactivated(WindowEvent e)
0024            {
0025                System.out.println("windowDeactivated---窗体变成不活动状态");
0026            }
0027            public void windowDeiconified(WindowEvent e)
0028            {
0029                System.out.println("windowDeiconified---窗体恢复了");
0030            }
0031            public void windowIconified(WindowEvent e)
0032            {
0033                System.out.println("windowIconified---窗体最小化了");
0034            }
0035              public void windowOpened(WindowEvent e)
```

```
0036                {
0037                    System.out.println("windowOpened---窗体打开了");
0038                }
0039        });
0040        this.setSize(400, 250);
0041        this.setLocation(300, 300);
0042        this.setVisible(true);
0043    }
0044 }
0045 public class Example11_20
0046 {
0047     public static void main(String[] args)
0048     {
0049         WindowEventTest tf = new WindowEventTest("窗体事件的处理");
0050     }
0051 }
```

【运行结果】

程序运行结果如图 11.24 所示。

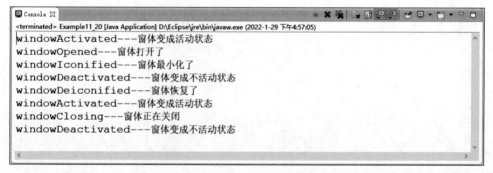

图 11.24 窗体事件处理实例运行结果

【程序说明】

程序首先定义了 WindowEventTest 类,该类继承 JFrame 类,程序第 8~38 行通过匿名内部类的形式创建了一个处理窗体事件的 WindowListener 监听器对象,并将该监听器对象注册绑定到当前 WindowEventTest 对象;在 main()方法中对 WindowEventTest 类进行实例化;执行程序后对窗体界面分别执行最小化、单击"最小化"按钮、单击窗体恢复、单击"关闭"按钮等操作,窗体事件监听器会对相应的操作进行监听并响应。

3. 键盘事件

键盘操作也是比较常用的操作,当用户对键盘上的按键进行按下、释放等操作时,会产生键盘事件。键盘事件用 KeyEvent 类表示,处理键盘事件的监听器对象需要实现 KeyListener 接口。

ex11_20

【例 11-21】 键盘事件处理实例。

```
0001 import java.awt.event.KeyEvent;
0002 import java.awt.event.KeyListener;
0003 import javax.swing.JFrame;
0004 public class Example11_21
0005 {
0006    public static void main(String[] args)
0007    {
0008        JFrame jf = new JFrame("键盘事件的处理");
0009        jf.addKeyListener(new KeyListener()
0010        {
0011            public void keyPressed(KeyEvent e)
0012            {
0013                System.out.println("keyPressed事件发生: " + e.getKeyChar());
0014            }
0015            public void keyReleased(KeyEvent e)
0016            {
0017                System.out.println("keyReleased事件发生: " + e.getKeyChar());
0018            }
0019            public void keyTyped(KeyEvent e)
0020            {
0021                System.out.println("keyTyped 事件发生: " + e.getKeyChar());
0022            }
0023        });
0024        jf.setSize(400, 250);
0025        jf.setLocation(300, 300);
0026        jf.setVisible(true);
0027    }
0028 }
```

【运行结果】

程序运行结果如图 11.25 所示。

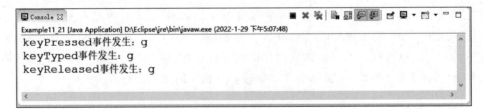

图 11.25 键盘事件处理实例运行结果

【程序说明】

程序第 9～22 行通过匿名内部类的形式创建一个处理键盘事件的 KeyListener 监听

器对象，并将该监听器对象注册到窗体 jf 上，在监听器中实现了 keyPressed( )方法和 keyReleased( )方法，通过这两个方法来获取当按下及释放按键触发键盘事件时按键上的字符。程序执行后，当按下按键 g 时，可以看到控制台输出的相关信息如图 11.25 所示。

4. 鼠标事件

在图形用户界面中，当用户使用鼠标来进行选择、切换界面时，就会触发鼠标事件，如鼠标按下、鼠标单击、鼠标移动等。鼠标事件用 MouseEvent 类表示，处理鼠标事件的监听器对象需要实现 MouseListener 接口或 MouseMotionListener 接口。其中，MouseListener 负责处理鼠标的按下、抬起和经过某一区域时的动作，而 MouseMotionListener 主要负责处理鼠标的拖动动作。

【例 11-22】 鼠标事件处理实例。

ex11_22

```
0001 import java.awt.FlowLayout;
0002 import java.awt.event.MouseEvent;
0003 import java.awt.event.MouseListener;
0004 import javax.swing.JButton;
0005 import javax.swing.JFrame;
0006 public class Example11_22
0007 {
0008     public static void main(String[] args)
0009     {
0010         JFrame jf = new JFrame("鼠标事件的处理");
0011         jf.setLayout(new FlowLayout());
0012         JButton btn= new JButton("按钮一");
0013         jf.add(btn);
0014         btn.addMouseListener(new MouseListener()
0015         {
0016             public void mouseClicked(MouseEvent e)
0017             {
0018                 System.out.println("mouseClicked---鼠标单击按钮");
0019             }
0020             public void mouseEntered(MouseEvent e)
0021             {
0022                 System.out.println("mouseEntered---鼠标进入按钮区");
0023             }
0024             public void mouseExited(MouseEvent e)
0025             {
0026                 System.out.println("mouseExited---鼠标移出按钮区");
0027             }
0028             public void mousePressed(MouseEvent e)
0029             {
0030                 System.out.println("mouseClicked---鼠标按下");
```

```
0031          }
0032          public void mouseReleased(MouseEvent e)
0033          {
0034              System.out.println("mouseClicked---鼠标释放");
0035          }
0036      });
0037      jf.setSize(400, 250);
0038      jf.setLocation(300, 300);
0039      jf.setVisible(true);
0040  }
0041 }
```

【运行结果】

程序运行结果如图 11.26 所示。

图 11.26　鼠标事件处理实例运行结果

【程序说明】

程序第 14~36 行为按钮 btn 注册了一个 MouseListener 监听器对象,该监听器中实现了 mouseClicked()、mouseEntered()等方法。程序执行后,当使用鼠标对按钮做一些操作时,如移入到按钮区、移出按钮区、单击鼠标等,事件监听器会对相应的操作进行监听并响应。

◇ 11.6　综合实验

【实验目的】

- 掌握常用 Swing 组件的使用。
- 掌握常用布局管理器的使用。
- 理解 Java 事件处理模型,掌握事件处理编程。

【实验内容】

使用图形用户界面和事件处理编程,实现简易计算器功能。要求计算器能够实现整数的加、减、乘、除运算。程序运行结果如图 11.27 所示。

图 11.27　简易计算器运行结果

【例 11-23】　图形用户界面编程综合实例。

ex11_23

```
0001 import java.awt.GridLayout;
0002 import java.awt.event.ActionEvent;
0003 import java.awt.event.ActionListener;
0004 import javax.swing.JButton;
0005 import javax.swing.JFrame;
0006 import javax.swing.JPanel;
0007 import javax.swing.JTextField;
0008 class Calculator
0009 {
0010     JTextField tfResult;
0011     JButton btnNum[], btnOper[], btnEqual, btnClear;
0012     int num1, num2;
0013     char oper;
0014     boolean isNum;
0015     public void init()
0016     {
0017         JFrame f = new JFrame("简易计算器");
0018         tfResult = new JTextField();
0019         f.add(tfResult, "North");
0020         btnNum = new JButton[10];
0021         for(int i = 0; i <= 9; i++)
0022             btnNum[i] = new JButton(i + "");
0023         btnOper = new JButton[4];
0024         btnOper[0] = new JButton("+");
0025         btnOper[1] = new JButton("-");
0026         btnOper[2] = new JButton(" * ");
```

```
0027        btnOper[3] = new JButton("/");
0028        btnEqual = new JButton("=");
0029        btnClear = new JButton("CE");
0030        JPanel panel = new JPanel();
0031        f.add(panel, "Center");
0032        panel.setLayout(new GridLayout(4, 4));
0033        panel.add(btnNum[1]);
0034        panel.add(btnNum[2]);
0035        panel.add(btnNum[3]);
0036        panel.add(btnOper[0]);
0037        panel.add(btnNum[4]);
0038        panel.add(btnNum[5]);
0039        panel.add(btnNum[6]);
0040        panel.add(btnOper[1]);
0041        panel.add(btnNum[7]);
0042        panel.add(btnNum[8]);
0043        panel.add(btnNum[9]);
0044        panel.add(btnOper[2]);
0045        panel.add(btnNum[0]);
0046        panel.add(btnClear);
0047        panel.add(btnEqual);
0048        panel.add(btnOper[3]);
0049        f.setSize(300, 300);
0050        f.setVisible(true);
0051        NumListener numLstn = new NumListener();
0052        for(int i = 0; i <= 9; i++)
0053            btnNum[i].addActionListener(numLstn);
0054        OperatorListener oprLstn = new OperatorListener();
0055        for(int j = 0; j <= 3; j++)
0056            btnOper[j].addActionListener(oprLstn);
0057        EqualListener eqLstn=new EqualListener();
0058        btnEqual.addActionListener(eqLstn);
0059        ClearListener clrLstn = new ClearListener();
0060        btnClear.addActionListener(clrLstn);
0061    }
0062    class NumListener implements ActionListener
0063    {
0064        public void actionPerformed(ActionEvent e)
0065        {
0066            String t = e.getActionCommand();
0067            String s = tfResult.getText();
0068            if(isNum == false)
0069                tfResult.setText(t);
```

```
0070            else
0071                tfResult.setText(s + t);
0072            isNum = true;
0073        }
0074    }
0075    class OperatorListener implements ActionListener
0076    {
0077        public void actionPerformed(ActionEvent e)
0078        {
0079            num1 = Integer.parseInt(tfResult.getText());
0080            oper = e.getActionCommand().charAt(0);
0081            isNum = false;
0082        }
0083    }
0084    class EqualListener implements ActionListener
0085    {
0086        public void actionPerformed(ActionEvent e)
0087        {
0088            int result = 0;
0089            isNum = false;
0090            num2 = Integer.parseInt(tfResult.getText());
0091            switch(oper)
0092            {
0093                case '+':
0094                    result = num1 + num2;
0095                    break;
0096                case '-':
0097                    result = num1 - num2;
0098                    break;
0099                case '*':
0100                    result = num1 * num2;
0101                    break;
0102                case '/':
0103                    result = num1 / num2;
0104                    break;
0105            }
0106            tfResult.setText(result + "");
0107        }
0108    }
0109    class ClearListener implements ActionListener
0110    {
```

```
0111        public void actionPerformed(ActionEvent e)
0112        {
0113            tfResult.setText("");
0114            isNum = false;
0115        }
0116    }
0117 }
0118 public class Example11_23
0119 {
0120    public static void main(String[] args)
0121    {
0122        Calculator c = new Calculator();
0123        c.init();
0124    }
0125 }
```

【程序说明】

程序定义了类 Calculator,其中成员变量 tfResult 用于显示运算数或运算结果,数组 btnNum 是用于表示 10 个数字的按钮,数组 btnOper 是用于表示加、减、乘、除 4 个运算符的按钮,btnEqual 为计算按钮,btnClear 为清零按钮。

计算器的顶层容器使用 JFrame 类,使用默认的边界布局管理器,将组件 tfResult 放置到 North 方位;JFrame 中嵌入了一个 JPanel,放置在 Center 方位,JPanel 使用网格布局管理器,用于放置各功能按钮。

程序定义了 NumListener、OperatorListener、EqualListener 和 ClearListener 等 4 个监听器,分别用于监听和处理数字按钮、运算符按钮、计算按钮和清零按钮产生的事件,并将之分别注册到相应的按钮。

◆ 11.7 小 结

图形用户界面采用窗口的形式,方便用户与程序的交互。Java 中提供了两套图形用户界面组件,分别是 AWT 和 Swing。其中,AWT 是"重量级控件",对操作系统依赖程度较高;Swing 是"轻量级控件",不依赖于本地操作系统,所以大部分图形界面程序都使用 Swing 组件来完成。

容器是一种可以包含组件的特殊组件,分为顶层容器和中间容器的区别。顶层容器是不能包含在其他容器中的容器,包括 JFrame 和 JDialog 等;中间容器是需要包含在顶层容器中的容器,包括 JPanel、JScrollPane、JToolBar 等。

布局管理器可对容器内的组件进行统一管理,设置其位置和大小等。Java 中的布局管理器分为 FlowLayout 流式布局、BorderLayout 边界布局、GridLayout 网格布局、BoxLayout 箱式布局、CardLayout 卡片布局、null 绝对布局等。

Swing 中的组件分为标签、文本框框、按钮、下拉选择框、表格、菜单等。其中,文本框又分为单行文本输入框、单行密码输入框、多行文本输入框;按钮分为普通按钮、复选框按钮、单选框按钮;菜单分为下拉式菜单和弹出式菜单。

Java 事件处理采用委托式机制,Java 中的事件分为鼠标事件、键盘事件、窗体事件等类型,每种类型事件都有相应的事件监听器接口。当需处理某种类型事件时,需实现其对应的事件监听器接口,并将之注册到相应的组件,当指定事件发生时,监听器通过回调方法处理事件。

◆ 11.8　习　　题

1. Java 用于图形用户界面编程的相关类主要在哪两个工具包中?

2. 按照功能划分,Swing 组件可以被划分为哪两个分支? 每个分支的作用是什么?

3. Swing 编程中容器如何分类? 常用的容器有哪些?

4. Swing 编程中常用的布局管理器有哪些? 它们的作用是什么?

5. Swing 编程中常用的组件有哪些?

6. Swing 编程中,创建下拉式菜单需要使用哪些组件? 添加的顺序是什么?

7. 在事件处理过程中主要涉及哪些对象?

8. 常用的事件类型有哪些? 实现 Swing 事件处理的主要步骤是哪几步?

◆ 11.9　实　　验

实验一:编写程序,如图 11.28 所示界面,在"身高"文本框中输入身高,"体重"文本框中输入体重,单击"男生""女生"按钮,根据公式计算标准体重,男生:标准体重=(身高-100)×0.90;女生:标准体重=(身高-105)×0.92。最后将超过的体重显示在"超重"文本框中,单击窗体右上方"关闭"按钮和"退出"按钮,都能退出窗体。

图 11.28　超重计算器的效果

　　实验二：编程实现用户登录界面，如图 11.29 所示。当用户名为空或密码为空时，按回车键，显示相应提示信息，如图 11.30 所示。菜单内容如图 11.31 所示，登录成功显示界面如图 11.32 所示(用户名为 admin、密码为 123456 时登录成功)。

图 11.29　用户登录界面

图 11.30　输入为空时提示界面

图 11.31　菜单内容

图 11.32　登录成功界面

参 考 文 献

[1] 辛运帏,饶一梅. Java 程序设计[M]. 4 版. 北京：清华大学出版社,2017.

[2] 王虎,刘忠,李丛. Java 程序设计[M]. 武汉：华中科技大学出版社,2013.

[3] 杜晓昕. Java 程序设计教程[M]. 2 版. 北京：北京大学出版社,2019.

[4] 陈国君,陈磊,李梅生,等. Java 程序设计基础[M]. 7 版. 北京：清华大学出版社,2021.

[5] 布鲁斯·埃克尔. Java 编程思想[M]. 陈昊鹏,译. 4 版. 北京：机械工业出版社,2007.

[6] 周志明. 深入理解 Java 虚拟机：JVM 高级特性与实践[M]. 3 版. 北京：机械工业出版社,2019.

[7] Lweis J,DEPasquale P,Chase H. Java Foundations[M]. New Jersey：Addison-Wesley,2011.

[8] 严蔚敏,吴伟民. 数据结构(C 语言版)[M]. 北京：清华大学出版社,2021.

图 书 资 源 支 持

感谢您一直以来对清华版图书的支持和爱护。为了配合本书的使用，本书提供配套的资源，有需求的读者请扫描下方的"书圈"微信公众号二维码，在图书专区下载，也可以拨打电话或发送电子邮件咨询。

如果您在使用本书的过程中遇到了什么问题，或者有相关图书出版计划，也请您发邮件告诉我们，以便我们更好地为您服务。

我们的联系方式：

地　　址：北京市海淀区双清路学研大厦 A 座 714

邮　　编：100084

电　　话：010-83470236　010-83470237

客服邮箱：2301891038@qq.com

QQ：2301891038（请写明您的单位和姓名）

资源下载：关注公众号"书圈"下载配套资源。

资源下载、样书申请

图书案例

书 圈　　　　　　　清华计算机学堂　　　　　观看课程直播